建筑与市政工程施工现场专业人员职业标准培训教材

标准员通用与基础知识

建筑与市政工程施工现场专业人员职业标准培训教材编审委员会
中国建设教育协会 组织编写

胡兴福　刘传卿　主编

中国建筑工业出版社

图书在版编目（CIP）数据

标准员通用与基础知识/胡兴福，刘传卿主编．—北京：中国建筑工业出版社，2014.12（2021.8重印）
建筑与市政工程施工现场专业人员职业标准培训教材
ISBN 978-7-112-17613-7

Ⅰ.①标… Ⅱ.①胡…②刘… Ⅲ.①建筑工程-标准-职业培训-教材 Ⅳ.①TU-65

中国版本图书馆 CIP 数据核字（2014）第 295347 号

　　本书是依据《建筑与市政工程施工现场专业人员职业标准》JGJ/T250－2011 及其配套的考核评价大纲的标准员通用与基础知识要求编写。全书分为上下两篇。上篇通用知识包括：建设法规、建筑材料、建筑工程识图、建筑施工技术、施工项目管理，下篇基础知识包括：建筑构造、建筑结构、建筑设备、市政工程、工程质量控制、工程检测、施工组织设计。

　　本教材主要用作标准员培训教材和考试用书，也可供职业院校师生和有关专业技术人员参考。

责任编辑：朱首明　李　明　李　阳
责任设计：李志立
责任校对：李欣慰　刘梦然

建筑与市政工程施工现场专业人员职业标准培训教材
标准员通用与基础知识
建筑与市政工程施工现场专业人员职业标准培训教材编审委员会
中国建设教育协会　　　　　　　　　　　　　　　组织编写
胡兴福　刘传卿　主编

*

中国建筑工业出版社出版、发行（北京西郊百万庄）
各地新华书店、建筑书店经销
北京科地亚盟排版公司制版
北京同文印刷有限责任公司印刷

*

开本：787×1092 毫米　1/16　印张：14¾　字数：354 千字
2015 年 1 月第一版　　2021 年 8 月第十三次印刷
定价：**38.00** 元
ISBN 978-7-112-17613-7
（26826）

建筑与市政工程施工现场专业人员职业标准培训教材
编审委员会

主　任：赵　琦　李竹成

副主任：沈元勤　张鲁风　何志方　胡兴福　危道军

　　　　尤　完　赵　研　邵　华

委　员：（按姓氏笔画为序）

出 版 说 明

    建筑与市政工程施工现场专业人员队伍素质是影响工程质量和安全生产的关键因素。我国从 20 世纪 80 年代开始，在建设行业开展关键岗位培训考核和持证上岗工作。对于提高建设行业从业人员的素质起到了积极的作用。进入 21 世纪，在改革行政审批制度和转变政府职能的背景下，建设行业教育主管部门转变行业人才工作思路，积极规划和组织职业标准的研发。在住房和城乡建设部人事司的主持下，由中国建设教育协会、苏州二建建筑集团有限公司等单位主编了建设行业的第一部职业标准——《建筑与市政工程施工现场专业人员职业标准》，已由住房和城乡建设部发布，作为行业标准于 2012 年 1 月 1 日起实施。为推动该标准的贯彻落实，进一步编写了配套的 14 个考核评价大纲。

    该职业标准及考核评价大纲有以下特点：（1）系统分析各类建筑施工企业现场专业人员岗位设置情况，总结归纳了 8 个岗位专业人员核心工作职责，这些职业分类和岗位职责具有普遍性、通用性。（2）突出职业能力本位原则，工作岗位职责与专业技能相互对应，通过技能训练能够提高专业人员的岗位履职能力。（3）注重专业知识的完整性、系统性，基本覆盖各岗位专业人员的知识要求，通用知识具有各岗位的一致性，基础知识、岗位知识能够体现本岗位的知识结构要求。（4）适应行业发展和行业管理的现实需要，岗位设置、专业技能和专业知识要求具有一定的前瞻性、引导性，能够满足专业人员提高综合素质和适应岗位变化的需要。

    为落实职业标准，规范建设行业现场专业人员岗位培训工作，我们依据与职业标准相配套的考核评价大纲，组织编写了《建筑与市政工程施工现场专业人员职业标准培训教材》。

    本套教材覆盖《建筑与市政工程施工现场专业人员职业标准》涉及的施工员、质量员、安全员、标准员、材料员、机械员、劳务员、资料员 8 个岗位 14 个考核评价大纲。每个岗位、专业，根据其职业工作的需要，注意精选教学内容、优化知识结构、突出能力要求，对知识、技能经过合理归纳，编写为《通用与基础知识》和《岗位知识与专业技能》两本，供培训配套使用。本套教材共 29 本，作者基本都参与了《建筑与市政工程施工现场专业人员职业标准》的编写，使本套教材的内容能充分体现《建筑与市政工程施工现场专业人员职业标准》，促进现场专业人员专业学习和能力提高的要求。

    作为行业现场专业人员第一个职业标准贯彻实施的配套教材，我们的编写工作难免存在不足，因此，我们恳请使用本套教材的培训机构、教师和广大学员多提宝贵意见，以便进一步地修订，使其不断完善。

建筑与市政工程施工现场专业人员职业标准培训教材编审委员会

前　　言

　　2011 年 7 月，住房和城乡建设部发布了《建筑与市政工程施工现场专业人员职业标准》JGJ/T250—2011，自 2012 年 1 月 1 日起实施。为了满足全国各省（市、自治区）培训、考评需要，由中国建设教育协会组织编写了建筑与市政工程施工现场专业人员职业标准培训教材，本书是其中的一本，可作为标准员通用与基础知识的培训和考试用书。

　　本书依据住房和城乡建设部颁布的《建筑与市政工程施工现场专业人员考核评价大纲》编写。全书分为上下两篇。上篇通用知识包括：建设法规、建筑材料、建筑工程识图、建筑施工技术、施工项目管理，下篇基础知识包括：建筑构造、建筑结构、建筑设备、市政工程、工程质量控制、工程检测、施工组织设计。

　　本书上篇由四川建筑职业技术学院胡兴福教授主编，深圳职业技术学院张伟副教授参加编写，张伟副教授编写建筑施工技术部分，其余部分由胡兴福教授编写，西南石油大学2011 级硕士研究生郝伟杰参与了资料整理工作。下篇由刘传卿高级工程师主编，刘春生工程师、梁久正高级工程师、潘志强工程师、李雪飞老师、张福成老师、闫龙广高级工程师、杨成高级工程师参加了编写工作。

　　限于编者水平，书中疏漏和错误难免，敬请读者批评指正。

目　　录

上篇　通　用　知　识

下篇 基础知识

上篇 通用知识

一、建设法规

（一）建设法规概述

1. 建设法规的概念

建设法规是指国家立法机关或其授权的行政机关制定的旨在调整国家及其有关机构、企事业单位、社会团体、公民之间，在建设活动中或建设行政管理活动中发生的各种社会关系的法律、法规的统称。它体现了国家对城市建设、乡村建设、市政及社会公用事业等各项建设活动进行组织、管理、协调的方针、政策和基本原则。

2. 建设法规的调整对象

建设法规的调整对象，即发生在各种建设活动中的社会关系，包括建设活动中所发生的行政管理关系、经济协作关系及其相关的民事关系。

（1）建设活动中的行政管理关系

建筑业是我国的支柱产业，建设活动与国民经济、人们生活和社会的可持续发展关系密切，国家对之必须进行全面的规范管理。建设活动中的行政管理关系，是国家及其建设行政主管部门同建设单位（业主）、设计单位、施工单位、建筑材料和设备的生产供应单位及建设监理等中介服务单位之间的管理与被管理关系。在法制社会里，这种关系必须要由相应的建设法规来规范、调整。

（2）建设活动中的经济协作关系

工程建设是多方主体参与的系统工程，在完成建设活动既定目标的过程中，各方的关系既是协作的又是博弈的。因此，各方的权利、义务关系必须由建设法规加以规范、调整，以保证在建设活动的经济协作关系中，各方法律主体具有平等的法律地位。

（3）建设活动中的民事关系

在建设活动中涉及的土地征用、房屋拆迁及安置、房地产交易等，常会涉及公民的人身和财产权利，这就需要由相关民事法律法规来规范和调整国家、单位和公民之间的民事权利义务。

3. 建设法规体系

（1）建设法规体系的概念

法律法规体系，通常指由一个国家的全部现行法律规范分类组合为不同的法律部门而形成的有机联系的统一整体。

建设法规体系是国家法律体系的重要组成部分，是由国家制定或认可，并由国家强制力保证实施的，调整建设工程的新建、扩建、改建和拆除等有关活动中产生的社会关系的法律法规的系统。它是按照一定的原则、功能、层次所组成的相互联系、相互配合、相互补充、相互制约、协调一致的有机整体。

建设法规体系是国家法律体系的重要组成部分，必须与国家整个法律体系相协调，但又因自身特定的法律调整对象而自成体系，具有相对独立性。根据法制统一的原则，一是要求建设法规体系必须服从国家法律体系的总要求，建设方面的法律必须与宪法和相关的法律保持一致，建设行政法规、部门规章和地方性法规、规章不得与宪法、法律以及上一层次的法规相抵触。二是建设法规应能覆盖建设事业的各个行业、各个领域以及建设行政管理的全过程，使建设活动的各个方面都有法可依、有章可循，使建设行政管理的每一个环节都纳入法制轨道。三是在建设法规体系内部，不仅纵向不同层次的法规之间应当相互衔接，不能有抵触；横向同层次的法规之间也应协调配套，不能互相矛盾、重复或者留有"空白"。

（2）建设法规体系的构成

建设法规体系的构成即建设法规体系所采取的框架或结构。目前我国的建设法规体系采取"梯形结构"，即不设"中华人民共和国建设法律"，而是以若干并列的专项法律共同组成体系框架的顶层，再配置相应的下一位阶的行政法规和部门规章，形成若干相互联系又相对独立的专项法律规范体系。根据《中华人民共和国立法法》有关立法权限的规定，我国建设法规体系由以下五个层次组成。

1）建设法律

建设法律是指由全国人民代表大会及其常务委员会制定通过，由国家主席以主席令的形式发布的属于国务院建设行政主管部门业务范围的各项法律，如《中华人民共和国建筑法》、《中华人民共和国招标投标法》、《中华人民共和国城乡规划法》等。建设法律是建设法规体系的核心和基础。

2）建设行政法规

建设行政法规是指由国务院制定，经国务院常务委员会审议通过，由国务院总理以中华人民共和国国务院令的形式发布的属于建设行政主管部门主管业务范围的各项法规。建设行政法规的名称常以"条例"、"办法"、"规定"、"规章"等名称出现，如《建设工程质量管理条例》、《建设工程安全生产管理条例》等。建设行政法规的效力低于建设法律，在全国范围内施行。

3）建设部门规章

建设部门规章是指住房和城乡建设部根据国务院规定的职责范围，依法制定并颁布的各项规章或由住房和城乡建设部与国务院其他有关部门联合制定并发布的规章，如《实施工程建设强制性标准监督规定》、《工程建设项目施工招标投标办法》等。建设部门规章一方面是对法律、行政法规的规定进一步具体化，以便其得到更好的贯彻执行；另一方面是作为法律、法规的补充，为有关政府部门的行为提供依据。部门规章对全国有关行政管理部门具有约束力，但其效力低于行政法规。

4）地方性建设法规

地方性建设法规是指在不与宪法、法律、行政法规相抵触的前提下，由省、自治区、直辖市人民代表大会及其常委会结合本地区实际情况制定颁行的或经其批准颁行的由下级人大或其常委会制定的，只能在本行政区域有效的建设方面的法规。关于地方的立法权问题，地方是与中央相对应的一个概念，我国的地方人民政府分为省、地、县、乡四级。其中省级中包括直辖市，县级中包括县级市即不设区的市。县、乡级没有立法权。省、自治区、直辖市以及省会城市、自治区首府有立法权。而地级市中只有国务院批准的规模较大的市有立法权，其他地级市没有立法权。

5）地方建设规章

地方建设规章是指省、自治区、直辖市人民政府以及省会（自治区首府）城市和经国务院批准的较大城市的人民政府，根据法律和法规制定颁布的，只在本行政区域有效的建设方面的规章。

在建设法规的上述五个层次中，其法律效力从高到低依次为建设法律、建设行政法规、建设部门规章、地方性建设法规、地方建设规章。法律效力高的称为上位法，法律效力低的称为下位法。下位法不得与上位法相抵触，否则其相应规定将被视为无效。

（二）《建筑法》

《中华人民共和国建筑法》（以下简称《建筑法》）于 1997 年 11 月 1 日由中华人民共和国第八届全国人民代表大会常务委员会第二十八次会议通过，于 1997 年 11 月 1 日发布，自 1998 年 3 月 1 日起施行。2011 年 4 月 22 日，中华人民共和国第十一届全国人民代表大会常务委员会第二十次会议通过了《全国人民代表大会常务委员会关于修改〈中华人民共和国建筑法〉的决定》，修改后的《中华人民共和国建筑法》自 2011 年 7 月 1 日起施行。

《建筑法》的立法目的在于加强对建筑活动的监督管理，维护建筑市场秩序，保证建筑工程的质量和安全，促进建筑业健康发展。《建筑法》共 8 章 85 条，分别从建筑许可、建筑工程发包与承包、建筑工程监理、建筑安全生产管理、建筑工程质量管理等方面作出了规定。

1. 从业资格的有关规定

（1）法规相关条文

《建筑法》关于从业资格的条文是第 12 条、第 13 条、第 14 条。

（2）建筑业企业的资质

从事土木工程、建筑工程、线路管道设备安装工程、装修工程的新建、扩建、改建等活动的企业称为建筑业企业。建筑业企业资质，是指建筑业企业的建设业绩、人员素质、管理水平、资金数量、技术装备等的总称。建筑业企业资质等级，是指国务院行政主管部门按资质条件把企业划分成的不同等级。

1）建筑业企业资质序列及类别

建筑业企业资质分为施工总承包、专业承包和施工劳务三个序列。取得施工总承包资质的企业称为施工总承包企业。取得专业承包资质的企业称为专业承包企业。取得劳务分包资质的企业称为施工劳务企业。

施工总承包资质、专业承包资质、施工劳务资质序列可按照工程性质和技术特点分别划分为若干资质类别，见表1-1。

建筑业企业资质序列及类别　　　　　　　　　　　　　　表1-1

序号	资质序列	资质类别
1	施工总承包资质	分为12个类别，分别是：建筑工程、公路工程、铁路工程、港口与航道工程、水利水电工程、电力工程、矿山工程、冶炼工程、石油化工工程、市政公用工程、通信工程、机电工程
2	专业承包资质	分为36个类别，包括地基基础工程、建筑装修装饰工程、建筑幕墙工程、钢结构工程、防水防腐保温工程、预拌混凝土、设备安装工程、电子与智能化工程、桥梁工程等
3	施工劳务资质	施工劳务序列不分类别

取得施工总承包资质的企业，可以对所承接的施工总承包工程内的各专业工程全部自行施工，也可以将专业工程依法进行分包。取得专业承包资质的企业应对所承接的专业工程全部自行组织施工，劳务作业可以分包给具有施工劳务分包资质的企业。取得施工劳务资质的企业可以承接具有施工总承包资质或专业承包资质的企业分包的劳务作业。

2）建筑业企业资质等级

施工总承包、专业承包各资质类别按照规定的条件划分为若干资质等级，施工劳务资质不分等级。建筑企业各资质等级标准和各类别等级资质企业承担工程的具体范围，由国务院建设主管部门会同国务院有关部门制定。

建筑工程、市政公用工程施工总承包企业资质等级均分为特级、一级、二级、三级。专业承包企业资质等级分类见表1-2。

部分专业承包企业资质等级　　　　　　　　　　　　　　表1-2

企业类别	等级分类	企业类别	等级分类
地基基础工程	一、二、三级	建筑幕墙工程	一、二级
建筑装修装饰工程	一、二级	钢结构工程	一、二级
预拌混凝土	不分等级	模板脚手架	一、二级
古建筑工程	一、二、三级	电子与智能化工程	一、二、三级
消防设施工程	一、二级	城市及道路照明工程	一、二、三级
防水防腐保温工程	一、二级	特种工程	不分等级

3）承揽业务的范围

① 施工总承包企业

施工总承包企业可以承接施工总承包工程。施工总承包企业可以对所承接的施工总承包工程内各专业工程全部自行施工，也可以将专业工程或劳务作业依法分包给具有相应资质的专业承包企业或施工劳务企业。

建筑工程、市政公用工程施工总承包企业可以承揽的业务范围见表1-3、表1-4。

房屋建筑工程施工总承包企业承包工程范围 表1-3

序号	企业资质	承包工程范围
1	特级	可承担各类建筑工程的施工
2	一级	可承担单项合同额3000万元及以上的下列建筑工程的施工： （1）高度200m及以下的工业、民用建筑工程； （2）高度240m及以下的构筑物工程
3	二级	可承担下列建筑工程的施工： （1）高度200m及以下的工业、民用建筑工程； （2）高度120m及以下的构筑物工程； （3）建筑面积4万 m^2 及以下的单体工业、民用建筑工程； （4）单跨跨度39m及以下的建筑工程
4	三级	可承担下列建筑工程的施工： （1）高度50m以内的m建筑工程； （2）高度70m及以下的构筑物工程； （3）建筑面积1.2万 m^2 及以下的单体工业、民用建筑工程； （4）单跨跨度27m及以下的建筑工程

市政公用工程施工总承包企业承包工程范围 表1-4

序号	企业资质	承包工程范围
1	一级	可承担各种类市政公用工程的施工
2	二级	可承担下列市政公用工程的施工： （1）各类城市道路；单跨45m及以下的城市桥梁； （2）15万t/d及以下的供水工程；10万t/d及以下的污水处理工程；2万t/d及以下的给水泵站、15万t/d及以下的污水泵站、雨水泵站；各类给水排水及中水管道工程； （3）中压以下燃气管道、调压站；供热面积150万 m^2 及以下热力工程和各类热力管道工程； （4）各类城市生活垃圾处理工程； （5）断面25 m^2 及以下隧道工程和地下交通工程； （6）各类城市广场、地面停车场硬质铺装； （7）单项合同额4000万元及以下的市政综合工程

续表

序号	企业资质	承包工程范围
3	三级	可承担下列市政公用工程的施工： (1) 城市道路工程（不含快速路）；单跨 25m 及以下的城市桥梁工程； (2) 8 万 t/d 及以下的给水厂；6 万 t/d 及以下的污水处理工程；10 万 t/d 及以下的给水泵站、10 万 t/d 及以下的污水泵站、雨水泵站，直径 1m 及以下供水管道；直径 1.5m 及以下污水及中水管道； (3) 2kg/cm² 及以下中压、低压燃气管道、调压站；供热面积 50 万 m² 及以下热力工程，直径 0.2m 及以下热力管道； (4) 单项合同额 2500 万元及以下的城市生活垃圾处理工程； (5) 单项合同额 2000 万元及以下地下交通工程（不包括轨道交通工程）； (6) 5000m² 及以下城市广场、地面停车场硬质铺装； (7) 单项合同额 2500 万元及以下的市政综合工程

② 专业承包企业

专业承包企业可以承接施工总承包企业分包的专业工程和建设单位依法发包的专业工程。专业承包企业可以对所承接的专业工程全部自行施工，也可以将劳务作业依法分包给具有相应资质的施工劳务企业。

部分专业承包企业可以承揽的业务范围见表 1-5。

部分专业承包企业可以承揽的业务范围

表 1-5

序号	企业类型	资质等级	承包范围
1	地基基础工程	一级	可承担各类地基基础工程的施工
		二级	可承担下列工程的施工： (1) 高度 100m 及以下工业、民用建筑工程和高度 120m 及以下构筑物的地基基础工程； (2) 深度不超过 24m 的刚性桩复合地基处理和深度不超过 10m 的其他地基处理工程； (3) 单桩承受设计荷载 5000kN 及以下的桩基础工程； (4) 开挖深度不超过 15m 的基坑围护工程
		三级	可承担下列工程的施工： (1) 高度 50m 及以下工业、民用建筑工程和高度 70m 及以下构筑物的地基基础工程； (2) 深度不超过 18m 的刚性桩复合地基处理或深度不超过 8m 的其他地基处理工程； (3) 单桩承受设计荷载 3000kN 及以下的桩基础工程； (4) 开挖深度不超过 12m 的基坑围护工程
2	建筑装修装饰工程	一级	可承担各类建筑装修装饰工程，以及与装修工程直接配套的其他工程的施工
		二级	可承担单项合同额 2000 万元及以下的建筑装修装饰工程，以及与装修工程直接配套的其他工程的施工
3	建筑幕墙工程	一级	可承担各类型建筑幕墙工程的施工
		二级	可承担单体建筑工程面积 8000m² 及以下建筑幕墙工程的施工

序号	企业类型	资质等级	承包范围
4	钢结构工程	一级	可承担下列钢结构工程的施工： （1）钢结构高度 60m 及以上； （2）钢结构单跨跨度 30m 及以上； （3）网壳、网架结构短边边跨跨度 50m 及以上； （4）单体钢结构工程钢结构总重量 4000t 及以上； （5）单体建筑面积 30000m² 及以上
		二级	可承担下列钢结构工程的施工： （1）钢结构高度 100m 及以下； （2）钢结构单跨跨度 36m 及以下； （3）网壳、网架结构短边边跨跨度 75m 及以下； （4）单体钢结构工程钢结构总重量 6000t 及以下； （5）单体建筑面积 35000m² 及以下
		三级	可承担下列钢结构工程的施工： （1）钢结构高度 60m 及以下； （2）钢结构单跨跨度 30m 及以下； （3）网壳、网架结构短边边跨跨度 35m 及以下； （4）单体钢结构工程钢结构总重量 3000t 及以下； （5）单体建筑面积 15000m² 及以下
5	电子与建筑智能化工程	一级	可承担各类型电子工程、建筑智能化工程的施工
		二级	可承担单项合同额 2500 万元及以下的电子工业制造设备安装工程和电子工业环境工程、单项合同额 1500 万元及以下的电子系统工程和建筑智能化工程的施工

③ 施工劳务企业

施工劳务企业可以承担各类劳务作业。

2. 建筑工程承包的有关规定

（1）法规相关条文

《建筑法》关于建筑工程承包的条文是第 26～29 条。

（2）建筑业企业资质管理规定

承包建筑工程的单位应当持有依法取得的资质证书，并在其资质等级许可的业务范围内承揽工程。禁止建筑施工企业超越本企业资质等级许可的业务范围或者以任何形式用其他建筑施工企业的名义承揽工程。禁止建筑施工企业以任何形式允许其他单位或者个人使用本企业的资质证书、营业执照，以本企业的名义承揽工程。

2005 年 1 月 1 日开始实行的《最高人民法院关于审理建设工程施工合同纠纷案件适用法律问题的解释》第 1 条规定：建设工程施工合同具有下列情形之一的，应当根据合同法第 52 条第（5）项的规定，认定无效：

1）承包人未取得建筑施工企业资质或者超越资质等级的；

2）没有资质的实际施工人借用有资质的建筑施工企业名义的；

3）建设工程必须进行招标而未招标或者中标无效的。

（3）联合承包

两个以上的承包单位组成联合体共同承包建设工程的行为称为联合承包。《建筑法》

第 27 条规定，对于大型建筑工程或者结构复杂的建筑工程，可以由两个以上的承包单位联合共同承包。

1）联合体资质的认定

依据《建筑法》第 27 条，联合体作为投标人投标时，应当按照资质等级较低的单位的业务许可范围承揽工程。

2）联合体中各成员单位的责任承担

组成联合体的成员单位投标之前必须要签订共同投标协议，明确约定各方拟承担的工作和责任，并将共同投标协议连同投标文件一并提交招标人。否则，依据《工程建设项目施工招标投标办法》，由评标委员会初审后按废标处理。

同时，联合体的成员单位对承包合同的履行承担连带责任。《民法通则》第 87 条规定，负有连带义务的每个债务人，都负有清偿全部债务的义务。因此，联合体的成员单位都负有清偿全部债务的义务。

（4）转包

转包系指承包单位承包建设工程后，不履行合同约定的责任和义务，将其承包的全部建设工程转给他人或者将其承包的全部建设工程肢解以后以分包的名义分别转给其他单位承包的行为。

《建筑法》禁止转包行为，其第 28 条规定：禁止承包单位将其承包的全部建筑工程转包给他人，禁止承包单位将其承包的全部建筑工程肢解以后以分包的名义分别转包给他人。

《最高人民法院关于审理建设工程施工合同纠纷案件适用法律问题的解释》第 4 条也规定：承包人非法转包、违法分包建设工程或者没有资质的实际施工人借用有资质的建筑施工企业名义与他人签订建设工程施工合同的行为无效。人民法院可以根据民法通则的规定，收缴当事人已经取得的非法所得。

（5）分包

1）分包的概念

总承包单位将其所承包的工程中的专业工程或者劳务作业发包给其他承包单位完成的活动称为分包。

分包分为专业工程分包和劳务作业分包。专业工程分包，是指总承包单位将其所承包工程中的专业工程发包给具有相应资质的其他承包单位完成的活动。劳务作业分包，是指施工总承包企业或者专业承包企业将其承包工程中的劳务作业发包给劳务分包企业完成的活动。

《建筑法》第 29 条规定：建筑工程总承包单位可以将承包工程中的部分工程发包给具有相应资质条件的分包单位。

2）违法分包

《建筑法》第 29 条规定：禁止总承包单位将工程分包给不具备相应资质条件的单位，禁止分包单位将其承包的工程再分包。

依据《建筑法》的规定，《建设工程质量管理条例》进一步将违法分包界定为如下几种情形：

①总承包单位将建设工程分包给不具备相应资质条件的单位的；

②建设工程总承包合同中未有约定，又未经建设单位认可，承包单位将其承包的部

分建设工程交由其他单位完成的；

　　③ 施工总承包单位将建设工程主体结构的施工分包给其他单位的；

　　④ 分包单位将其承包的建设工程再分包的。

　　3）总承包单位与分包单位的连带责任

　　《建筑法》第 29 条规定：总承包单位和分包单位就分包工程对建设单位承担连带责任。

　　连带责任既可以依合同约定产生，也可以依法律规定产生。总承包单位和分包单位之间的责任划分，应当根据双方的合同约定或者各自过错大小确定；一方向建设单位承担的责任超过其应承担份额的，有权向另一方追偿。需要说明的是，虽然建设单位和分包单位之间没有合同关系，但是当分包工程发生质量、安全、进度等方面问题给建设单位造成损失时，建设单位既可以根据总承包合同向总承包单位追究违约责任，也可以根据法律规定直接要求分包单位承担损害赔偿责任，分包单位不得拒绝。

3. 建筑安全生产管理的有关规定

　　（1）法规相关条文

　　《建筑法》关于建筑安全生产管理的条文是第 36～51 条，其中有关建筑施工企业的条文是第 36 条、第 38 条、第 39 条、第 41 条、第 44～48 条、第 51 条。

　　（2）建筑安全生产管理方针

　　建筑安全生产管理是指建设行政主管部门、建筑安全监督管理机构，建筑施工企业及有关单位对建筑生产过程中的安全工作，进行计划、组织、指挥、控制、监督等一系列的管理活动。

　　《建筑法》第 36 条规定：建筑工程安全生产管理必须坚持安全第一、预防为主的方针。

　　安全生产关系到人民群众生命和财产安全，关系到社会稳定和经济健康发展，建设工程安全生产管理必须坚持安全第一、预防为主的方针。"安全第一"是安全生产方针的基础；"预防为主"是安全生产方针的核心和具体体现，是实现安全生产的根本途径，生产必须安全，安全促进生产。

　　安全第一，是从保护和发展生产力的角度，表明在生产范围内安全与生产的关系，肯定安全在建筑生产活动中的首要位置和重要性。预防为主，是指在建设工程生产活动中，针对建设工程生产的特点，对生产要素采取管理措施，有效地控制不安全因素的发展与扩大，把可能发生的事故消灭在萌芽状态，以保证生产活动中人的安全与健康。

　　"安全第一"还反映了当安全与生产发生矛盾的时候，应该服从安全，消灭隐患，保证建设工程在安全的条件下生产。"预防为主"则体现在事先策划、事中控制、事后总结，通过信息收集，归类分析，制定预案，控制防范。安全第一、预防为主的方针，体现了国家在建设工程安全生产过程中"以人为本"的思想，也体现了国家对保护劳动者权利、保护社会生产力的高度重视。

　　（3）建设工程安全生产基本制度

　　1）安全生产责任制度

　　安全生产责任制度是将企业各级负责人、各职能机构及其工作人员和各岗位作业人员在安全生产方面应做的工作及应负的责任加以明确规定的一种制度。

　　《建筑法》第 36 条规定：建筑工程安全生产管理必须建立健全安全生产的责任制度。

第44条又规定：建筑施工企业必须依法加强对建筑安全生产的管理，执行安全生产责任制度，采取有效措施，防止伤亡和其他安全生产事故的发生。

安全生产责任制度是建筑生产中最基本的安全管理制度，是所有安全规章制度的核心，是安全第一、预防为主方针的具体体现。通过制定安全生产责任制，建立一种分工明确，运行有效、责任落实、能够充分发挥作用的、长效的安全生产机制，把安全生产工作落到实处。认真落实安全生产责任制，不仅是为了保证在发生生产安全事故时，可以追究责任，更重要的是通过日常或定期检查、考核、奖优罚劣，提高全体从业人员执行安全生产责任制的自觉性，使安全生产责任制真正落实到安全生产工作中去。

建筑施工单位的安全生产责任制主要包括企业各级领导人员的安全职责、企业各有关职能部门的安全生产职责以及施工现场管理人员及作业人员的安全职责三个方面。

2）群防群治制度

群防群治制度是职工群众进行预防和治理安全的一种制度。

《建筑法》第36条规定：建筑工程安全生产管理必须建立健全群防群治制度。

群防群治制度也是"安全第一、预防为主"的具体体现，同时也是群众路线在安全工作中的具体体现，是企业进行民主管理的重要内容。这一制度要求建筑企业职工在施工中应当遵守有关生产的法律、法规和建筑行业安全规章、规程，不得违章作业；对于危及生命安全和身体健康的行为有权提出批评、检举和控告。

3）安全生产教育培训制度

安全生产教育培训制度是对广大建筑干部职工进行安全教育培训，提高安全意识，增加安全知识和技能的制度。

《建筑法》第46条规定：建筑施工企业应当建立健全劳动安全生产教育培训制度，加强对职工安全生产的教育培训；未经安全生产教育培训的人员，不得上岗作业。

安全生产，人人有责。只有通过对广大职工进行安全教育、培训，才能使广大职工真正认识到安全生产的重要性、必要性，才能使广大职工掌握更多更有效的安全生产的科学技术知识，牢固树立安全第一的思想，自觉遵守各项安全生产和规章制度。

4）伤亡事故处理报告制度

伤亡事故处理报告制度是指施工中发生事故时，建筑企业应当采取紧急措施减少人员伤亡和事故损失，并按照国家有关规定及时向有关部门报告的制度。

《建筑法》第51条规定：施工中发生事故时，建筑施工企业应当采取紧急措施减少人员伤亡和事故损失，并按照国家有关规定及时向有关部门报告。

事故处理必须遵循一定的程序，坚持"四不放过"原则，即事故原因分析不清不放过，事故责任者和群众没受到教育不放过，事故隐患不整改不放过，事故的责任者没有受到处理不放过。通过对事故的严格处理，可以总结出教训，为制定规程、规章提供第一手素材，做到亡羊补牢。

5）安全生产检查制度

安全生产检查制度是上级管理部门或企业自身对安全生产状况进行定期或不定期检查的制度。

通过检查可以发现问题，查出隐患，从而采取有效措施，堵塞漏洞，把事故消灭在发生之前，做到防患于未然，是"预防为主"的具体体现。通过检查，还可总结出好的经验加以推广，为进一步搞好安全工作打下基础。安全检查制度是安全生产的保障。

6）安全责任追究制度

建设单位、设计单位、施工单位、监理单位，由于没有履行职责造成人员伤亡和事故损失的，视情节给予相应处理；情节严重的，责令停业整顿，降低资质等级或吊销资质证书；构成犯罪的，依法追究刑事责任。

（4）建筑施工企业的安全生产责任

《建筑法》第 38 条、第 39 条、第 41 条、第 44～48 条、第 51 条规定了建筑施工企业的安全生产责任。根据这些规定，《建设工程质量管理条例》等法规作了进一步细化和补充，具体见《建设工程质量管理条例》部分相关内容。

4. 《建筑法》关于质量管理的规定

（1）法规相关条文

《建筑法》关于质量管理的条文是第 52～63 条，其中有关建筑施工企业的条文是第 52 条、第 54 条、第 55 条、第 58～62 条。

（2）建设工程竣工验收制度

《建筑法》第 61 条规定：交付竣工验收的建筑工程，必须符合规定的建筑工程质量标准，有完整的工程技术经济资料和经签署的工程保修书，并具备国家规定的其他竣工条件。建筑工程竣工经验收合格后，方可交付使用；未经验收或者验收不合格的，不得交付使用。

建设工程项目的竣工验收，指在建筑工程已按照设计要求完成全部施工任务，准备交付给建设单位投入使用时，由建设单位或有关主管部门依照国家关于建筑工程竣工验收制度的规定，对该项工程是否符合设计要求和工程质量标准所进行的检查、考核工作。工程项目的竣工验收是施工全过程的最后一道工序，也是工程项目管理的最后一项工作。它是建设投资成果转入生产或使用的标志，也是全面考核投资效益、检验设计和施工质量的重要环节。认真做好工程项目的竣工验收工程，对保证工程项目的质量具有重要意义。

（3）建设工程质量保修制度

建设工程质量保修制度，是指建设工程竣工经验收后，在规定的保修期限内，因勘察、设计、施工、材料等原因造成的质量缺陷，应当由施工承包单位负责维修、返工或更换，由责任单位负责赔偿损失的法律制度。建设工程质量保修制度对于促进建设各方加强质量管理，保护用户及消费者的合法权益可起到重要的保障作用。

《建筑法》第 62 条规定：建筑工程实行质量保修制度。同时，还对质量保修的范围和期限作了规定：建筑工程的保修范围应当包括地基基础工程、主体结构工程、屋面防水工程和其他土建工程，以及电气管线、上下水管线的安装工程，供热、供冷系统工程等项目；保修的期限应当按照保证建筑物合理寿命年限内正常使用，维护使用者合法权益的原则确定。具体的保修范围和最低保修期限由国务院规定。据此，国务院在《建设工程质量管理条例》中作了明确规定，详见《建设工程质量管理条例》相关内容。

（4）建筑施工企业的质量责任与义务

《建筑法》第 54 条、第 55 条、第 58～62 条规定了建筑施工企业的质量责任与义务。据此，

《建设工程质量管理条例》作了进一步细化，见《建设工程质量管理条例》部分相关内容。

（三）《安全生产法》

《中华人民共和国安全生产法》（以下简称《安全生产法》）由中华人民共和国第九届全国人民代表大会常务委员会第二十八次会议于 2002 年 6 月 29 日通过，自 2002 年 11 月 1 日起施行。

《安全生产法》的立法目的，是为了加强安全生产监督管理，防止和减少生产安全事故，保障人民群众生命和财产安全，促进经济发展。《安全生产法》包括总则、生产经营单位的安全生产保障、从业人员的权利和义务、安全生产的监督管理、生产安全事故的应急救援与调查处理、法律责任、附则 7 章，共 99 条。对生产经营单位的安全生产保障、从业人员的权利和义务、安全生产的监督管理、生产安全事故的应急救援与调查处理四个主要方面作出了规定。

1. 生产经营单位的安全生产保障的有关规定

（1）法规相关条文

《安全生产法》关于生产经营单位的安全生产保障的条文是第 16～43 条。

（2）组织保障措施

1）建立安全生产管理机构

《安全生产法》第 19 条规定：矿山、建筑施工单位和危险物品的生产、经营、储存单位，应当设置安全生产管理机构或者配备专职安全生产管理人员。

2）明确岗位责任

① 生产经营单位的主要负责人的职责

《安全生产法》第 17 条规定：生产经营单位的主要负责人对本单位安全生产工作负有下列职责：

A. 建立、健全本单位安全生产责任制；

B. 组织制定本单位安全生产规章制度和操作规程；

C. 保证本单位安全生产投入的有效实施；

D. 督促、检查本单位的安全生产工作，及时消除生产安全事故隐患；

E. 组织制定并实施本单位的生产安全事故应急救援预案；

F. 及时、如实报告生产安全事故。

同时，第 42 条规定：生产经营单位发生重大生产安全事故时，单位的主要负责人应当立即组织抢救，并不得在事故调查处理期间擅离职守。

② 生产经营单位的安全生产管理人员的职责

《安全生产法》第 38 条规定：生产经营单位的安全生产管理人员应当根据本单位的生产经营特点，对安全生产状况进行经常性检查；对检查中发现的安全问题，应当立即处理；不能处理的，应当及时报告本单位有关负责人。检查及处理情况应当记录在案。

③ 对安全设施、设备的质量负责的岗位

A. 对安全设施的设计质量负责的岗位

《安全生产法》第 26 条规定：建设项目安全设施的设计人、设计单位应当对安全设施设计负责。

矿山建设项目和用于生产、储存危险物品的建设项目的安全设施设计应当按照国家有关规定报经有关部门审查，审查部门及其负责审查的人员对审查结果负责。

B. 对安全设施的施工负责的岗位

《安全生产法》第 27 条规定：矿山建设项目和用于生产、储存危险物品的建设项目的施工单位必须按照批准的安全设施设计施工，并对安全设施的工程质量负责。

C. 对安全设施的竣工验收负责的岗位

《安全生产法》第 27 条规定：矿山建设项目和用于生产、储存危险物品的建设项目竣工投入生产或者使用前，必须依照有关法律、行政法规的规定对安全设施进行验收；验收合格后，方可投入生产和使用。验收部门及其验收人员对验收结果负责。

D. 对安全设备质量负责的岗位

《安全生产法》第 30 条规定：生产经营单位使用的涉及生命安全、危险性较大的特种设备，以及危险物品的容器、运输工具，必须按照国家有关规定，由专业生产单位生产，并经取得专业资质的检测、检验机构检测、检验合格，取得安全使用证或者安全标志，方可投入使用。检测、检验机构对检测、检验结果负责。

涉及生命安全、危险性较大的特种设备的目录由国务院负责特种设备安全监督管理的部门制定，报国务院批准后执行。

（3）管理保障措施

1）人力资源管理

① 对主要负责人和安全生产管理人员的管理

《安全生产法》第 20 条规定：生产经营单位的主要负责人和安全生产管理人员必须具备与本单位所从事的生产经营活动相应的安全生产知识和管理能力。

危险物品的生产、经营、储存单位以及矿山、建筑施工单位的主要负责人和安全生产管理人员，应当由有关主管部门对其安全生产知识和管理能力考核合格后方可任职。考核不得收费。

② 对一般从业人员的管理

《安全生产法》第 21 条规定：生产经营单位应当对从业人员进行安全生产教育和培训，保证从业人员具备必要的安全生产知识，熟悉有关的安全生产规章制度和安全操作规程，掌握本岗位的安全操作技能。未经安全生产教育和培训合格的从业人员，不得上岗作业。

③ 对特种作业人员的管理

《安全生产法》第 23 条规定：生产经营单位的特种作业人员必须按照国家有关规定经专门的安全作业培训，取得特种作业操作资格证书，方可上岗作业。

2）物质资源管理

① 设备的日常管理

《安全生产法》第 28 条规定：生产经营单位应当在有较大危险因素的生产经营场所和有关设施、设备上，设置明显的安全警示标志。

《安全生产法》第 29 条规定：安全设备的设计、制造、安装、使用、检测、维修、改造和报废，应当符合国家标准或者行业标准。

生产经营单位必须对安全设备进行经常性维护、保养，并定期检测，保证正常运转。维护、保养、检测应当作好记录，并由有关人员签字。

② 设备的淘汰制度

《安全生产法》第31条规定：国家对严重危及生产安全的工艺、设备实行淘汰制度。生产经营单位不得使用国家明令淘汰、禁止使用的危及生产安全的工艺、设备。

③ 生产经营项目、场所、设备的转让管理

《安全生产法》第41条规定：生产经营单位不得将生产经营项目、场所、设备发包或者出租给不具备安全生产条件或者相应资质的单位或者个人。

④ 生产经营项目、场所的协调管理

《安全生产法》第41条规定：生产经营项目、场所有多个承包单位、承租单位的，生产经营单位应当与承包单位、承租单位签订专门的安全生产管理协议，或者在承包合同、租赁合同中约定各自的安全生产管理职责；生产经营单位对承包单位、承租单位的安全生产工作统一协调、管理。

（4）经济保障措施

1）保证安全生产所必需的资金

《安全生产法》第18条规定：生产经营单位应当具备的安全生产条件所必需的资金投入，由生产经营单位的决策机构、主要负责人或者个人经营的投资人予以保证，并对由于安全生产所必需的资金投入不足导致的后果承担责任。

2）保证安全设施所需要的资金

《安全生产法》第24条规定：生产经营单位新建、改建、扩建工程项目（以下统称建设项目）的安全设施，必须与主体工程同时设计、同时施工、同时投入生产和使用。安全设施投资应当纳入建设项目概算。

3）保证劳动防护用品、安全生产培训所需要的资金

《安全生产法》第37条规定：生产经营单位必须为从业人员提供符合国家标准或者行业标准的劳动防护用品，并监督、教育从业人员按照使用规则佩戴、使用。

《安全生产法》第39条规定：生产经营单位应当安排用于配备劳动防护用品、进行安全生产培训的经费。

4）保证工伤社会保险所需要的资金

《安全生产法》第43条规定：生产经营单位必须依法参加工伤社会保险，为从业人员缴纳保险费。

（5）技术保障措施

1）对新工艺、新技术、新材料或者使用新设备的管理

《安全生产法》第22条规定：生产经营单位采用新工艺、新技术、新材料或者使用新设备，必须了解、掌握其安全技术特性，采取有效的安全防护措施，并对从业人员进行专门的安全生产教育和培训。

2）对安全条件论证和安全评价的管理

《安全生产法》第25条规定：矿山建设项目和用于生产、储存危险物品的建设项目，应当分别按照国家有关规定进行安全条件论证和安全评价。

3）对废弃危险物品的管理

《安全生产法》第32条规定：生产、经营、运输、储存、使用危险物品或者处置废弃危险物品的，由有关主管部门依照有关法律、法规的规定和国家标准或者行业标准审批并实施监督管理。

生产经营单位生产、经营、运输、储存、使用危险物品或者处置废弃危险物品，必须执行有关法律、法规和国家标准或者行业标准，建立专门的安全管理制度，采取可靠的安全措施，接受有关主管部门依法实施的监督管理。

4）对重大危险源的管理

《安全生产法》第33条规定：生产经营单位对重大危险源应当登记建档，进行定期检测、评估、监控，并制订应急预案，告知从业人员和相关人员在紧急情况下应当采取的应急措施。

生产经营单位应当按照国家有关规定将本单位重大危险源及有关安全措施、应急措施报有关地方人民政府负责安全生产监督管理的部门和有关部门备案。

5）对员工宿舍的管理

《安全生产法》第34条规定：生产、经营、储存、使用危险物品的车间、商店、仓库不得与员工宿舍在同一座建筑物内，并应当与员工宿舍保持安全距离。

生产经营场所和员工宿舍应当设有符合紧急疏散要求、标志明显、保持畅通的出口。禁止封闭、堵塞生产经营场所或者员工宿舍的出口。

6）对危险作业的管理

《安全生产法》第35条规定：生产经营单位进行爆破、吊装等危险作业，应当安排专门人员进行现场安全管理，确保操作规程的遵守和安全措施的落实。

7）对安全生产操作规程的管理

《安全生产法》第36条规定：生产经营单位应当教育和督促从业人员严格执行本单位的安全生产规章制度和安全操作规程；并向从业人员如实告知作业场所和工作岗位存在的危险因素、防范措施以及事故应急措施。

8）对施工现场的管理

《安全生产法》第40条规定：两个以上生产经营单位在同一作业区域内进行生产经营活动，可能危及对方生产安全的，应当签订安全生产管理协议，明确各自的安全生产管理职责和应当采取的安全措施，并指定专职安全生产管理人员进行安全检查与协调。

2. 从业人员的权利和义务的有关规定

（1）法规相关条文

《安全生产法》关于从业人员的权利和义务的条文是第21条、第37条、第44～51条。

（2）安全生产中从业人员的权利

生产经营单位的从业人员，是指该单位从事生产经营活动各项工作的所有人员，包括管理人员、技术人员和各岗位的工人，也包括生产经营单位临时聘用的人员。

生产经营单位的从业人员依法享有以下权利：

1）知情权。《安全生产法》第45条规定：从业人员享有了解其作业场所和工作岗位存在的危险因素、防范措施及事故应急措施的权利，以及对本单位的安全生产工作提出建议的权利。

2）批评权和检举、控告权。《安全生产法》第46条规定：从业人员享有对本单位安全生产工作中存在的问题提出批评、检举、控告的权利。

3）拒绝权。《安全生产法》第46条规定：从业人员享有拒绝违章指挥和强令冒险作业的权利。生产经营单位不得因从业人员对本单位安全生产工作提出批评、检举、控告或者拒绝违章指挥、强令冒险作业而降低其工资、福利等待遇或者解除与其订立的劳动合同。

4）紧急避险权。《安全生产法》第47条规定：从业人员发现直接危及人身安全的紧急情况时，有权停止作业或者在采取可能的应急措施后撤离作业场所。生产经营单位不得因此而降低其工资、福利等待遇或者解除与其订立的劳动合同。

5）请求赔偿权。《安全生产法》第48条规定：因生产安全事故受到损害的从业人员，除依法享有工伤社会保险外，依照有关民事法律尚有获得赔偿的权利的，有权向本单位提出赔偿要求。

《安全生产法》第44条规定：生产经营单位与从业人员订立的劳动合同，应当载明依法为从业人员办理工伤社会保险的事项。

《安全生产法》第44条还规定：生产经营单位不得以任何形式与从业人员订立协议，免除或者减轻其对从业人员因生产安全事故伤亡依法应承担的责任。

6）获得劳动防护用品的权利。《安全生产法》第37条规定：生产经营单位必须为从业人员提供符合国家标准或者行业标准的劳动防护用品，并监督、教育从业人员按照使用规则佩戴、使用。

7）获得安全生产教育和培训的权利。《安全生产法》第21条规定：生产经营单位应当对从业人员进行安全生产教育和培训，保证从业人员具备必要的安全生产知识，熟悉有关的安全生产规章制度和安全操作规程，掌握本岗位的安全操作技能。

（3）安全生产中从业人员的义务

1）自律遵规的义务。《安全生产法》第49条规定：从业人员在作业过程中，应当严格遵守本单位的安全生产规章制度和操作规程，服从管理，正确佩戴和使用劳动防护用品。

2）自觉学习安全生产知识的义务。《安全生产法》第50条规定：从业人员应当接受安全生产教育和培训，掌握本职工作所需的安全生产知识，提高安全生产技能，增强事故预防和应急处理能力。

3）危险报告义务。《安全生产法》第51条规定：从业人员发现事故隐患或者其他不安全因素，应当立即向现场安全生产管理人员或者本单位负责人报告；接到报告的人员应当及时予以处理。

3. 安全生产监督管理的有关规定

（1）法规相关条文

《安全生产法》关于安全生产监督管理的条文是第53~67条。

（2）安全生产监督管理部门

根据《安全生产法》第9条和《建设工程安全生产管理条例》有关规定，国务院负责安全生产监督管理的部门对全国安全生产工作实施综合监督管理。国务院建设行政主管部门对全国建设工程安全生产实施监督管理。国务院铁路、交通、水利等有关部门按照国务院的职责分工，负责有关专业建设工程安全生产的监督管理。

（3）安全生产监督管理措施

《安全生产法》第54条规定：对安全生产负有监督管理职责的部门（以下统称负有安全生产监督管理职责的部门）依照有关法律、法规的规定，对涉及安全生产的事项需要审查批准（包括批准、核准、许可、注册、认证、颁发证照等，下同）或者验收的，必须严格依照有关法律、法规和国家标准或者行业标准规定的安全生产条件和程序进行审查；不符合有关法律、法规和国家标准或者行业标准规定的安全生产条件的，不得批准或者验收通过。对未依法取得批准或者验收合格的单位擅自从事有关活动的，负责行政审批的部门发现或者接到举报后应当立即予以取缔，并依法予以处理。对已经依法取得批准的单位，负责行政审批的部门发现其不再具备安全生产条件的，应当撤销原批准。

（4）安全生产监督管理部门的职权

《安全生产法》第56条规定：负有安全生产监督管理职责的部门依法对生产经营单位执行有关安全生产的法律、法规和国家标准或者行业标准的情况进行监督检查，行使以下职权：

1）进入生产经营单位进行检查，调阅有关资料，向有关单位和人员了解情况。

2）对检查中发现的安全生产违法行为，当场予以纠正或者要求限期改正；对依法应当给予行政处罚的行为，依照本法和其他有关法律、行政法规的规定作出行政处罚决定。

3）对检查中发现的事故隐患，应当责令立即排除；重大事故隐患排除前或者排除过程中无法保证安全的，应当责令从危险区域内撤出作业人员，责令暂时停产停业或者停止使用；重大事故隐患排除后，经审查同意，方可恢复生产经营和使用。

4）对有根据认为不符合保障安全生产的国家标准或者行业标准的设施、设备、器材予以查封或者扣押，并应当在15日内依法作出处理决定。

监督检查不得影响被检查单位的正常生产经营活动。

（5）安全生产监督检查人员的义务

《安全生产法》第58条规定了安全生产监督检查人员的义务：

1）应当忠于职守，坚持原则，秉公执法；

2）执行监督检查任务时，必须出示有效的监督执法证件；

3）对涉及被检查单位的技术秘密和业务秘密，应当为其保密。

4. 安全事故应急救援与调查处理的规定

（1）法规相关条文

《安全生产法》关于生产安全事故的应急救援与调查处理的条文是第68～76条。

（2）生产安全事故的等级划分标准

国务院《生产安全事故报告和调查处理条例》规定，根据生产安全事故（以下简称事故）造成的人员伤亡或者直接经济损失，事故一般分为以下等级：

1）特别重大事故，是指造成 30 人及以上死亡，或者 100 人及以上重伤（包括急性工业中毒，下同），或者 1 亿元及以上直接经济损失的事故；

2）重大事故，是指造成 10 人及以上 30 人以下死亡，或者 50 人及以上 100 人以下重伤，或者 5000 万元及以上 1 亿元以下直接经济损失的事故；

3）较大事故，是指造成 3 人及以上 10 人以下死亡，或者 10 人及以上 50 人以下重伤，或者 1000 万元及以上 5000 万元以下直接经济损失的事故；

4）一般事故，是指造成 3 人以下死亡，或者 10 人以下重伤，或者 1000 万元以下直接经济损失的事故。

（3）施工生产安全事故报告

《安全生产法》第 70～72 条规定：生产经营单位发生生产安全事故后，事故现场有关人员应当立即报告本单位负责人。单位负责人接到事故报告后，应当按照国家有关规定立即如实报告当地负有安全生产监督管理职责的部门。负有安全生产监督管理职责的部门接到事故报告后，应当立即按照国家有关规定上报事故情况。

《建设工程安全生产管理条例》进一步规定，施工单位发生生产安全事故，应当按照国家有关伤亡事故报告和调查处理的规定，及时、如实地向负责安全生产监督管理的部门、建设行政主管部门或者其他有关部门报告；特种设备发生事故的，还应当同时向特种设备安全监督管理部门报告。实行施工总承包的建设工程，由总承包单位负责上报事故。

（4）应急抢救工作

《安全生产法》第 70 条规定：单位负责人接到事故报告后，应当迅速采取有效措施，组织抢救，防止事故扩大，减少人员伤亡和财产损失。第 72 条规定：有关地方人民政府和负有安全生产监督管理职责的部门的负责人接到重大生产安全事故报告后，应当立即赶到事故现场，组织事故抢救。

（5）事故的调查

《安全生产法》第 73 条规定：事故调查处理应当按照实事求是、尊重科学的原则，及时、准确地查清事故原因，查明事故性质和责任，总结事故教训，提出整改措施，并对事故责任者提出处理意见。

《生产安全事故报告和调查处理条例》规定了事故调查的管辖。特别重大事故由国务院或者国务院授权有关部门组织事故调查组进行调查。重大事故、较大事故、一般事故分别由事故发生地省级人民政府、设区的市级人民政府、县级人民政府负责调查。省级人民政府、设区的市级人民政府、县级人民政府可以直接组织事故调查组进行调查，也可以授权或者委托有关部门组织事故调查组进行调查。未造成人员伤亡的一般事故，县级人民政府也可以委托事故发生单位组织事故调查组进行调查。上级人民政府认为必要时，可以调查由下级人民政府负责调查的事故。特别重大事故以下等级事故，事故发生地与事故发生单位不在同一个县级以上行政区域的，由事故发生地人民政府负责调查，事故发生单位所在地人民政府应当派人参加。

（四）《建设工程安全生产管理条例》、《建设工程质量管理条例》

《建设工程安全生产管理条例》（以下简称《安全生产管理条例》）于 2003 年 11 月 12 日国务院第 28 次常务会议通过，自 2004 年 2 月 1 日起施行。《安全生产管理条例》包括总则，建设单位的安全责任，勘察、设计、工程监理及其他有关单位的安全责任，施工单位的安全责任，监督管理，生产安全事故的应急救援和调查处理，法律责任，附则 8 章，共 71 条。

《安全生产管理条例》的立法目的，是为了加强建设工程安全生产监督管理，保障人民群众生命和财产安全。

《建设工程质量管理条例》（以下简称《质量管理条例》）于 2000 年 1 月 10 日国务院第 25 次常务会议通过，自 2000 年 1 月 30 日起施行。《质量管理条例》包括总则、建设单位的质量责任和义务、勘察、设计单位的质量责任和义务、施工单位的质量责任和义务、工程监理单位的质量责任和义务、建设工程质量保修、监督管理、罚则、附则 9 章，共 82 条。

《质量管理条例》的立法目的，是为了加强对建设工程质量的管理，保证建设工程质量，保护人民生命和财产安全。

1. 《安全生产管理条例》关于施工单位的安全责任的有关规定

（1）法规相关条文

《安全生产管理条例》关于施工单位的安全责任的条文是第 20～38 条。

（2）施工单位的安全责任

1）有关人员的安全责任

① 施工单位主要负责人

施工单位主要负责人不仅仅指法定代表人，而是指对施工单位全面负责、有生产经营决策权的人。

《安全生产管理条例》第 21 条规定：施工单位主要负责人依法对本单位的安全生产工作全面负责。具体包括：

A. 建立健全安全生产责任制度和安全生产教育培训制度；

B. 制定安全生产规章制度和操作规程；

C. 保证本单位安全生产条件所需资金的投入；

D. 对所承建的建设工程进行定期和专项安全检查，并做好安全检查记录。

② 施工单位的项目负责人

项目负责人主要指项目经理，在工程项目中处于中心地位。《安全生产管理条例》第 21 条规定：施工单位的项目负责人对建设工程项目的安全全面负责。鉴于项目负责人对安全生产的重要作用，该条同时规定施工单位的项目负责人应当由取得相应执业资格的人员担任。这里，"相应执业资格"目前指建造师执业资格。

根据《安全生产管理条例》第 21 条，项目负责人的安全责任主要包括：

A. 落实安全生产责任制度，安全生产规章制度和操作规程；

B. 确保安全生产费用的有效使用；

C. 根据工程的特点组织制定安全施工措施，消除安全事故隐患；

D. 及时、如实报告生产安全事故。

③ 专职安全生产管理人员

《安全生产管理条例》第 23 条规定：施工单位应当设立安全生产管理机构，配备专职安全生产管理人员。专职安全生产管理人员是指经建设主管部门或者其他有关部门安全生产考核合格，并取得安全生产考核合格证书在企业从事安全生产管理工作的专职人员，包括施工单位安全生产管理机构的负责人及其工作人员和施工现场专职安全生产管理人员。

专职安全生产管理人员的安全责任主要包括：对安全生产进行现场监督检查。发现安全事故隐患，应当及时向项目负责人和安全生产管理机构报告；对于违章指挥、违章操作的，应当立即制止。

2）总承包单位和分包单位的安全责任

《安全生产管理条例》第 24 条规定：建设工程实行施工总承包的，由总承包单位对施工现场的安全生产负总责。为了防止违法分包和转包等违法行为的发生，真正落实施工总承包单位的安全责任，该条进一步规定：总承包单位应当自行完成建设工程主体结构的施工。该条同时规定：总承包单位依法将建设工程分包给其他单位的，分包合同中应当明确各自的安全生产方面的权利、义务。总承包单位和分包单位对分包工程的安全生产承担连带责任。

但是，总承包单位与分包单位在安全生产方面的责任也不是固定不变的，需要视具体情况确定。《安全生产管理条例》第 24 条规定：分包单位应当服从总承包单位的安全生产管理，分包单位不服从管理导致生产安全事故的，由分包单位承担主要责任。

3）安全生产教育培训

① 管理人员的考核

《安全生产管理条例》第 36 条规定：施工单位的主要负责人、项目负责人、专职安全生产管理人员应当经建设行政主管部门或者其他有关部门考核合格后方可任职。

② 作业人员的安全生产教育培训

A. 日常培训

《安全生产管理条例》第 36 条规定：施工单位应当对管理人员和作业人员每年至少进行一次安全生产教育培训，其教育培训情况记入个人工作档案。安全生产教育培训考核不合格的人员，不得上岗。

B. 新岗位培训

《安全生产管理条例》第 37 条对新岗位培训作了两方面规定：一是作业人员进入新的岗位或者新的施工现场前，应当接受安全生产教育培训。未经教育培训或者教育培训考核不合格的人员，不得上岗作业；二是施工单位在采用新技术、新工艺、新设备、新材料时，应当对作业人员进行相应的安全生产教育培训。

③ 特种作业人员的专门培训

《安全生产管理条例》第 25 条规定：垂直运输机械作业人员、安装拆卸工、爆破作业人员、起重信号工、登高架设作业人员等特种作业人员，必须按照国家有关规定经过专门的安全作业培训，并取得特种作业操作资格证书后，方可上岗作业。

4）施工单位应采取的安全措施

① 编制安全技术措施、施工现场临时用电方案和专项施工方案

《安全生产管理条例》第 26 条规定：施工单位应当在施工组织设计中编制安全技术措施和施工现场临时用电方案。同时规定：对下列达到一定规模的危险性较大的分部分项工程编制专项施工方案，并附具安全验算结果，经施工单位技术负责人、总监理工程师签字后实施，由专职安全生产管理人员进行现场监督：

A. 基坑支护与降水工程；

B. 土方开挖工程；

C. 模板工程；

D. 起重吊装工程；

E. 脚手架工程；

F. 拆除、爆破工程；

G. 国务院建设行政主管部门或者其他有关部门规定的其他危险性较大的工程。

② 安全施工技术交底

施工前的安全施工技术交底的目的就是让所有的安全生产从业人员都对安全生产有所了解，最大限度避免安全事故的发生。因此，第 27 条规定：建设工程施工前，施工单位负责项目管理的技术人员应当对有关安全施工的技术要求向施工作业班组、作业人员作出详细说明，并由双方签字确认。

③ 施工现场安全警示标志的设置

《安全生产管理条例》第 28 条规定：施工单位应当在施工现场入口处、施工起重机械、临时用电设施、脚手架、出入通道口、楼梯口、电梯井口、孔洞口、桥梁口、隧道口、基坑边沿、爆破物及有害危险气体和液体存放处等危险部位，设置明显的安全警示标志。安全警示标志必须符合国家标准。

④ 施工现场的安全防护

《安全生产管理条例》第 28 条规定：施工单位应当根据不同施工阶段和周围环境及季节、气候的变化，在施工现场采取相应的安全施工措施。施工现场暂时停止施工的，施工单位应当做好现场防护，所需费用由责任方承担，或者按照合同约定执行。

⑤ 施工现场的布置应当符合安全和文明施工要求

《安全生产管理条例》第 29 条规定：施工单位应当将施工现场的办公、生活区与作业区分开设置，并保持安全距离；办公、生活区的选址应当符合安全性要求。职工的膳食、饮水、休息场所等应当符合卫生标准。施工单位不得在尚未竣工的建筑物内设置员工集体宿舍。

施工现场临时搭建的建筑物应当符合安全使用要求。施工现场使用的装配式活动房屋应当具有产品合格证。临时建筑物一般包括施工现场的办公用房、宿舍、食堂、仓库、卫生间等。

⑥ 对周边环境采取防护措施

《安全生产管理条例》第 30 条规定：施工单位对因建设工程施工可能造成损害的毗邻建筑物、构筑物和地下管线等，应当采取专项防护措施。施工单位应当遵守有关环境保护法律、法规的规定，在施工现场采取措施，防止或者减少粉尘、废气、废水、固体废物、噪声、振动和施工照明对人和环境的危害和污染。在城市市区内的建设工程，施工单位应当对施工现场实行封闭围挡。

⑦ 施工现场的消防安全措施

《安全生产管理条例》第 31 条规定：施工单位应当在施工现场建立消防安全责任制度，确定消防安全责任人，制定用火、用电、使用易燃易爆材料等各项消防安全管理制度和操作规程，设置消防通道、消防水源，配备消防设施和灭火器材，并在施工现场入口处设置明显标志。

⑧ 安全防护设备管理

《安全生产管理条例》第 33 条规定：作业人员应当遵守安全施工的强制性标准。规章制度和操作规程，正确使用安全防护用具、机械设备等。

《安全生产管理条例》第 34 条规定：

A. 施工单位采购、租赁的安全防护用具、机械设备、施工机具及配件，应当具有生产（制造）许可证、产品合格证，并在进入施工现场前进行查验；

B. 施工现场的安全防护用具、机械设备、施工机具及配件必须由专人管理，定期进行检查、维修和保养，建立相应的资料档案，并按照国家有关规定及时报废。

⑨ 起重机械设备管理

《安全生产管理条例》第 35 条对起重机械设备管理作了如下规定：

A. 施工单位在使用施工起重机械和整体提升脚手架、模板等自升式架设设施前，应当组织有关单位进行验收，也可以委托具有相应资质的检验检测机构进行验收；使用承租的机械设备和施工机具及配件的，由施工总承包单位、分包单位、出租单位和安装单位共同进行验收。验收合格的方可使用。

B.《特种设备安全监察条例》规定的施工起重机械，在验收前应当经有相应资质的检验检测机构监督检验合格。这里"作为特种设备的施工起重机械"是指"涉及生命安全、危险性较大的"起重机械。

C. 施工单位应当自施工起重机械和整体提升脚手架、模板等自升式架设设施验收合格之日起 30 日内，向建设行政主管部门或者其他有关部门登记。登记标志应当置于或者附着于该设备的显著位置。

⑩ 办理意外伤害保险

《安全生产管理条例》第 38 条规定：施工单位应当为施工现场从事危险作业的人员办理意外伤害保险。同时还规定：意外伤害保险费由施工单位支付。实行施工总承包的，由总承包单位支付意外伤害保险费。意外伤害保险期限自建设工程开工之日起至竣工验收合格止。

2.《质量管理条例》关于施工单位的质量责任和义务的有关规定

（1）法规相关条文

《质量管理条例》关于施工单位的质量责任和义务的条文是第 25～33 条。

（2）施工单位的质量责任和义务

1）依法承揽工程

《质量管理条例》第 25 条规定：施工单位应当依法取得相应等级的资质证书，并在其资质等级许可的范围内承揽工程。

禁止施工单位超越本单位资质等级许可的业务范围或者以其他施工单位的名义承揽工程。禁止施工单位允许其他单位或者个人以本单位的名义承揽工程。施工单位不得转包或者违法分包工程。

2）建立质量保证体系

《质量管理条例》第 26 条规定：施工单位对建设工程的施工质量负责。施工单位应当建立质量责任制，确定工程项目的项目经理、技术负责人和施工管理负责人。

建设工程实行总承包的，总承包单位应当对全部建设工程质量负责；建设工程勘察、设计、施工、设备采购的一项或者多项实行总承包的，总承包单位应当对其承包的建设工程或者采购的设备的质量负责。

《质量管理条例》第 27 条规定：总承包单位依法将建设工程分包给其他单位的，分包单位应当按照分包合同的约定对其分包工程的质量向总承包单位负责，总承包单位与分包单位对分包工程的质量承担连带责任。

3）按图施工

《质量管理条例》第 28 条规定：施工单位必须按照工程设计图纸和施工技术标准施工，不得擅自修改工程设计，不得偷工减料。但是，施工单位在施工过程中发现设计文件和图纸有差错的，应当及时提出意见和建议。

4）对建筑材料、构配件和设备进行检验的责任

《质量管理条例》第 29 条规定：施工单位必须按照工程设计要求、施工技术标准和合同约定，对建筑材料、建筑构配件、设备和商品混凝土进行检验，检验应当有书面记录和专人签字；未经检验或者检验不合格的，不得使用。

5）对施工质量进行检验的责任

《质量管理条例》第 30 条规定：施工单位必须建立、健全施工质量的检验制度，严格工序管理，作好隐蔽工程的质量检查和记录。隐蔽工程在隐蔽前，施工单位应当通知建设单位和建设工程质量监督机构。

6）见证取样

在工程施工过程中，为了控制工程施工质量，需要依据有关技术标准和规定的方法，对用于工程的材料和构件抽取一定数量的样品进行检测，并根据检测结果判断其所代表部位的质量。《质量管理条例》第 31 条规定：施工人员对涉及结构安全的试块、试件以及有关材料，应当在建设单位或者工程监理单位监督下现场取样，并送具有相应资质等级的质量检测单位进行检测。

7）保修

《质量管理条例》第 32 条：施工单位对施工中出现质量问题的建设工程或者竣工验收不合格的建设工程，应当负责返修。

在建设工程竣工验收合格前，施工单位应对质量问题履行返修义务；建设工程竣工验收合格后，施工单位应对保修期内出现的质量问题履行保修义务。《合同法》第 281 条对施工单位的返修义务也有相应规定：因施工人原因致使建设工程质量不符合约定的，发包人有权要求施工人在合理期限内无偿修理或者返工、改建。经过修理或者返工、改建后，造成逾期交付的，施工人应当承担违约责任。

（五）《劳动法》、《劳动合同法》

《中华人民共和国劳动法》（以下简称《劳动法》）于 1994 年 7 月 5 日第八届全国人民代表大会常务委员会第八次会议通过，自 1995 年 1 月 1 日起施行。

《劳动法》分为总则、促进就业、劳动合同和集体合同、工作时间和休息休假、工资、劳动安全卫生、女职工和未成年工特殊保护、职业培训、社会保险和福利、劳动争议、监督检查、法律责任、附则 13 章，共 107 条。

《劳动法》的立法目的，是为了保护劳动者的合法权益，调整劳动关系，建立和维护适应社会主义市场经济的劳动制度，促进经济发展和社会进步。

《中华人民共和国劳动合同法》（以下简称《劳动合同法》）于 2007 年 6 月 29 日第十届全国人民代表大会常务委员会第二十八次会议通过，自 2008 年 1 月 1 日起施行。2012 年 12 月 28 日第十一届全国人民代表大会常务委员会第三十次会议通过了《全国人民代表大会常务委员会关于修改〈中华人民共和国劳动合同法〉的决定》，修订后的《劳动合同法》自 2013 年 7 月 1 日起施行。《劳动合同法》包括总则、劳动合同的订立、劳动合同的履行和变更、劳动合同的解除和终止、特别规定、监督检查、法律责任、附则 8 章，共 98 条。

《劳动合同法》的立法目的，是为了完善劳动合同制度，明确劳动合同双方当事人的权利和义务，保护劳动者的合法权益，构建和发展和谐稳定的劳动关系。

《劳动合同法》在《劳动法》的基础上，对劳动合同的订立、履行、终止等内容做出了更为详尽的规定。

1. 《劳动法》、《劳动合同法》关于劳动合同的有关规定

（1）法规相关条文

《劳动法》关于劳动合同的条文是第 16～32 条。

《劳动合同法》关于劳动合同的条文是第 7～50 条。

（2）劳动合同的概念

劳动合同是劳动者与用人单位确立劳动关系、明确双方权利和义务的协议。这里的劳动关系，是指劳动者与用人单位（包括各类企业、个体工商户、事业单位等）在实现劳动过程中建立的社会经济关系。

（3）劳动合同的订立

1）劳动合同当事人

《劳动法》第 16 条规定：劳动合同的当事人为用人单位和劳动者。

《中华人民共和国劳动合同法实施条例》进一步规定了：《劳动合同法》规定的用人单位设立的分支机构，依法取得营业执照或者登记证书的，可以作为用人单位与劳动者订立劳动合同；未依法取得营业执照或者登记证书的，受用人单位委托可以与劳动者订立劳动合同。

2）劳动合同的类型

劳动合同分为以下三种类型：一是固定期限劳动合同，即用人单位与劳动者约定合同终止时间的劳动合同；二是以完成一定工作任务为期限的劳动合同，即用人单位与劳动者约定以某项工作的完成为合同期限的劳动合同；三是无固定期限劳动合同，即用人单位与劳动者约定无明确终止时间的劳动合同。

有下列情形之一，劳动者提出或者同意续订、订立劳动合同的，除劳动者提出订立固定期限劳动合同外，应当订立无固定期限劳动合同：

① 劳动者在该用人单位连续工作满 10 年的；

② 用人单位初次实行劳动合同制度或者国有企业改制重新订立劳动合同时，劳动者在该用人单位连续工作满 10 年且距法定退休年龄不足 10 年的；

③ 连续订立两次固定期限劳动合同，且劳动者没有《劳动合同法》第 39 条（即用人单位可以解除劳动合同的条件）和第 40 条第 1 项、第 2 项规定（即劳动者患病或者非因工负伤，在规定的医疗期满后不能从事原工作，也不能从事由用人单位另行安排的工作的；劳动者不能胜任工作，经过培训或者调整工作岗位，仍不能胜任工作的）的情形，续订劳动合同的。

若劳动者依据此处的规定提出订立无固定期限劳动合同的，用人单位应当与其订立无固定期限劳动合同。对劳动合同的内容，双方应当按照合法、公平、平等自愿、协商一致、诚实信用的原则协商确定。

劳动者非因本人原因从原用人单位被安排到新用人单位工作的，劳动者在原用人单位的工作年限合并计算为新用人单位的工作年限。原用人单位已经向劳动者支付经济补偿的，新用人单位在依法解除、终止劳动合同计算支付经济补偿的工作年限时，不再计算劳动者在原用人单位的工作年限。

3）订立劳动合同的时间限制

《劳动合同法》第 19 条规定：建立劳动关系，应当订立书面劳动合同。已建立劳动关系，未同时订立书面劳动合同的，应当自用工之日起一个月内订立书面劳动合同。

因劳动者的原因未能订立劳动合同的，自用工之日起一个月内，经用人单位书面通知后，劳动者不与用人单位订立书面劳动合同的，用人单位应当书面通知劳动者终止劳动关系，无需向劳动者支付经济补偿，但是应当依法向劳动者支付其实际工作时间的劳动报酬。

因用人单位的原因未能订立劳动合同的，用人单位自用工之日起超过一个月不满一年未与劳动者订立书面劳动合同的，应当依照《劳动合同法》第 82 条的规定向劳动者每月支付两倍的工资，并与劳动者补订书面劳动合同；劳动者不与用人单位订立书面劳动合同的，用人单位应当书面通知劳动者终止劳动关系，并依照《劳动合同法》第47条的规定支付经济补偿。

4）劳动合同的生效

劳动合同由用人单位与劳动者协商一致，并经用人单位与劳动者在劳动合同文本上签字或者盖章生效。

劳动合同文本由用人单位和劳动者各执一份。

（4）劳动合同的条款

《劳动法》第19条规定：劳动合同应当具备以下条款：

1）用人单位的名称、住所和法定代表人或者主要负责人；

2）劳动者的姓名、住址和居民身份证或者其他有效身份证件号码；

3）劳动合同期限；

4）工作内容和工作地点；

5）工作时间和休息休假；

6）劳动报酬；

7）社会保险；

8）劳动保护、劳动条件和职业危害防护；

9）法律、法规规定应当纳入劳动合同的其他事项。

劳动合同除前款规定的必备条款外，用人单位与劳动者可以约定试用期、培训、保守秘密、补充保险和福利待遇等其他事项。

《劳动合同法》第19条规定：劳动合同对劳动报酬和劳动条件等标准约定不明确，引发争议的，用人单位与劳动者可以重新协商；协商不成的，适用集体合同规定；没有集体合同或者集体合同未规定劳动报酬的，实行同工同酬；没有集体合同或者集体合同未规定劳动条件等标准的，适用国家有关规定。

（5）试用期

1）试用期的最长时间

《劳动法》第21条规定：试用期最长不得超过6个月。

《劳动合同法》第19条进一步明确：劳动合同期限3个月以上未满1年的，试用期不得超过1个月；劳动合同期限1年以上不满3年的，试用期不得超过2个月；3年以上固定期限和无固定期限的劳动合同，试用期不得超过6个月。

2）试用期的次数限制

《劳动合同法》第19条规定：同一用人单位与同一劳动者只能约定一次试用期。

以完成一定工作任务为期限的劳动合同或者劳动合同期限不满3个月的，不得约定试用期。

试用期包含在劳动合同期限内。劳动合同仅约定试用期的，试用期不成立，该期限为劳动合同期限。

3）试用期内的最低工资

《劳动合同法》第20条规定：劳动者在试用期的工资不得低于本单位相同岗位最低档工资或者劳动合同约定工资的80%，并不得低于用人单位所在地的最低工资标准。

《中华人民共和国劳动合同法实施条例》对此作进一步明确：劳动者在试用期的工资不得低于本单位相同岗位最低档工资的 80% 或者不得低于劳动合同约定工资的 80%，并不得低于用人单位所在地的最低工资标准。

4）试用期内合同解除条件的限制

在试用期中，除劳动者有《劳动合同法》第 39 条（即用人单位可以解除劳动合同的条件）和第 40 条第 1 项、第 2 项（即劳动者患病或者非因工负伤，在规定的医疗期满后不能从事原工作，也不能从事由用人单位另行安排的工作的；劳动者不能胜任工作，经过培训或者调整工作岗位，仍不能胜任工作的）规定的情形外，用人单位不得解除劳动合同。用人单位在试用期解除劳动合同的，应当向劳动者说明理由。

（6）劳动合同的无效

《劳动合同法》第 26 条规定：下列劳动合同无效或者部分无效：

1）以欺诈、胁迫的手段或者乘人之危，使对方在违背真实意思的情况下订立或者变更劳动合同的；

2）用人单位免除自己的法定责任、排除劳动者权利的；

3）违反法律、行政法规强制性规定的。

对劳动合同的无效或者部分无效有争议的，由劳动争议仲裁机构或者人民法院确认。

劳动合同部分无效，不影响其他部分效力的，其他部分仍然有效。

劳动合同被确认无效，劳动者已付出劳动的，用人单位应当向劳动者支付劳动报酬。劳动报酬的数额，参照本单位相同或者相近岗位劳动者的劳动报酬确定。

（7）劳动合同的变更

用人单位变更名称、法定代表人、主要负责人或者投资人等事项，不影响劳动合同的履行。

用人单位发生合并或者分立等情况，原劳动合同继续有效，劳动合同由承继其权利和义务的用人单位继续履行。

用人单位与劳动者协商一致，可以变更劳动合同约定的内容。变更劳动合同，应当采用书面形式。

变更后的劳动合同文本由用人单位和劳动者各执一份。

（8）劳动合同的解除

用人单位与劳动者协商一致，可以解除劳动合同。用人单位向劳动者提出解除劳动合同并与劳动者协商一致解除劳动合同的，用人单位应当向劳动者给予经济补偿。

劳动者提前 30 日以书面形式通知用人单位，可以解除劳动合同。劳动者在试用期内提前 3 日通知用人单位，可以解除劳动合同。

1）劳动者解除劳动合同的情形

《劳动合同法》第 38 条规定：用人单位有下列情形之一的，劳动者可以解除劳动合同，用人单位应当向劳动者支付经济补偿：

① 未按照劳动合同约定提供劳动保护或者劳动条件的；

② 未及时足额支付劳动报酬的；

③ 未依法为劳动者缴纳社会保险费的；

④ 用人单位的规章制度违反法律、法规的规定，损害劳动者权益的；

⑤ 因《劳动合同法》第 26 条第 1 款（即：以欺诈、胁迫的手段或者乘人之危，使对方在违背真实意思的情况下订立或者变更劳动合同的）规定的情形致使劳动合同无效的；

⑥ 法律、行政法规规定劳动者可以解除劳动合同的其他情形。

用人单位以暴力、威胁或者非法限制人身自由的手段强迫劳动者劳动的，或者用人单位违章指挥、强令冒险作业危及劳动者人身安全的，劳动者可以立即解除劳动合同，不需事先告知用人单位。

2）用人单位可以解除劳动合同的情形

除用人单位与劳动者协商一致，用人单位可以与劳动者解除合同外，如遇下列情形，用人单位也可以与劳动者解除合同。

① 随时解除

《劳动合同法》第 39 条规定：劳动者有下列情形之一的，用人单位可以解除劳动合同：

A. 在试用期间被证明不符合录用条件的；

B. 严重违反用人单位的规章制度的；

C. 严重失职，营私舞弊，给用人单位造成重大损害的；

D. 劳动者同时与其他用人单位建立劳动关系，对完成本单位的工作任务造成严重影响，或者经用人单位提出，拒不改正的；

E. 因《劳动合同法》第 26 条第 1 款第 1 项（即：以欺诈、胁迫的手段或者乘人之危，使对方在违背真实意思的情况下订立或者变更劳动合同的）规定的情形致使劳动合同无效的；

F. 被依法追究刑事责任的。

② 预告解除

《劳动合同法》第 40 条规定：有下列情形之一的，用人单位提前 30 日以书面形式通知劳动者本人或者额外支付劳动者 1 个月工资后，可以解除劳动合同，用人单位应当向劳动者支付经济补偿：

A. 劳动者患病或者非因工负伤，在规定的医疗期满后不能从事原工作，也不能从事由用人单位另行安排的工作的；

B. 劳动者不能胜任工作，经过培训或者调整工作岗位，仍不能胜任工作的；

C. 劳动合同订立时所依据的客观情况发生重大变化，致使劳动合同无法履行，经用人单位与劳动者协商，未能就变更劳动合同内容达成协议的。

用人单位依照此规定，选择额外支付劳动者 1 个月工资解除劳动合同的，其额外支付的工资应当按照该劳动者上 1 个月的工资标准确定。

③ 经济性裁员

《劳动合同法》第 41 条规定：有下列情形之一，需要裁减人员 20 人以上或者裁减不足 20 人但占企业职工总数 10% 以上的，用人单位提前 30 日向工会或者全体职工说明情况，听取工会或者职工的意见后，裁减人员方案经向劳动行政部门报告，可以裁减人员，用人单位应当向劳动者支付经济补偿：

A. 依照企业破产法规定进行重整的；

B. 生产经营发生严重困难的；

C. 企业转产、重大技术革新或者经营方式调整，经变更劳动合同后，仍需裁减人员的；

D. 其他因劳动合同订立时所依据的客观经济情况发生重大变化，致使劳动合同无法履行的。

④ 用人单位不得解除劳动合同的情形

《劳动合同法》第 42 条规定：劳动者有下列情形之一的，用人单位不得依照本法第 40 条、第 41 条的规定解除劳动合同：

A. 从事接触职业病危害作业的劳动者未进行离岗前职业健康检查，或者疑似职业病病人在诊断或者医学观察期间的；

B. 在本单位患职业病或者因工负伤并被确认丧失或者部分丧失劳动能力的；

C. 患病或者非因工负伤，在规定的医疗期内的；

D. 女职工在孕期、产期、哺乳期的；

E. 在本单位连续工作满 15 年，且距法定退休年龄不足 5 年的；

F. 法律、行政法规规定的其他情形。

（9）劳动合同终止

《劳动合同法》规定：有下列情形之一的，劳动合同终止。用人单位与劳动者不得在劳动合同法规定的劳动合同终止情形之外约定其他的劳动合同终止条件：

1）劳动者达到法定退休年龄的，劳动合同终止；

2）劳动合同期满的。除用人单位维持或者提高劳动合同约定条件续订劳动合同，劳动者不同意续订的情形外，依照本项规定终止固定期限劳动合同的，用人单位应当向劳动者支付经济补偿；

3）劳动者开始依法享受基本养老保险待遇的；

4）劳动者死亡，或者被人民法院宣告死亡或者宣告失踪的；

5）用人单位被依法宣告破产的；依照本项规定终止劳动合同的，用人单位应当向劳动者支付经济补偿；

6）用人单位被吊销营业执照、责令关闭、撤销或者用人单位决定提前解散的；依照本项规定终止劳动合同的，用人单位应当向劳动者支付经济补偿；

7）法律、行政法规规定的其他情形。

2. 《劳动法》关于劳动安全卫生的有关规定

（1）法规相关条文

《劳动法》关于劳动安全卫生的条文是第 52～57 条。

（2）劳动安全卫生

劳动安全卫生又称劳动保护，是指直接保护劳动者在劳动中的安全和健康的法律保护。

根据《劳动法》的有关规定，用人单位和劳动者应当遵守如下有关劳动安全卫生的法律规定：

1）用人单位必须建立、健全劳动安全卫生制度，严格执行国家劳动安全卫生规程和标准，对劳动者进行劳动安全卫生教育，防止劳动过程中的事故，减少职业危害。

2）劳动安全卫生设施必须符合国家规定的标准。

新建、改建、扩建工程的劳动安全卫生设施必须与主体工程同时设计、同时施工、同时投入生产和使用。

3）用人单位必须为劳动者提供符合国家规定的劳动安全卫生条件和必要的劳动防护用品，对从事有职业危害作业的劳动者应当定期进行健康检查。

4）从事特种作业的劳动者必须经过专门培训并取得特种作业资格。

5）劳动者在劳动过程中必须严格遵守安全操作规程。劳动者对用人单位管理人员违章指挥、强令冒险作业，有权拒绝执行；对危害生命安全和身体健康的行为，有权提出批评、检举和控告。

二、建 筑 材 料

构成建筑物或构筑物本身的材料称为建筑材料。建筑材料有多种分类方法。按化学成分的分类见表 2-1。

建筑材料按化学成分分类 表 2-1

分 类			举 例
无机材料	非金属材料	天然石材	砂子、石子、各种岩石加工的石材等
		烧土制品	黏土砖、瓦、空心砖、锦砖、瓷器等
		胶凝材料	石灰、石膏、水玻璃、水泥等
		玻璃及熔融制品	玻璃、玻璃棉、岩棉、铸石等
		混凝土及硅酸盐制品	普通混凝土、砂浆及硅酸盐制品等
	金属材料	黑色金属	钢、铁、不锈钢等
		有色金属	铝、铜等及其合金
有机材料	植物材料		木材、竹材、植物纤维及其制品
	沥青材料		石油沥青、煤沥青、沥青制品
	合成高分子材料		塑料、涂料、胶粘剂、合成橡胶等
复合材料	金属材料与非金属材料复合		钢筋混凝土、预应力混凝土、钢纤维混凝土等
	非金属材料与有机材料复合		玻璃纤维增强塑料、聚合物混凝土、沥青混合料、水泥刨花板等
	金属材料与有机材料复合		轻质金属夹心板

（一）无机胶凝材料

1. 无机胶凝材料的分类及特性

胶凝材料也称为胶结材料，是用来把块状、颗粒状或纤维状材料粘结为整体的材料。无机胶凝材料也称矿物胶凝材料，是胶凝材料的一大类别，其主要成分是无机化合物，如水泥、石膏、石灰等均属无机胶凝材料。

按照硬化条件的不同，无机胶凝材料分为气硬性胶凝材料和水硬性胶凝材料两类。前者如石灰、石膏、水玻璃等，后者如水泥。

气硬性胶凝材料只能在空气中凝结、硬化、保持和发展强度，一般只适用于干燥环境，不宜用于潮湿环境与水中。

水硬性胶凝材料既能在空气中硬化，也能在水中凝结、硬化、保持和发展强度，既适用于干燥环境，又适用于潮湿环境与水中的工程。

2. 通用水泥的特性、主要技术性质及应用

水泥是一种加水拌合成塑性浆体，能胶结砂、石等适当材料，并能在空气和水中硬化的粉状水硬性胶凝材料。

水泥的品种很多。按其矿物组成可分为硅酸盐水泥、铝酸盐水泥、硫铝酸盐水泥、氟铝酸盐水泥、铁铝酸盐水泥以及少熟料或无熟料水泥等。按其用途和性能可分为通用水泥、专用水泥以及特性水泥三大类。用于一般土木建筑工程的水泥为通用水泥；适应专门用途的水泥称为专用水泥，如砌筑水泥、道路水泥、油井水泥等；某种性能比较突出的水泥称为特性水泥，如白色硅酸盐水泥、快硬硅酸盐水泥、抗硫酸盐硅酸盐水泥、膨胀水泥等。

（1）通用水泥的特性及应用

通用水泥即通用硅酸盐水泥的简称，是以硅酸盐水泥熟料和适量的石膏，以及规定的混合材料制成的水硬性胶凝材料。通用水泥的品种、特性及应用范围见表 2-2。

通用水泥的品种、特性及适用范围

表 2-2

名称	硅酸盐水泥	普通硅酸盐水泥	矿渣硅酸盐水泥	火山灰质硅酸盐水泥	粉煤灰硅酸盐水泥	复合硅酸盐水泥
主要特性	1. 早期强度高； 2. 水化热高； 3. 抗冻性好； 4. 耐热性差； 5. 耐腐蚀性差； 6. 干缩小； 7. 抗碳化性好	1. 早期强度较高； 2. 水化热较高； 3. 抗冻性较好； 4. 耐热性差； 5. 耐腐蚀性较差； 6. 干缩性较小； 7. 抗碳化性较好	1. 早期强度低，后期强度高； 2. 水化热较低； 3. 抗冻性较差； 4. 耐热性较好； 5. 耐腐蚀性好； 6. 干缩性较大； 7. 抗碳化性较差； 8. 抗渗性差	1. 早期强度低，后期强度高； 2. 水化热较低； 3. 抗冻性较差； 4. 耐热性较差； 5. 耐腐蚀性好； 6. 干缩性大； 7. 抗碳化性较差； 8. 抗渗性好	1. 早期强度低，后期强度高； 2. 水化热较低； 3. 抗冻性较差； 4. 耐热性较差； 5. 耐腐蚀性好； 6. 干缩性小； 7. 抗碳化性较差； 8. 抗裂性好	1. 早期强度稍低； 2. 其他性能同矿渣水泥
适用范围	1. 高强混凝土及预应力混凝土工程； 2. 早期强度要求高的工程及冬期施工的工程； 3. 严寒地区遭受反复冻融作用的混凝土工程	与硅酸盐水泥基本相同	1. 大体积混凝土工程； 2. 高温车间和有耐热要求的混凝土结构； 3. 蒸汽养护的构件； 4. 耐腐蚀要求高的混凝土工程	1. 地下、水中大体积混凝土结构； 2. 有抗渗要求的工程； 3. 蒸汽养护的构件； 4. 耐腐蚀要求高的混凝土工程	1. 地上、地下及水中大体积混凝土结构； 2. 蒸汽养护的构件； 3. 抗裂性要求较高的构件； 4. 耐腐蚀要求高的混凝土工程	可参照矿渣硅酸盐水泥、火山灰质硅酸盐水泥、粉煤灰硅酸盐水泥，但其性能受所用混合材料性能的影响，所以使用时应针对工程的性质加以选用

（2）通用水泥的主要技术性质

1）细度

细度是指水泥颗粒粗细的程度，它是影响水泥需水量、凝结时间、强度和安定性能的重要指标。颗粒愈细，与水反应的表面积愈大，因而水化反应的速度愈快，水泥石的早期

强度愈高，但硬化体的收缩也愈大，且水泥在储运过程中易受潮而降低活性。因此，水泥细度应适当。硅酸盐水泥的细度用透气式比表面仪测定。国家标准《通用硅酸盐水泥》GB 175—2007 规定，通用水泥的比表面积应不大于 $300m^2/kg$。

2) 标准稠度及其用水量

在测定水泥凝结时间、体积安定性等性能时，为使所测结果有准确的可比性，规定在试验时所使用的水泥净浆必须以标准方法（按现行国家标准《水泥标准稠度用水量、凝结时间、安定性检验方法》GB/T 1346 规定）测试，并达到统一规定的浆体可塑性程度（标准稠度）。水泥净浆标准稠度用水量，是指拌制水泥净浆时为达到标准稠度所需的加水量，它以水与水泥质量之比的百分数表示。

3) 凝结时间

水泥从加水开始到失去流动性所需的时间称为凝结时间，分为初凝时间和终凝时间。初凝时间为水泥从开始加水拌合起至水泥浆开始失去可塑性所需的时间；终凝时间是从水泥开始加水拌合起至水泥浆完全失去可塑性，并开始产生强度所需的时间。水泥的凝结时间对施工有重大意义。初凝过早，施工时没有足够的时间完成混凝土或砂浆的搅拌、运输、浇捣和砌筑等操作；水泥的终凝过迟，则会拖延施工工期。国家标准规定：硅酸盐水泥初凝时间不得早于 45min，终凝时间不得迟于 6.5h。

4) 体积安定性

水泥体积安定性是指水泥浆体硬化后体积变化的稳定性。安定性不良的水泥，在浆体硬化过程中或硬化后产生不均匀的体积膨胀，并引起开裂。水泥安定性不良的主要原因是熟料中含有过量的游离氧化钙、游离氧化镁或掺入的石膏过多。国家标准规定，水泥熟料中游离氧化镁含量不得超过 5.0%，三氧化硫含量不得超过 3.5%。体积安定性不合格的水泥为废品，不能用于工程中。

5) 水泥的强度

水泥强度是表征水泥力学性能的重要指标，它与水泥的矿物组成、水泥细度、水灰比大小、水化龄期和环境温度等密切相关。水泥强度按《水泥胶砂强度检验方法（ISO 法）》GB/T 17671 的规定制作试块，养护并测定其抗压和抗折强度值，并据此评定水泥强度等级。

根据 3d 和 28d 龄期的抗折强度和抗压强度，普通水泥的强度等级划分如表 2-3 所示。

6) 水化热

水化热是指水泥和水之间发生化学反应放出的热量，通常以焦耳/千克（J/kg）表示。

水泥水化放出的热量以及放热速度，主要决定于水泥的矿物组成和细度。熟料矿物中铝酸三钙和硅酸三钙的含量愈高，颗粒愈细，则水化热愈大。这对一般建筑的冬期施工是有利的，但对于大体积混凝土工程是有害的。为了避免由于温度应力引起水泥石的开裂，在大体积混凝土工程施工中，不宜采用硅酸盐水泥，而应采用水化热低的水泥，如中热水泥、低热矿渣水泥等，水化热的数值可根据国家标准规定的方法测定。

通用水泥的主要技术性能见表 2-3。

通用水泥的主要技术性能　　　　　　　　　　表 2-3

性能 \ 品种		硅酸盐水泥	普通水泥	矿渣水泥	火山灰水泥	粉煤灰水泥	复合水泥
水泥中混合材料掺量		0～5%	活性混合材料 6%～15%，或非活性混合材料 10%以下	粒化高炉矿渣 20%～70%	火山灰质混合材料 20%～50%	粉煤灰 20%～40%	两种或两种以上混合材，其总掺量为 15%～50%
密度（g/cm³）		3.0～3.15			2.8～3.1		
堆积密度（kg/m³）		1000～1600		1000～1200	900～1000		1000～1200
细度		比表面积 >300m²/kg	80μm 方孔筛筛余量<10%				
凝结时间	初凝	>45min					
	终凝	<6.5h	<10h				
体积安定性	安定性	沸煮法必须合格（若试饼法和雷氏法两者有争议，以雷氏法为准）					
	MgO	含量<5.0%					
	SO₃	含量<3.5%（矿渣水泥中含量<4.0%）					
碱含量		用户要求低碱水泥时，按 Na₂O+0.685K₂O 计算的碱含量，不得大于 0.06%，或由供需双方商定					
强度等级		42.5、42.5R、52.5、52.5R、62.5、62.5R	42.5、42.5R、52.5、52.5R	32.5、32.5R、42.5、42.5R、52.5、52.5R			

注：R 表示早强型。

3. 特性水泥的特性及应用

特性水泥的品种很多，以下仅介绍建筑与市政工程中常用的几种。

（1）快硬硅酸盐水泥

凡以硅酸盐水泥熟料和适量石膏磨细制成的以 3d 抗压强度表示强度等级的水硬性胶凝材料称为快硬硅酸盐水泥，简称快硬水泥。

快硬硅酸盐水泥的特点是，凝结硬化快，早期强度增长率高。可用于紧急抢修工程、低温施工工程等，可配制成早强、高强度等级混凝土。

快硬水泥易受潮变质，故储运时须特别注意防潮，并应及时使用，不宜久存，出厂超过 1 个月，应重新检验，合格后方可使用。

（2）白色酸盐硅酸盐水泥和彩色硅酸盐水泥

白色酸盐硅酸盐水泥简称白水泥，是以白色硅酸盐水泥熟料，加入适量石膏，经磨细制成的水硬性胶凝材料。

彩色酸盐硅酸盐水泥简称彩色水泥，按生产方法分为两类。一类是在白水泥的生料中加入少量金属氧化物，直接烧成彩色水泥熟料，然后再加适量石膏磨细而成。另一类为白水泥熟料、适量石膏及碱性颜料共同磨细而成。

白水泥和彩色水泥主要用于建筑物内外的装饰，如地面、楼面、墙面、柱面、台阶等；建筑立面的线条、装饰图案、雕塑等。配以大理石、白云石石子和石英砂作为粗细骨料，可以拌制成彩色砂浆和混凝土，做成彩色水磨石、水刷石等。

（3）膨胀水泥

膨胀水泥是指以适当比例的硅酸盐水泥或普通硅酸盐水泥，铝酸盐水泥等和天然二水石膏磨制而成的膨胀性的水硬性胶凝材料。

按基本组成我国常用的膨胀水泥品种有：硅酸盐膨胀水泥、铝酸盐膨胀水泥、硫铝酸盐水泥、铁铝酸盐膨胀水泥等。

膨胀水泥主要用于收缩补偿混凝土工程，防渗混凝土（屋顶防渗、水池等），防渗砂浆，结构的加固，构件接缝、接头的灌浆，固定设备的机座及地脚螺栓等。

（二）混　凝　土

1. 普通混凝土的分类及主要技术性质

（1）普通混凝土的分类

混凝土是以胶凝材料、粗细骨料及其他外掺材料按适当比例拌制、成型、养护、硬化而成的人工石材。通常将水泥、矿物掺合材料、粗细骨料、水和外加剂按一定的比例配制而成的、干表观密度为 $2000\sim2800\mathrm{kg/m^3}$ 的混凝土称为普通混凝土。

普通混凝土可以从不同角度进行分类。

① 按用途分：结构混凝土、抗渗混凝土、抗冻混凝土、大体积混凝土、水工混凝土、耐热混凝土、耐酸混凝土、装饰混凝土等。

② 按强度等级分：普通强度混凝土（＜C60）、高强混凝土（≥C60）、超高强混凝土（≥C100）。

③ 按施工工艺分：喷射混凝土、泵送混凝土、碾压混凝土、压力灌浆混凝土、离心混凝土、真空脱水混凝土。

普通混凝土广泛用于建筑、桥梁、道路、水利、码头、海洋等工程。

（2）普通混凝土的主要技术性质

混凝土的技术性质包括混凝土拌合物的技术性质和硬化混凝土的技术性质。混凝土拌合物的主要技术性质为和易性，硬化混凝土的主要技术性质包括强度、变形和耐久性等。

1）混凝土拌合物的和易性

混凝土中的各种组成材料按比例配合经搅拌形成的混合物称为混凝土拌合物，又称新拌混凝土。

混凝土拌合物易于各工序施工操作（搅拌、运输、浇注、振捣、成型等），并能获得质量稳定、整体均匀、成型密实的混凝土性能，称为混凝土拌合物的和易性。和易性是满足施工工艺要求的综合性质，包括流动性、黏聚性和保水性。

流动性是指混凝土拌合物在自重或机械振动时能够产生流动的性质。流动性的大小反映了混凝土拌合物的稀稠程度，流动性良好的拌合物，易于浇注、振捣和成型。

黏聚性是指混凝土组成材料间具有一定的黏聚力，在施工过程中混凝土能保持整体均匀的性能。黏聚性反映了混凝土拌合物的均匀性，黏聚性良好的拌合物易于施工操作，不会产生分层和离析的现象。黏聚性差时，会造成混凝土质地不均，振捣后易出现蜂窝、空洞等现象，影响混凝土的强度及耐久性。

保水性是指混凝土拌合物在施工过程中具有一定的保持内部水分而抵抗泌水的能力。保水性反映了混凝土拌合物的稳定性。保水性差的混凝土拌合物会在混凝土内部形成透水通道，影响混凝土的密实性，并降低混凝土的强度及耐久性。

混凝土拌合物的和易性目前还很难用单一的指标来评定，通常是以测定流动性为主，兼顾黏聚性和保水性。流动性常用坍落度法（适用于坍落度≥10mm）和维勃稠度法（适用于坍落度＜10mm）进行测定。

坍落度数值越大，表明混凝土拌合物流动性大，根据坍落度值的大小，可将混凝土分为四级：大流动性混凝土（坍落度大于160mm）、流动性混凝土（坍落度100～150mm）、塑性混凝土（坍落度10～90mm）和干硬性混凝土（坍落度小于10mm）。

2）混凝土的强度

① 混凝土立方体抗压强度和强度等级

混凝土的抗压强度是混凝土结构设计的主要技术参数，也是混凝土质量评定的重要技术指标。

按照标准制作方法制成边长为150mm的标准立方体试件，在标准条件（温度20℃±2℃，相对湿度为95％以上）下养护28d，然后采用标准试验方法测得的极限抗压强度值，称为混凝土的立方体抗压强度，用 f_{cu} 表示。

为了便于设计和施工选用混凝土，将混凝土的强度按照混凝土立方体抗压强度标准值分为若干等级，即强度等级。普通混凝土共划分为 C10、C15、C20、C25、C30、C35、C40、C45、C50、C55、C60、C65、C70、C75、C80、C85、C90、C95、C100 十九个强度等级。其中"C"表示混凝土，C 后面的数字表示混凝土立方体抗压强度标准值（$f_{cu,k}$）。如 C30 表示混凝土立方体抗压强度标准值 30MPa≤$f_{cu,k}$＜35MPa。

② 混凝土轴心抗压强度

在实际工程中，混凝土结构构件大部分是棱柱体或圆柱体。为了能更好地反映混凝土的实际抗压性能，在计算钢筋混凝土构件承载力时，常采用混凝土的轴心抗压强度作为设计依据。

混凝土的轴心抗压强度是采用 150mm×150mm×300mm 的棱柱体作为标准试件，在标准条件（温度为20℃±2℃，相对湿度为95％以上）下养护28d，采用标准试验方法测得的抗压强度值。

③ 混凝土的抗拉强度

我国目前常采用劈裂试验方法测定混凝土的抗拉强度。劈裂试验方法是采用边长为150mm 的立方体标准试件，按规定的劈裂拉伸试验方法测定混凝土的劈裂抗拉强度。

（3）混凝土的耐久性

混凝土抵抗其自身因素和环境因素的长期破坏，保持其原有性能的能力，称为耐久性。混凝土的耐久性主要包括抗渗性、抗冻性、耐磨性、抗碳化、抗碱-骨料反应等方面。

1）抗渗性

混凝土抵抗压力液体（水或油）等渗透本体的能力称为抗渗性。

混凝土的抗渗性用抗渗等级表示。抗渗等级是以 28d 龄期的标准试件，用标准试验方法进行试验，以每组六个试件，四个试件未出现渗水时，所能承受的最大静水压（单位：MPa）来确定。混凝土的抗渗等级用代号 P 表示，分为 P4、P6、P8、P10、P12 和＞P12 六个等级。P4 表示混凝土抵抗 0.4MPa 的液体压力而不渗水。

2）抗冻性

混凝土在吸水饱和状态下，抵抗多次反复冻融循环而不破坏，同时也不严重降低其各种性能的能力，称为抗冻性。

混凝土的抗冻性用抗冻等级表示。抗冻等级是以 28d 龄期的混凝土标准试件，在浸水饱和状态下，进行冻融循环试验，以抗压强度损失不超过 25%，同时质量损失不超过 5% 时，所能承受的最大的冻融循环次数来确定。混凝土抗冻等级用 F 表示，分为 F50、F100、F150、F200、F250、F300、F350、F400 和＞F400 九个等级。F150 表示混凝土在强度损失不超过 25%，质量损失不超过 5% 时，所能承受的最大冻融循环次数为 150。

3）抗腐蚀性

混凝土在外界各种侵蚀介质作用下，抵抗破坏的能力，称为混凝土的抗腐蚀性。当工程所处环境存在侵蚀介质时，对混凝土必须提出耐蚀性要求。

2. 普通混凝土的组成材料及其主要技术要求

普通混凝土的组成材料有水泥、砂子、石子、水、外加剂或掺合料。前四种材料是组成混凝土所必需的材料，后两种材料可根据混凝土性能的需要有选择性地添加。

（1）水泥

水泥是混凝土组成材料中最重要的材料，也是成本支出最多的材料，更是影响混凝土强度、耐久性最重要的因素。

水泥品种应根据工程性质与特点、所处的环境条件及施工所处条件及水泥特性合理选择。配制一般的混凝土可以选用硅酸盐水泥、普通硅酸盐水泥、矿渣硅酸盐水泥、火山灰质硅酸盐水泥及粉煤灰硅酸水泥、复合硅酸盐水泥等通用水泥。

水泥强度等级的选择应根据混凝土强度的要求来确定，低强度混凝土应选择低强度等级的水泥，高强度混凝土应选择高强度等级的水泥。一般情况下，中、低强度的混凝土（≤C30），水泥强度等级为混凝土强度等级的 1.5～2.0 倍；高强度混凝土，水泥强度等级与混凝土强度等级之比可小于 1.5，但不能低于 0.8。

（2）细骨料

细骨料是指公称直径小于 5.00mm 的岩石颗粒，通常称为砂。根据生产过程特点不同，砂可分为天然砂、人工砂和混合砂。天然砂包括河砂、湖砂、山砂和海砂。混合砂是天然砂与人工砂按一定比例组合而成的砂。

1）有害杂质含量

配制混凝土的砂子要求清洁不含杂质。国家标准对砂中的云母、轻物质、硫化物及硫酸盐、有机物、氯化物等各有害物含量以及海砂中的贝壳含量作了规定。

2）含泥量、石粉含量和泥块含量

含泥量是指天然砂中公称粒径小于 $80\mu m$ 的颗粒含量。泥块含量是指砂中公称粒径大于 1.25mm，经水浸洗、手捏后变成小于 $630\mu m$ 的颗粒含量。石粉含量是指人工砂中公称

粒径小于 $80\mu m$ 的颗粒含量。国家标准对含泥量、石粉含量和泥块含量作了规定。

3）坚固性

砂的坚固性是指砂在自然风化和其他外界物理、化学因素作用下，抵抗破坏的能力。

天然砂的坚固性用硫酸钠溶液法检验，砂样经 5 次循环后其质量损失应符合国家标准的规定。

人工砂的坚固性采用压碎指标值来判断，具体可参见有关文献。

4）砂的表观密度、堆积密度、空隙率

砂的表观密度大于 $2500kg/m^3$，松散堆积密度大于 $1350kg/m^3$，空隙率小于 47%。

5）粗细程度及颗粒级配

粗细程度是指不同粒径的砂混合后，总体的粗细程度。质量相同时，粗砂的总表面积小，包裹砂表面所需的水泥浆就越少，反之细砂总表面积大，包裹砂表面所需的水泥浆量就多。因此，和易性一定时，采用粗砂配制混凝土，可减少拌合用水量，节约水泥用量。但砂过粗易使混凝土拌合物产生分层、离析和泌水等现象。

颗粒级配是指粒径大小不同的砂粒互相搭配的情况。级配良好的砂，不同粒径的砂相互搭配，逐级填充使砂更密实，空隙率更小，可节省水泥并使混凝土结构密实，和易性、强度、耐久性得以加强，还可减少混凝土的干缩及徐变。

（3）粗骨料

粗骨料是指公称直径大于 5.00mm 的岩石颗粒，通常称为石子。其中天然形成的石子称为卵石，人工破碎而成的石子称为碎石。

1）泥、泥块及有害物质含量

粗骨料中泥、泥块含量以及硫化物、硫酸盐含量、有机物等有害物质含量应符合国家标准的规定。

2）颗粒形状

卵石及碎石的形状以接近卵形或立方体为较好。针状颗粒和片状颗粒不仅本身容易折断，而且使空隙率增大，影响混凝土的质量，因此，国家标准对粗骨料中针、片状颗粒的含量做了规定。

3）强度

为保证混凝土的强度，粗骨料必须具有足够的强度。粗骨料的强度指标有两个，一是岩石抗压强度，二是压碎指标值，具体可参见有关文献。

4）坚固性

坚固性是指卵石、碎石在自然风化和其他外界物理化学作用下抵抗破裂的能力。有抗冻性要求的混凝土所用粗骨料，要求测定其坚固性。

（4）水

混凝土用水包括混凝土拌制用水和养护用水。按水源不同分为饮用水、地表水、地下水、海水及经处理过的工业废水。地表水和地下水常溶有较多的有机质和矿物盐类；海水中含有较多硫酸盐，会降低混凝土后期强度，且影响抗冻性，同时，海水中含有大量氯盐，对混凝土中钢筋锈蚀有加速作用。

混凝土用水应优先采用符合国家标准的饮用水。在节约用水，保护环境的原则下，鼓励采用检验合格的中水（净化水）拌制混凝土。混凝土用水中各杂质的含量应符合国家标准的规定。

3. 混凝土配合比的概念

混凝土配合比是指混凝土中各组成材料数量之间的比例关系。可采用质量比或体积比，我国目前采用质量比。常用的表示方法有两种：一种是以 1m³ 混凝土中各种材料的质量表示，如水泥 300kg、石子 1200kg、砂 720kg、水 180kg；另一种则是以水泥、砂、石子的相对质量比（以水泥质量为 1）和水灰比表示，如前例可表示为水泥∶砂∶石∶=1∶2.4∶4，水灰比=0.6。

上述配合比是以干燥材料为基准的，通常称为实验室配合比。而施工现场存放的砂、石材料都含有一定水分，因此现场材料的实际称量应按工地的这情况进行修正，修正后的配合比称为施工配合比。假设砂的含水量为 w_s，石子的含水量为 w_g，则施工配合比为：

$$m'_c = m_c \tag{2-1}$$

$$m'_s = m_s(1+w_s) \tag{2-2}$$

$$m'_g = m_g(1+w_g) \tag{2-3}$$

$$m'_w = m_w - m_s w_s - m_g w_g \tag{2-4}$$

式中 m_c、m'_c——修正前、后每立方米混凝土中水泥的用量（kg）；

　　m_s、m'_s——修正前、后每立方米混凝土中砂的用量（kg）；

　　m_g、m'_g——修正前、后每立方米混凝土中石子的用量（kg）；

　　m_w、m'_w——修正前、后每立方米混凝土中水的用量（kg）。

需要说明的是，随着混凝土技术的发展，外加剂与掺和料的应用日益普遍，它们的掺量也是混凝土配合比设计时需要选定的。但是，因为外加剂、掺和料的品种繁多，性能差异较大，因此对它们的掺量，目前国家标准只作原则规定。

4. 轻混凝土、高性能混凝土、预拌混凝土的特性及应用

（1）轻混凝土

轻混凝土是指干表观密度小于 2000kg/m³ 的混凝土，包括轻骨料混凝土、多孔混凝土和大孔混凝土。

骨料粒径为 5mm 以上，堆积密度小于 1000kg/m³ 的轻质骨料，称为轻粗骨料。粒径小于 5mm，堆积密度小于 1200kg/m³ 的轻质骨料，称为轻细骨料。用轻粗骨料、轻细骨料（或普通砂）和水泥配制而成的混凝土，其干表观密度不大于 1950kg/m³，称为轻骨料混凝土。当粗细骨料均为轻骨料时，称为全轻混凝土；当细骨料为普通砂时，称砂轻混凝土。轻骨料混凝土采用浮石、陶粒、煤渣、膨胀珍珠岩等轻骨料制成。

多孔混凝土以水泥、混合材料、水及适量的发泡剂（铝粉等）或泡沫剂为原料配制而成，是一种内部均匀分布细小气孔而无骨料的混凝土。

大孔混凝土以粒径相近的粗骨料、水泥、水配制而成，有时加入外加剂。

轻混凝土的主要特性为：

1）表观密度小。轻混凝土与普通混凝土相比，其表观密度一般可减小 1/4～3/4。

2）保温性能良好。轻混凝土通常具有良好的保温性能，降低建筑物使用能耗。

3）耐火性能良好。轻混凝土的热膨胀系数小，遇火强度损失小，故特别适用于耐火等级要求高的高层建筑和工业建筑。

4）力学性能良好。轻混凝土的弹性模量较小、受力变形较大，抗裂性较好，能有效吸收地震能，提高建筑物的抗震能力，故适用于有抗震要求的建筑。

5）易于加工。轻混凝土尤其是多孔混凝土，易于打入钉子和进行锯切加工。这对于施工中固定门窗框、安装管道和电线等带来很大方便。

轻混凝土主要用于非承重的墙体及保温、隔声材料。轻骨料混凝土还可用于承重结构，以达到减轻自重的目的。

（2）高性能混凝土

高性能混凝土是指具有高耐久性和良好的工作性，早期强度高而后期强度不倒缩，体积稳定性好的混凝土。

高性能混凝土的主要特性为：

1）具有一定的强度和高抗渗能力。

2）具有良好的工作性。混凝土拌合物流动性好，在成型过程中不分层、不离析，从而具有很好的填充性和自密实性能。

3）耐久性好。高性能混凝土的耐久性明显优于普通混凝土，能够使混凝土结构安全可靠地工作50～100年以上。

4）具有较高的体积稳定性，即混凝土在硬化早期应具有较低的水化热，硬化后期具有较小的收缩变形。

高性能混凝土是水泥混凝土的发展方向之一，它被广泛地用于桥梁工程、高层建筑、工业厂房结构、港口及海洋工程、水工结构等工程中。

（3）预拌混凝土

预拌混凝土也称商品混凝土，是指由水泥、骨料、水以及根据需要掺入的外加剂、矿物掺合料等组分按一定比例，在搅拌站经计量、拌制后出售，并采用运输车，在规定时间内运至使用地点的混凝土拌合物。

预拌混凝土设备利用率高，计量准确，产品质量好、材料消耗少、工效高、成本较低，又能改善劳动条件，减少环境污染。

5. 常用混凝土外加剂的品种及应用

（1）混凝土外加剂的分类

外加剂按照其主要功能分为八类：高性能减水剂、高效减水剂、普通减水剂、引气减水剂、泵送剂、早强剂、缓凝剂、引气剂。

外加剂按主要使用功能分为四类：①改善混凝土拌合物流变性的外加剂，包括减水剂、泵送剂等；②调节混凝土凝结时间、硬化性能的外加剂，包括缓凝剂、速凝剂、早强剂等；③改善混凝土耐久性的外加剂，包括引气剂、防水剂、阻锈剂和矿物外加剂等；④改善混凝土其他性能的外加剂，包括加气剂、膨胀剂、防冻剂和着色剂等。

（2）混凝土外加剂的常用品种及应用

1）减水剂

减水剂是使用最广泛、品种最多的一种外加剂。按其用途不同，又可分为普通减水剂、高效减水剂、早强减水剂、缓凝减水剂、缓凝高效减水剂、引气减水剂等。

常用减水剂的应用如表 2-4 所示。

常用减水剂的应用　　　　　　　　　　表 2-4

种　类	木质素系	萘系	树脂系	糖蜜系
类别	普通减水剂	高效减水剂	早强减水剂	缓凝减水剂
主要品种	木质素磺酸钙（木钙粉、M减水剂）、木钠、木镁等	NNO、NF、建 1、FDN、UNF、JN、HN、MF 等	SM	长城牌、天山牌
适宜掺量（占水泥重%）	0.2～0.3	0.2～1.2	0.5～2.0	0.1～3.0
减水量	10%～11%	12%～25%	20%～30%	6%～10%
早强效果	—	显著	显著（7d 可达 28d 强度）	
缓凝效果	1～3h		—	3h 以上
引气效果	1%～2%	部分品种<2%	—	
适用范围	一般混凝土工程及大模板、滑模、泵送、大体积及雨期施工的混凝土工程	适用于所有混凝土工程，更适于配制高强混凝土及流态混凝土、泵送混凝土、冬期施工混凝土	因价格昂贵，宜用于特殊要求的混凝土工程，如高强混凝土、早强混凝土、流态混凝土等	一般混凝土工程

2）早强剂

早强剂是能加速水泥水化和硬化，促进混凝土早期强度增长的外加剂。可缩短混凝土养护龄期，加快施工进度，提高模板和场地周转率。

目前，常用的早强剂有氯盐类、硫酸盐类和有机胺类。

① 氯盐类早强剂

氯盐类早强剂主要有氯化钙（$CaCl_2$）和氯化钠（$NaCl$），其中氯化钙是国内外应用最为广泛的一种早强剂。为了抑制氯化钙对钢筋的腐蚀作用，常将氯化钙与阻锈剂 $NaNO_2$ 复合使用。

② 硫酸盐类早强剂

硫酸盐类早强剂包括硫酸钠（Na_2SO_4）、硫代硫酸钠（$Na_2S_2O_3$）、硫酸钙（$CaSO_4$）、硫酸钾（K_2SO_4）、硫酸铝 [$Al_2(SO_2)_3$] 等，其中 Na_2SO_4 应用最广。

③ 有机胺类早强剂

有机胺类早强剂有三乙醇胺、三异丙醇胺等，最常用的是三乙醇胺。

④ 复合早强剂

以上三类早强剂在使用时，通常复合使用。复合早强剂往往比单组分早强剂具有更优良的早强效果，掺量也可以比单组分早强剂有所降低。

3）缓凝剂

缓凝剂是可在较长时间内保持混凝土工作性，延缓混凝土凝结和硬化时间的外加剂。

缓凝剂可分为无机和有机两大类。缓凝剂的品种有糖类（如糖钙）、木质素磺酸盐类（如木质素磺酸盐钙）、羟基羧酸及其盐类（如柠檬酸、酒石酸钾钠等）、无机盐类（如锌盐、硼酸盐）等。

缓凝剂适用于长时间运输的混凝土、高温季节施工的混凝土、泵送混凝土、滑模施工混凝土、大体积混凝土、分层浇筑的混凝土等。不适用于 5℃ 以下施工的混凝土，也不适用于有早强要求的混凝土及蒸养混凝土。

4）引气剂

引气剂是一种在搅拌过程中具有在砂浆或混凝土中引入大量、均匀分布的微气泡，而且在硬化后能保留在其中的一种外加剂。加入引气剂，可以改善混凝土拌合物的和易性，显著提高混凝土的抗冻性和抗渗性，但会降低弹性模量及强度。

引气剂主要有松香树脂类、烷基苯磺酸盐类和脂醇磺酸盐类，其中松香树脂类中的松香热聚物和松香皂应用最多。

引气剂适用于配制抗冻混凝土、泵送混凝土、港口混凝土、防水混凝土以及骨料质量差、泌水严重的混凝土，不适宜配制蒸汽养护的混凝土。

5）膨胀剂

膨胀剂是能使混凝土产生一定体积膨胀的外加剂。常用的膨胀剂种类有硫铝酸钙类、氧化钙类、硫铝酸-氧化钙类等。

6）防冻剂

防冻剂是能使混凝土在负温下硬化并能在规定条件下达到预期性能的外加剂。常用防冻剂有氯盐类（氯化钙、氯化钠、氯化氮等）；氯盐阻锈类；氯盐与阻锈剂（亚硝酸钠）为主复合的外加剂；无氯盐类（硝酸盐、亚硝酸盐、乙酸钠、尿素等）。

7）泵送剂

泵送剂是改善混凝土泵送性能的外加剂。它由减水剂、调凝剂、引气剂、润滑剂等多种组分复合而成。

8）速凝剂

速凝剂是使混凝土迅速凝结和硬化的外加剂，能使混凝土在 5min 内初凝，10min 内终凝，1h 产生强度。

速凝剂主要用于喷射混凝土、堵漏等。

（三）砂　　浆

1. 砂浆的分类、特性及应用

建筑砂浆是由胶凝材料、细骨料、掺加料和水配制而成的建筑工程材料。

根据所用胶凝材料的不同，建筑砂浆可分为水泥砂浆、石灰砂浆和混合砂浆（包括水泥石灰砂浆、水泥黏土砂浆、石灰黏土砂浆、石灰粉煤灰砂浆等）等。根据用途又分为砌筑砂浆和抹面砂浆。抹面砂浆包括普通抹面砂浆、装饰抹面砂浆、特种砂浆（如防水砂浆、耐酸砂浆、绝热砂浆、吸声砂浆等）。

水泥砂浆强度高、耐久性和耐火性好，但其流动性和保水性差，施工相对较困难，常用于地下结构或经常受水侵蚀的砌体部位。

混合砂浆中，水泥石灰砂浆强度较高，且耐久性、流动性和保水性均较好，便于施工，容易保证施工质量，是砌体结构房屋中常用的砂浆。其他混合砂浆应用较少。

石灰砂浆强度较低，耐久性差，但流动性和保水性较好，可用于砌筑较干燥环境下的砌体。

黏土石灰砂浆强度低，耐久性差，一般用于临时建筑或简易房屋中。

2. 砌筑砂浆的主要技术性质

砌筑砂浆的技术性质主要包括新拌砂浆的密度、和易性、硬化砂浆强度和对基面的粘结力、抗冻性、收缩值等指标。下面只介绍新拌砂浆的和易性和硬化砂浆的强度。

（1）新拌砂浆的和易性

新拌砂浆的和易性是指砂浆易于施工并能保证质量的综合性质。和易性好的砂浆不仅在运输和施工过程中不易产生分层、离析、泌水，而且能在粗糙的砖、石基面上铺成均匀的薄层，与基层保持良好的粘结，便于施工操作。和易性包括流动性和保水性两个方面。

砂浆的流动性（又称稠度），是指砂浆在自重或外力作用下产生流动的性能。流动性的大小用"沉入度"表示，通常用砂浆稠度测定仪测定。

砂浆流动性的选择与砌体种类、施工方法及天气情况有关。流动性过大，砂浆太稀，过稀的砂浆不仅铺砌困难，而且硬化后强度降低；流动性过小，砂浆太稠，难于铺平。

新拌砂浆能够保持内部水分不泌出流失的能力，称为砂浆保水性。保水性良好的砂浆水分不易流失，易于摊铺成均匀密实的砂浆层；反之，保水性差的砂浆，在施工过程中容易泌水、分层离析，使流动性变差；同时由于水分易被砌体吸收，影响胶凝材料的正常硬化，从而降低砂浆的粘结强度。砂浆的保水性用保水率（％）表示。

（2）硬化砂浆的强度

砂浆的强度是以 3 个 $70.7mm \times 70.7mm \times 70.7mm$ 的立方体试块，在标准条件下养护 28d 后，用标准方法测得的抗压强度（MPa）算术平均值来评定的。

砂浆的强度等级分为 M5、M7.5、M10、M15、M20、M25、M30 七个等级。

3. 砌筑砂浆的组成材料及其技术要求

（1）胶凝材料

砌筑砂浆主要的胶凝材料是水泥，常用的水泥种类有普通水泥、矿渣水泥、火山灰水泥、粉煤灰水泥和砌筑水泥等。砌筑砂浆用水泥的强度等级应根据砂浆品种及强度等级的要求进行选择。M15 及以下强度等级的砌筑砂浆宜选用 32.5 级通用硅酸盐水泥或砌筑水泥；M15 以上强度等级的砌筑砂浆宜选用 42.5 级通用硅酸盐水泥。

（2）细骨料

砌筑砂浆常用的细骨料为普通砂。除毛石砌体宜选用粗砂外，其他一般宜选用中砂。

砂的含泥量不应超过 5%。

（3）水

拌合砂浆用水应符合现行行业标准《混凝土用水标准》JGJ 63 的规定。应选用不含有害杂质的洁净水来拌制砂浆。

（4）掺加料

为了改善砂浆的和易性和节约水泥，可在砂浆中加入一些无机掺加料，如石灰膏、电石膏、粉煤灰等。

生石灰熟化成石灰膏时，应用孔径不大于 3mm×3mm 的网过滤，熟化时间不得少于 7d；磨细生石灰粉的熟化时间不得少于 2d。沉淀池中储存的石灰膏，应采取防止干燥、冻结和污染的措施。严禁使用脱水硬化的石灰膏。

制作电石膏的电石渣应用孔径不大于 3mm×3mm 的网过滤，检验时应加热至 70℃ 并保持 20min，没有乙炔气味后，方可使用。

消石灰粉不得直接用于砌筑砂浆中。

石灰膏和电石膏试配时的稠度，应为 120±5mm。

粉煤灰的品质指标应符合《用于水泥和混凝土中的粉煤灰》GB/T 1596 的规定。

（5）外加剂

为了使砂浆具有良好的和易性及其他施工性能，可在砂浆中掺入某些外加剂，如有机塑化剂、引气剂、早强剂、缓凝剂、防冻剂等。

4. 抹面砂浆的分类及应用

抹面砂浆也称抹灰砂浆，是指涂抹在建筑物或建筑构件表面的砂浆。它既可以保护墙体不受风雨、潮气等侵蚀，提高墙体的耐久性；同时也使建筑表面平整、光滑、清洁美观。

按使用要求不同，抹面砂浆可以分为普通抹面砂浆、装饰砂浆和具有特殊功能的抹面砂浆（如防水砂浆、耐酸砂浆、绝热砂浆、吸声砂浆等）。下面只介绍普通抹面砂浆和装饰砂浆。

（1）普通抹面砂浆

常用的普通抹面砂浆有水泥砂浆、水泥石灰砂浆、水泥粉煤灰砂浆、掺塑化剂水泥砂浆、聚合物水泥砂浆、石膏砂浆。

为了保证抹灰表面的平整，避免开裂和脱落，通常抹面砂浆分为底层、中层和面层。各层抹面的作用和要求不同，每层所用的砂浆性质也应各不相同。各层所使用的材料和配合比及施工做法应视基层材料品种、部位及气候环境而定。

为了便于涂抹，普通抹面砂浆要求比砌筑砂浆具有更好的和易性，因此胶凝材料（包括掺和料）的用量比砌筑砂浆的多一些。普通抹面砂浆的流动性和砂子的最大粒径可参考表 2-5，配合比可参考表 2-6。

普通抹面砂浆的流动性和砂子的最大粒径参考值　　　　　　　　表 2-5

抹面层	稠度（mm）	砂的最大粒径（mm）
底层	90～110	2.5
中层	70～90	2.5
面层	70～80	1.2

普通抹面砂浆配合比参考值　　　　　　　　　　表 2-6

材　料	配合比（体积比）范围	应用范围
石灰：砂	1：2～1：4	用于砖石墙表面（檐口、勒脚、女儿墙以及潮湿房间的墙除外）
石灰：石膏：砂	1：0.4：2～1：1：3	干燥环境墙表面
石灰：石膏：砂	1：2：2～1：2：4	用于不潮湿房间的线脚及其他装饰工程
石灰：水泥：砂	1：0.5：4.5～1：1：5	用于檐口、勒脚、女儿墙以及比较潮湿的部位
水泥：砂	1：3～1：2.5	用于浴室、潮湿车间等墙裙、勒脚或地面基层
水泥：砂	1：2～1：1.5	用于地面、顶棚或墙面面层
水泥：石膏：砂：锯末	1：1：3：5	用于吸声粉刷
水泥：白石子	1：2～1：1	用于水磨石（打底用 1：2.5 水泥砂浆）
水泥：白石子	1：1.5	用于剁假石（打底用 1：2.5 水泥砂浆）
纸筋：白灰浆	纸筋 0.36kg：灰膏 0.1m³	较高级墙板、顶棚

（2）装饰砂浆

涂抹在建筑物内外墙表面，以增加建筑物美观效果的砂浆称为装饰砂浆。

装饰砂浆与普通抹面砂浆的主要区别在面层。装饰砂浆的面层应选用具有一定颜色的胶凝材料和骨料并采用特殊的施工操作方法，以使表面呈现出各种不同的色彩线条和花纹等装饰效果。

装饰砂浆常用的胶凝材料有白水泥和彩色水泥，以及石灰、石膏等。骨料常用大理石、花岗岩等带颜色的细石渣或玻璃、陶瓷碎粒等。

装饰砂浆常用的工艺做法包括水刷石、水磨石、斩假石、拉毛等。

（四）石材、砖和砌块

1. 砌筑用石材的分类及应用

天然石材是由采自地壳的岩石经加工或不加工而制成的材料。按岩石形状，石材可分为砌筑用石材和装饰用石材。装饰用石材主要为板材。砌筑用石材按加工后的外形规则程度分为料石和毛石两类。而料石又可分为细料石、粗料石和毛料石。

细料石通过细加工、外形规则，叠砌面凹入深度不应大于 10mm，截面的宽度、高度不应小于 200mm，且不应小于长度的 1/4。

粗料石规格尺寸同细料石，但叠砌面凹入深度不应大于 20mm。

毛料石外形大致方正，一般不加工或稍加修整，高度不应小于 200mm，叠砌面凹入深度不应大于 25mm。

毛石指形状不规则，中部厚度不小于 200mm 的石材。

砌筑用石材主要用于建筑物基础、挡土墙等，也可用于建筑物墙体。

装饰用石材主要用于公共建筑或装饰等级要求较高的室内外装饰工程。

2. 砖的分类、主要技术要求及应用

砌墙砖按规格、孔洞率及孔的大小，分为普通砖、多孔砖和空心砖；按工艺不同又分

为烧结砖和非烧结砖。

（1）烧结砖

1）烧结普通砖

以由煤矸石、页岩、粉煤灰或黏土为主要原料，经成型、焙烧而成的实心砖，称为烧结普通砖。

① 主要技术要求

A. 尺寸规格。烧结普通砖的标准尺寸是 240mm×115mm×53mm。

B. 强度等级。烧结普通砖按抗压强度分为 MU30、MU25、MU20、MU15、MU10 五个强度等级。

C. 质量等级。强度、抗风化性能和放射性物质合格的砖，根据尺寸偏差、外观质量、泛霜和石灰爆裂等指标，分为优等品（A）、一等品（B）、合格品（C）三个等级。烧结普通砖的质量等级见表 2-7。

烧结普通砖的质量等级　　　　　　　　　　表 2-7

项　目	优等品		一等品		合格品	
	样本平均偏差	样本极差(≤)	样本平均偏差	样本极差(≤)	样本平均偏差	样本极差(≤)
（1）尺寸偏差（mm）						
公称尺寸240	±2.0	6	±2.5	7	±3.0	8
115	±1.5	5	±2.0	6	±2.5	7
53	±1.5	4	±1.6	5	±2.0	6
（2）外观质量						
两条面高度差（≤）	2		3		4	
弯曲（≤）	2		3		4	
杂质凸出高度（≤）	2		3		4	
缺棱掉角的 3 个破坏尺寸，不得同时大于裂纹长度（≤）	5		20		30	
① 大面上宽度方向及其延伸至条面的长度；	30		60		80	
② 大面上宽度方向及其延伸至顶面的长度或条顶面上水平裂纹的长度	50		80		100	
完整面不得少于	两条面和两顶面		一条面和一顶面		—	
颜色	基本一致					
（3）泛霜	无泛霜		不允许出现中等泛霜		不允许出现严重泛霜	
（4）石灰爆裂	不允许出现最大破坏尺寸大于2mm的爆裂区域		① 最大破坏尺寸大于2mm且小于等于10mm的爆裂区域，每组砖样不得多于15处；② 不允许出现最大破坏尺寸大于10mm的爆裂区域		① 最大破坏尺寸大于2mm且小于等于15mm的爆裂区域，每组砖样不得多于15处，其中大于10mm的不得多于7处；② 不允许出现最大破坏尺寸大于15mm的爆裂区域	

注：1. 为装饰而施加的色差、凹凸纹、拉毛、压花等不算缺陷。

　　2. 凡有下列缺陷之一者，不得称为完整面：

　　（1）缺损在条面或顶面上造成的破坏面尺寸同时大于 10mm×10mm；

　　（2）条面或顶面上裂纹宽度大于 1mm，其长度超过 30mm；

　　（3）压陷、粘底、焦花在条面或顶面上的凹陷或凸出超过 2mm，区域尺寸同时大于 10mm×10mm。

　　3. 泛霜是指可溶性盐类（如硫酸盐等）在砖或砌块表面的析出现象，一般呈白色粉末、絮团或絮片状。

　　4. 石灰爆裂是指烧结砖的砂质黏土原料中夹杂着石灰石，焙烧时被烧成生石灰块，在使用过程中吸水消化成熟石灰，体积膨胀，导致砖块裂缝，严重时甚至使砖砌体强度降低，直至破坏。

② 烧结普通砖的应用

烧结普通砖是传统墙体材料。烧结普通砖主要用于砌筑建筑物的内墙、外墙、柱、烟囱和窑炉。目前，我国正大力推广墙体材料改革，禁止使用黏土实心砖。

2）烧结多孔砖

烧结多孔砖是以煤矸石、页岩、粉煤灰或黏土为主要原料，经成型、焙烧而成的，空洞率不大于 35% 的砖。

① 主要技术要求

A. 规格。砖的外形为直角六面体，其长度、宽度、高度尺寸应符合下列要求：290mm，240mm，190mm，180mm；175mm，140mm，115mm，90mm。其他规格尺寸由供需双方协商确定。典型烧结多孔砖规格有 190mm×190mm×90mm（M 型）和 240mm×115mm×90mm（P 型）两种，如图 2-1 所示。

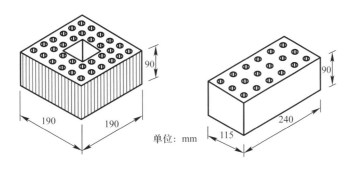

单位：mm

图 2-1　典型规格烧结多孔砖

B. 强度等级。烧结多孔砖根据抗压强度分为 MU30、MU25、MU20、MU15、MU10 五个强度等级，评定方法与烧结普通砖的评定方法相同。

C. 质量等级。强度和抗风化性能合格的砖，根据尺寸偏差、外观质量、孔型及孔洞排列、泛霜、石灰爆裂分为优等品（A）、一等品（B）和合格品（C）三个质量等级。烧结多孔砖的外观质量和尺寸偏差分别见表 2-8、表 2-9。

烧结多孔砖的外观质量（mm）　　　　　　　　　　　　　　表 2-8

项　目		优等品	一等品	合格品
颜色（一条面和一顶面）		一致	基本一致	—
缺棱掉角的 3 个最大尺寸（不得同时大于）		15	20	30
裂纹长度（≤）	大面上深入孔壁 15mm 以上，宽度方向及其延伸到条面的长度	60	60	60
	大面上深入孔壁 15mm 以上，宽度方向及其延伸到顶面的长度	60	80	100
	条顶面上的水平裂纹	80	100	120
杂质在砖面上造成的突出高度（≤）		3	4	5

注：1. 所有孔宽应相等，孔长≤50mm，孔洞排列上下左右应对称，分布均匀。
　　2. 手抓孔长度方向必须平行于条面。
　　3. 矩形孔的孔长大于或等于 3 倍的孔宽。
　　4. 不允许出现欠火砖、酥砖及螺纹砖。

烧结多孔砖的尺寸偏差（mm）   表 2-9

公称尺寸	优等品		一等品		合格品	
	偏差平均值	极值（≤）	偏差平均值	极值（≤）	偏差平均值	极值（≤）
290、240	±2.0	8	±2.5	7	±3.0	8
190、180、175、140、115	±1.5	5	±2.0	6	±2.5	7
90	±1.5	4	±1.7	5	±2.0	6
孔型	矩形孔或矩形条孔				矩形孔或其他孔型	
孔洞率	大于或等于 25%					
孔洞排列	交错排列				—	

② 烧结多孔砖的应用

烧结多孔砖可以用于承重墙体。优等品可用于墙体装饰和清水墙砌筑，一等品和合格品可用于混水墙，中等泛霜的砖不得用于潮湿部位。

3）烧结空心砖

烧结空心砖是以煤矸石、页岩、粉煤灰或黏土为主要原料，经焙烧制成的空洞率大于 35% 的砖。

① 主要技术要求

烧结空心砖的长、宽、高应符合以下系列：290mm、190（140）mm、90mm；240mm、180（175）mm、115mm。

根据孔洞及排数、尺寸偏差、外观质量、强度等级和物理性能分为优等品（A）、一等品（B）、合格品（C）三个等级。

烧结空心砖的强度等级分为 MU5.0、MU3.0、MU2.5。

② 烧结空心砖的应用

烧结空心砖主要用作非承重墙，如多层建筑内隔墙或框架结构的填充墙等。使用空心砖强度等级不低于 MU3.5，最好在 MU5 以上，孔洞率应大于 45%，以横孔方向砌筑。

（2）非烧结砖

不经焙烧而制成的砖均为非烧结砖。目前非烧结砖主要有蒸养砖、蒸压砖、碳化砖等，根据生产原材料区分主要有灰砂砖、粉煤灰砖、炉渣砖、混凝土砖等。

1）蒸压灰砂砖

蒸压灰砂砖是以石灰等钙质材料和砂等硅质材料为主要原料，经坯料制备、压制排气成型、高压蒸汽养护而成的实心砖。

蒸压灰砂砖的尺寸规格为 240mm×115mm×53mm，其表观密度为 1800～1900kg/m³，根据产品的尺寸偏差和外观分为优等品（A）、一等品（B）、合格品（C）三个等级。

根据浸水 24h 后的抗压和抗折强度，蒸压灰砂砖的强度等级分为 MU25、MU20、MU15、MU10。

蒸压灰砂砖主要用于工业与民用建筑的墙体和基础。蒸压灰砂砖不得用于长期受热200℃以上、受急冷、受急热或有酸性介质侵蚀的环境，也不宜用于受流水冲刷的部位。

2）蒸压粉煤灰砖

粉煤灰砖是以石灰、消石灰（如电石渣）或水泥等钙质材料及骨料（砂等）为主要原料，掺加适量石膏，经坯料制备、压制排气成型、高压蒸汽养护而成的实心砖。

粉煤灰砖的尺寸规格为 240mm×115mm×53mm，表观密度为 1500kg/m³。按抗压强度和抗折强度，粉煤灰砖的强度等级分为 MU20、MU15、MU10、MU7.5。按外观质量、强度、抗冻性和干燥收缩分为优等品（A）、一等品（B）、合格品（C）三个产品等级。

蒸压粉煤灰砖可用于工业与民用建筑的基础和墙体，但在易受冻融和干湿交替的部位必须使用优等品或一等品砖。用于易受冻融作用的部位时要进行抗冻性检验，并采取适当措施以提高其耐久性。长期受高于 200℃作用，或受冷热交替作用，或有酸性侵蚀的建筑部位不得使用粉煤灰砖。

3）蒸压炉渣砖

蒸压炉渣砖是以煤燃烧后的残渣为主要原料，配以一定数量的石灰和少量石膏，经加水搅拌混合、压制成型、蒸养或蒸压养护而制成的实心砖。

炉渣砖的外形尺寸同普通黏土砖 240mm×115mm×53mm。根据抗压强度和抗折强度，蒸压炉渣砖的强度等级分为 MU25、MU20、MU15 和 MU10。质量等级分优等品（A）、一等品（B）、合格品（C）三个等级。

炉渣砖可用于一般工业与民用建筑的墙体和基础。但用于基础或易受冻融和干湿交替作用的建筑部位必须使用 MU15 及以上强度等级的砖；炉渣砖不得用于长期受热在 200℃以上或受急冷急热或有侵蚀性介质的部位。

4）混凝土砖

混凝土普通砖是以水泥和普通骨料或轻骨料为主要原料，经原料制备、加压或振动加压、养护而制成。其规格与黏土实心砖相同，用于工业与民用建筑基础和承重墙体。混凝土普通砖的强度等级分为 MU30、MU25、MU20、和 MU15。

混凝土多孔砖是以水泥为胶结材料，与砂、石（轻骨料）等经加水搅拌、成型和养护而制成的一种具有多排小孔的混凝土制品（图 2-2）。产品主规格尺寸为 240mm×115mm×90mm，砌筑时可配合使用半砖（120mm×115mm×90mm）、七分砖（180mm×115mm×90mm）或与主规格尺寸相同的实心砖等。强度等级分为 MU30、MU25、MU20、MU15。

图 2-2 混凝土多孔砖

3. 砌块的分类、主要技术要求及应用

砌块按产品主规格的尺寸，可分为大型砌块（高度大于 980mm）、中型砌块（高度为 380～980mm）和小型砌块（高度大于 115mm、小于 380mm）。按有无孔洞可分为实心砌块和空心砌块。空心砌块的空心率≥25%。

目前在国内推广应用较为普遍的砌块有蒸压加气混凝土砌块、混凝土小型空心砌块、石膏砌块等。

（1）蒸压加气混凝土砌块

蒸压加气混凝土砌块是钙质材料（水泥、石灰等）和硅质材料（矿渣和粉煤灰）加入铝粉（作加气剂），经蒸压养护而成的多孔轻质块体材料，简称加气混凝土砌块。

　　1）技术要求

　　蒸压加气混凝土砌块的尺寸规格为：长度 600mm，高度 200mm、240mm、250mm、300mm，宽度 100mm、120mm、125mm、150mm、180mm、200mm、240mm、250mm、300mm。

　　蒸压加气混凝土砌块的强度等级分为 A1.0、A2.0、A2.5、A3.5、A5.0、A7.5、A10.0 七级。

　　按尺寸偏差与外观质量、干密度、抗压强度和抗冻性，蒸压加气混凝土砌块的质量等级分为优等品、合格品。

　　2）应用

　　蒸压加气混凝土砌块适用于低层建筑的承重墙，多层建筑和高层建筑的隔离墙、填充墙及工业建筑物的围护墙体和绝热墙体。

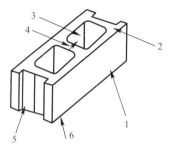

图 2-3　混凝土小型空心砌块示意图

1—条面；2—坐浆面（肋厚较小的面）；
3—壁；4—肋；5—高度；6—顶面；
7—宽度；8—铺浆面（肋厚
较大的面）；9—长度

　　（2）普通混凝土小型空心砌块

　　混凝土小型空心砌块是以水泥为胶凝材料，砂、碎石或卵石、煤矸石、炉渣为骨料，经加水搅拌、振动加压或冲压成型、养护而成的小型砌块。砌块示意图见图 2-3。

　　混凝土小型空心砌块主规格尺寸为 390mm×190mm×190mm、390mm×240mm×190mm，最小外壁厚不应小于 30mm，最小肋厚不应小于 25mm。

　　混凝土小型空心砌块的强度等级分为 MU3.5、MU5.0、MU7.5、MU10.0、MU15.0、MU20.0 六级，质量等级分为优等品（A）、一等品（B）、合格品（C）。

　　混凝土小型空心砌块建筑体系比较灵活，砌筑方便，主要用于建筑的内外墙体。

（五）金 属 材 料

1. 钢材的分类及主要技术性能

　　钢材的品种繁多，分类方法也很多。主要的分类方法见表 2-10。

钢材的分类

表 2-10

分类方法	类别		特　性
按化学成分分类	碳素钢	低碳钢	含碳量<0.25%
		中碳钢	含碳量 0.25%～0.60%
		高碳钢	含碳量>0.60%
	合金钢	低合金钢	合金元素总含量<5%
		中合金钢	合金元素总含量 5%～10%
		高合金钢	合金元素总含量>10%

续表

分类方法	类别	特　性
按脱氧 程度分类	沸腾钢	脱氧不完全，硫、磷等杂质偏析较严重，代号为"F"
	镇静钢	脱氧完全，同时去硫，代号为"Z"
	特殊镇静钢	比镇静钢脱氧程度还要充分彻底，代号为"TZ"
按质量 分类	普通钢	含硫量≤0.055%～0.065%，含磷量≤0.045%～0.085%
	优质钢	含硫量≤0.03%～0.045%，含磷量≤0.035%～0.045%
	高级优质钢	含硫量≤0.02%～0.03%，含磷量≤0.027%～0.035%

建筑工程中目前常用的钢种是普通碳素结构钢和普通低合金结构钢。

钢材的技术性能主要包括力学性能和工艺性能。

（1）力学性能

力学性能又称机械性能，是钢材最重要的使用性能。

① 抗拉性能

抗拉性能是建筑钢材最重要的技术性质。其技术指标为由拉力试验测定的屈服强度、抗拉强度和伸长率。

将低碳钢拉伸时的应力-应变关系曲线如图2-4所示。从图中可以看出，低碳钢从受拉至拉断，经历了四个阶段：弹性阶段（O—A）、屈服阶段（A—B）、强化阶段（B—C）和颈缩阶段（C—D）。

A. 屈服强度。当试件拉力在 OB 范围内时，如卸去拉力，试件能恢复原状，应力与应变的比值为常数，因此，该阶段被称为弹性阶段。当对试件的拉伸进入塑性变形的屈服阶段 AB 时，称屈服下限 B 下所对应的应力为屈服强度或屈服点，记做 σ_s。

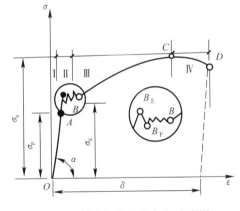

图 2-4　低碳钢受拉的应力-应变图

中碳钢与高碳钢（硬钢）的拉伸曲线与低碳钢不同，屈服现象不明显，难以测定屈服点，则规定产生残余变形为原标距长度的 0.2% 时所对应的应力值，作为硬钢的屈服强度，也称条件屈服点，用 $\sigma_{0.2}$ 表示。如图 2-5 所示。

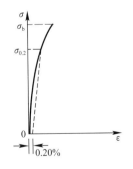

图 2-5　中、高碳钢的应力-应变图

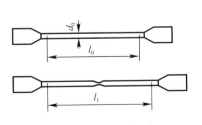

图 2-6　钢材的伸长率

B. 抗拉强度。从图 2-4 中 BC 曲线逐步上升可以看出：试件在屈服阶段以后，其抵抗塑性变形的能力又重新提高，称为强化阶段。对应于最高点 C 的应力称为抗拉强度，用 σ_b 表示。

C. 伸长率。图 2-4 中当曲线到达 C 点后，试件薄弱处急剧缩小，塑性变形迅速增加，产生"颈缩现象"而断裂。将拉断后的试件拼合起来，测定出标距范围内的长度 l_1（mm），其与试件原标距 l_0（mm）之差为塑性变形值，塑性变形值与之比 l_0 称为伸长率，用 δ 表示，如图 2-6 所示。

$$\delta = \frac{l_1 - l_0}{l_0} \times 100\% \tag{2-5}$$

伸长率是衡量钢材塑性的一个重要指标，δ 越大说明钢材的塑性越好。

② 冲击韧性

冲击韧性是指钢材抵抗冲击荷载的能力。冲击韧性指标是通过标准试件的弯曲冲击韧性试验确定的，见图 2-7。以摆锤打击试件，于刻槽处将其打断，试件单位截面积上所消耗的功，即为钢材的冲击韧性指标，用冲击韧性 a_k（J/cm²）表示。a_k 值愈大，冲击韧性愈好。

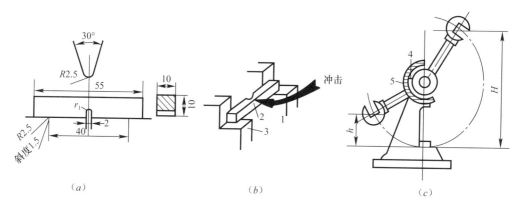

图 2-7　冲击韧性试验示意图
(a) 试件尺寸；(b) 试验装置；(c) 试验机
1—摆锤；2—试件；3—试验台；4—刻转盘；5—指针

③ 硬度

钢材的硬度是指其表面局部体积内抵抗外物压入产生塑性变形的能力。常用的测定硬度的方法有布氏法和洛氏法。

布氏硬度试验是利用直径为 D（mm）的淬火钢球，以一定荷载 F（N）将其压入试件表面，经规定的持续时间后卸除荷载，即得到直径为 d（mm）的压痕。以压痕表面积除荷载 F，所得的应力值即为试件的布氏硬度值。布氏硬度的代号为 HB。

洛氏硬度试验是将金刚石圆锥体或钢球等压头，按一定压力压入试件表面，以压头压入试件的深度来表示硬度值。洛氏硬度的代号为 HR。

④ 耐疲劳性

在反复荷载作用下的结构构件，钢材往往在应力远小于抗拉强度时发生断裂，这种现象称为钢材的疲劳破坏。钢材抵抗疲劳破坏的能力称为耐疲劳性。

（2）工艺性能

良好的工艺性能，可以保证钢材顺利通过各种加工，而使钢材制品的质量不受影响。钢材的工艺性能主要包括冷弯性能、焊接性能、冷拉性能、冷拔性能等，下面只介绍冷弯性能和焊接性能。

1）冷弯性能

冷弯性能是指钢材在常温下承受弯曲变形的能力。钢材的冷弯性能指标是以试件弯曲的角度（α）和弯心直径对试件厚度（或直径）的比值（d/α）来表示。

钢材的冷弯试验是通过直径（或厚度）为 α 的试件，采用标准规定的弯心直径 d（$d=n\alpha$），弯曲到规定的弯曲角（180°或90°）时，试件的弯曲处不发生裂缝、裂断或起层，即认为冷弯性能合格。钢材弯曲时的弯曲角度愈大，弯心直径愈小，则表示其冷弯性能愈好。

图 2-8 为弯曲时不同弯心直径的钢材冷弯试验。

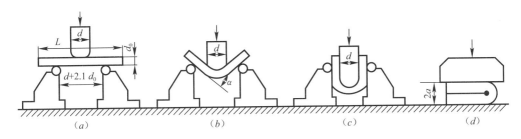

图 2-8　钢材冷弯试验

（a）安装试件；（b）弯曲 90°；（c）弯曲 180°；（d）弯曲至两面重合

2）焊接性能

在建筑工程中，各种型钢、钢板、钢筋及预埋件等需用焊接加工。焊接的质量取决于焊接工艺、焊接材料及钢的焊接性能。

钢材的可焊性是指钢材是否适应通常的焊接方法与工艺的性能。可焊性好的钢材指易于用一般焊接方法和工艺施焊，焊口处不易形成裂纹、气孔、夹渣等缺陷；焊接后钢材的力学性能，特别是强度不低于原有钢材，硬脆倾向小。钢材可焊性能的好坏，主要取决于钢的化学成分。含碳量高将增加焊接接头的硬脆性，含碳量小于 0.25% 的碳素钢具有良好的可焊性。

2. 钢结构用钢材的品种

建筑用钢主要有碳素结构钢和低合金结构钢两种。

（1）钢材的牌号及其表示方法

1）碳素结构钢

碳素结构钢的牌号由字母 Q、屈服点数值、质量等级代号、脱氧方法代号四个部分组成。其中 Q 是"屈"字汉语拼音的首位字母；屈服点数值（以 N/mm² 为单位）分为 195、215、235、275；质量等级代号有 A、B、C、D，表示质量由低到高；脱氧方法代号有 F、Z、TZ，分别表示沸腾钢、镇静钢、特殊镇静钢，其中代号 Z、TZ 可以省略不写。钢结构一般采用 Q235 钢，分为 A、B、C、D 四级，A、B 两级有沸腾钢和镇静钢，C 级全部为镇静钢，D 级全部为特殊镇静钢。例如 Q235A 代表屈服强度为 235N/mm²，A 级，镇静钢。

2）低合金高强度结构钢

低合金高强度结构钢均为镇静钢或特殊镇静钢，所以它的牌号只有 Q、屈服点数值、质量等级三部分。屈服点数值（以 N/mm² 为单位）分为 295、345、390、420、460。质量等级有 A～E 五个级别。A 级无冲击功要求，B、C、D、E 级均有冲击功要求。不同质量等级对碳、硫、磷、铝等含量的要求也有区别。低合金高强度结构钢的 A、B 级属于镇静钢，C、D、E 级属于特殊镇静钢。例如 Q345E 代表屈服点为 345 N/mm² 的 E 级低合金高强度结构钢。

（2）钢结构用钢材

钢结构所用钢材主要是型钢和钢板。型钢和钢板的成型有热轧和冷轧两种。

1）热轧型钢

热轧型钢主要采用碳素结构钢 Q235A，低合金高强度结构钢 Q345 和 Q390 热轧成型。

常用的热轧型钢有角钢、工字钢、槽钢、T 型钢、H 型钢、Z 型钢等，如图 2-9 所示。

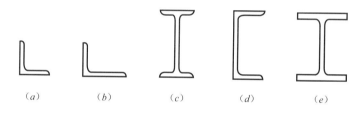

图 2-9 热轧型钢

(a) 等边角钢；(b) 不等边角钢；(c) 工字钢；(d) 槽钢；(e) H 型钢

① 热轧角钢

角钢可分为等边角钢和不等边角钢。

等边角钢的规格以"边宽度×边宽度×厚度"（mm）或"边宽♯"（cm）表示。规格范围为 20×20×（3～4）～200×200×（14～24）。

不等边角钢的规格以"长边宽度×短边宽度×厚度"（mm）或"长边宽度/短边宽度"（cm）表示。规格范围为 25×16×（3～4）～200×125×（12～18）。

② 热轧普通工字钢

工字钢的规格以"腰高度×腿宽度×腰厚度"（mm）表示，也可用"腰高度♯"（cm）表示；规格范围为 10♯～63♯。若同一腰高的工字钢，有几种不同的腿宽和腰厚，则在其后标注 a、b、c 表示相应规格。

工字钢广泛应用于各种建筑结构和桥梁，主要用于承受横向弯曲（腹板平面内受弯）的杆件，但不易单独用作轴心受压构件或双向弯曲的构件。

③ 热轧普通槽钢

槽钢规格以"腰高度×腿宽度×腰厚度"（mm）或"腰高度♯"（cm）来表示。同一腰高的槽钢，若有几种不同的腿宽和腰厚，则在其后标注 a、b、c 表示该腰高度下的相应规格。

槽钢主要用于承受轴向力的杆件、承受横向弯曲的梁以及联系杆件，主要用于建筑钢结构、车辆制造等。

④ 热轧 H 型钢

H 型钢由工字型钢发展而来。H 型钢的规格型号以"代号　腹板高度×翼板宽度×腹板厚度×翼板厚度"（mm）表示，也可用"代号　腹板高度×翼板宽度"表示。

与工字型钢相比，H 型钢优化了截面的分布，具有翼缘宽，侧向刚度大，抗弯能力强，翼缘两表面相互平行、连接构造方便，重量轻、节省钢材等优点。

H 型钢分为宽翼缘（代号为 HW）、中翼缘（代号为 HM）和窄翼缘 H 型钢（HN）以及 H 型钢桩（HP）。宽翼缘和中翼缘 H 型钢适用于钢柱等轴心受压构件，窄翼缘 H 型钢适用于钢梁等受弯构件。

2）冷弯薄壁型钢

冷弯薄壁型钢指用钢板或带钢在常温下弯曲成的各种断面形状的成品钢材。

冷弯薄壁型钢的类型有 C 型钢、U 型钢、Z 型钢、带钢、镀锌带钢、镀锌卷板、镀锌 C 型钢、镀锌 U 型钢、镀锌 Z 型钢。图 2-10 所示为常见形式的冷弯薄壁型钢。冷弯薄壁型钢的表示方法与热轧型钢相同。

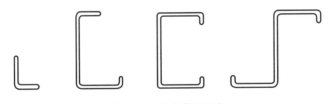

图 2-10　冷弯薄壁型钢

在房屋建筑中，冷弯型钢可用作钢架、桁架、梁、柱等主要承重构件，也被用作屋面檩条、墙架梁柱、龙骨、门窗、屋面板、墙面板、楼板等次要构件和围护结构。

3）钢板

钢板是用碳素结构钢和低合金高强度结构钢经热轧或冷轧生产的扁平钢材。按轧制方式可分为热轧钢板和冷轧钢板。

表示方法：宽度×厚度×长度（mm）。

厚度大于 4mm 的为厚板；厚度小于或等于 4mm 的为薄板。

热轧碳素结构钢厚板，是钢结构的主要用钢材。低合金高强度结构钢厚板，用于重型结构、大跨度桥梁和高压容器等。薄板用于屋面、墙面或轧型板原料等。

3. 钢筋混凝土结构用钢材的品种

钢筋混凝土结构用钢材主要是由碳素结构钢和低合金结构钢轧制而成的各种钢筋，其主要品种有热轧钢筋、冷加工钢筋、热处理钢筋、预应力混凝土用钢丝和钢绞线等。常用的是热轧钢筋、预应力混凝土用钢丝和钢绞线。

（1）热轧钢筋

经热轧成型并自然冷却的成品钢筋，称为热轧钢筋。根据表面特征不同，热轧钢筋分为光圆钢筋和带肋钢筋两大类。

1）热轧光圆钢筋

热轧光圆钢筋，横截面为圆形，表面光圆。其牌号由 HPB＋屈服强度特征值构成。其中 HPB 为热轧光圆钢筋的英文（Hot rolled Plain Bars）缩写，屈服强度值分为 235、300 两个级别。

热轧光圆钢筋的塑性及焊接性能很好，但强度较低，故广泛用于钢筋混凝土结构的构造筋。

2）热轧带肋钢筋

热轧带肋钢筋通常为圆形横截面，且表面通常带有两条纵肋和沿长度方向均匀分布的横肋。

热轧带肋钢筋按屈服强度值分为 335、400、500 三个等级，其牌号的构成及其含义见表 2-11。

热轧带肋钢筋牌号的构成及其含义（GB 1499.2－2007）　　　　表 2-11

类别	牌号	牌号构成	英文字母含义
普通热轧钢筋	HRB335	HRB＋屈服强度特征值	HRB—热轧带肋钢筋的英文（Hot rolled Ribbed Bars）缩写
	HRB400		
	HRB500		
细晶粒热轧钢筋	HRBF335	HRBF＋屈服强度特征值	HRBF—在热轧带肋钢筋的英文缩写后加"细"的英文（Fine）首位字母
	HRBF400		
	HRBF500		

热轧带肋钢筋的延性、可焊性、机械连接性能和锚固性能均较好，且其 400MPa、500MPa 级钢筋的强度高，因此 HRB400、HRBF400、HRB500、HRBF500 钢筋是混凝土结构的主导钢筋，实际工程中主要用作结构构件中的受力主筋、箍筋等。

（2）预应力混凝土用钢丝

钢丝按加工状态分为冷拉钢丝和消除应力钢丝两类。

冷拉钢丝是用盘条通过拔丝模或轧辊经冷加工而成产品，以盘卷供货的钢丝。

消除应力钢丝，即钢丝在塑性变形下（轴应变）进行的短时热处理，得到的应是低松弛钢丝；或钢丝通过矫直工序后在适当温度下进行的短时热处理，得到的应是普通松弛钢丝，故消除应力钢丝按松弛性能又分为低松弛级钢丝和普通松弛级钢丝。

钢丝按外形分为光圆钢丝、螺旋肋钢丝、刻痕钢丝三种。螺旋肋钢丝表面沿着长度方向上具有规则间隔的肋条（图 2-11）；刻痕钢丝表面沿着长度方向上具有规则间隔的压痕（图 2-12）。

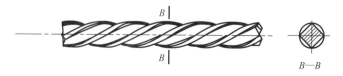

图 2-11　螺旋肋钢丝外形

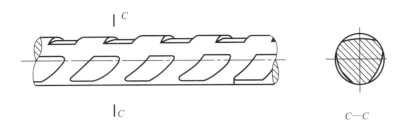

图 2-12　三面刻痕钢丝外形

　　预应力钢丝的抗拉强度比钢筋混凝土用热轧光圆钢筋、热轧带肋钢筋高很多,在构件中采用预应力钢丝可节省钢材、减少构件截面和节省混凝土。预应力钢丝主要用于桥梁、吊车梁、大跨度屋架和管桩等预应力钢筋混凝土构件中。

　　(3) 钢铰线

　　钢铰线是按严格的技术条件,绞捻起来的钢丝束。

　　预应力钢绞线按捻制结构分为五类:用两根钢丝捻制的钢绞线(代号为 1×2)、用三根钢丝捻制的钢绞线(代号为 1×3)、用三根刻痕钢丝捻制的钢绞线(代号为 1×3I)、用七根钢丝捻制的标准型钢绞线(代号为 1×7)、用七根钢丝捻制又经模拔的钢绞线[代号为(1×7) C]。钢绞线外形示意图如图 2-13 所示。

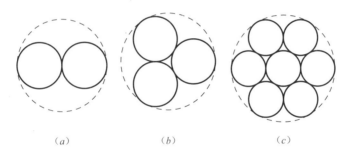

(a)　　　　　　　(b)　　　　　　　(c)

图 2-13　钢绞线外形示意图

(a) 1×2 结构钢绞线;(b) 1×3 结构钢绞线;(c) 1×7 结构钢绞线

　　预应力钢丝和钢绞线具有强度高、柔度好,质量稳定,与混凝土粘结力强,易于锚固,成盘供应不需接头等诸多优点。主要用于大跨度、大负荷的桥梁、电杆、轨枕、屋架、大跨度吊车梁等结构的预应力筋。

(六) 沥青材料及沥青混合料

1. 沥青材料的种类、技术性质及应用

　　(1) 沥青材料的种类

　　沥青是由一些极为复杂的高分子碳氢化合物及其非金属(氮、氧、硫)衍生物所组成的,在常温下呈固态、半固态或黏稠液体的混合物。

　　我国对于沥青材料的命名和分类方法按沥青的产源不同划分如下:

$$沥青\begin{cases}地沥青\begin{cases}天然沥青：石油在自然条件下，长时间经受地球物理因素作用形成的产物。\\石油沥青：石油经各种炼油工艺加工而得的石油产品。\end{cases}\\焦油沥青\begin{cases}煤沥青：煤经干馏所得的煤焦油，经再加工后得到的产品。\\页岩沥青：页岩炼油工业的副产品。\end{cases}\end{cases}$$

沥青是憎水材料，有良好的防水性；具有较强的抗腐蚀性，能抵抗一般的酸、碱、盐类等侵蚀性液体和气体的侵蚀；能紧密粘附于无机矿物表面，有很强的粘结力；有良好的塑性，能适应基材的变形。因此，沥青及沥青混合料被广泛应用于防水、防腐、道路工程和水工建筑中。

（2）石油沥青的技术性质

1）黏滞性

石油沥青的黏滞性是指在外力作用下，沥青粒子产生相互位移时抵抗变形的性能。黏滞性是反映材料内部阻碍其相对流动的一种特性，也是我国现行标准划分沥青牌号的主要性能指标。

沥青的黏滞性与其组分及所处的温度有关。当沥青质含量较高，又有适量的胶质，且油分含量较少时，黏滞性较大。在一定的温度范围内，当温度升高，黏滞性随之降低，反之则增大。

石油沥青的黏滞性一般采用针入度来表示。针入度是在温度为25℃时，以负重100g的标准针，经5s沉入沥青试样中的深度，每深1/10mm，定为1度。针入度数值越小，表明黏度越大。

2）塑性和脆性

① 塑性

塑性是指石油沥青在受外力作用时产生变形而不破坏，除去外力后，仍保持变形后形状的性质。

石油沥青的塑性用延度表示，延度越大，塑性越好。延度是将沥青试样制成8字形标准试件，在规定温度的水中，以5cm/min的速度拉伸至试件断裂时的伸长值，以cm为单位。

沥青的延度决定于沥青的胶体结构、组分和试验温度。当石油沥青中胶质含量较多且其他组分含量又适当时，则塑性较大；温度升高，则延度增大；沥青膜层厚度愈厚，则塑性愈高。反之，膜层越薄，则塑性越差，当膜层薄至1μm时，塑性近于消失，即接近于弹性。

② 脆性

温度降低时沥青会表现出明显的塑性下降，在较低温度下甚至表现为脆性。特别是在冬季低温下，用于防水层或路面中的沥青由于温度降低时产生的体积收缩，很容易导致沥青材料的开裂。显然，低温脆性反映了沥青抗低温的能力。

不同沥青对抵抗这种低温变形时脆性开裂的能力有所差别。通常采用弗拉斯（Frass）脆点作为衡量沥青抗低温能力的条件脆性指标。沥青脆性指标是在特定条件下，涂于金属片上的沥青试样薄膜，因被冷却和弯曲而出现裂纹时的温度，以℃表示。低温脆性主要取决于沥青的组分，当树脂含量较多、树脂成分的低温柔性较好时，其抗低温能力就较强；

当沥青中含有较多石蜡时，其抗低温能力就较差。

3）温度稳定性

温度稳定性是指石油沥青的黏滞性和塑性随温度升降而变化的性能。在工程上使用的沥青，要求有较好的温度稳定性，否则容易发生沥青材料夏季流淌或冬季变脆甚至开裂等现象。

通常用软化点来表示石油沥青的温度稳定性。软化点为沥青受热由固态转变为具有一定流动态时的温度。软化点越高，表明沥青的耐热性越好，即温度稳定性越好。沥青的软化点不能太低，否则夏季易融化发软；但也不能太高，否则不易施工，冬季易发生脆裂现象。

以上所论及的针入度、延度、软化点是评价黏稠沥青路用性能最常用的经验指标，也是划分沥青牌号的主要依据。所以统称为沥青的"三大指标"。

2. 沥青混合料的种类、技术性质及应用

（1）沥青混合料分类

沥青混合料是用适量的沥青与一定级配的矿质集料经过充分拌合而形成的混合物。沥青混合料的种类很多，道路工程中常用的分类方法有以下几类：

1）按结合料分类

按使用的结合料不同，沥青混合料可分为石油沥青混合料、煤沥青混合料、改性沥青混合料和乳化沥青混合料。

2）按混合料密度分类

按沥青混合料中剩余空隙率大小的不同分类，压实后剩余空隙率大于15%的沥青混合料称为开式沥青混合料；剩余空隙率为10%～15%的混合料称为半开式沥青混合料；剩余空隙率小于10%的沥青混合料称为密实式沥青混合料。密实式沥青混合料中，剩余空隙率为3%～6%时称为Ⅰ型密实式沥青混合料，剩余空隙率为4%～10%时称为Ⅱ型半密实式沥青混合料。

3）按矿质混合料的级配类型分类

① 连续级配沥青混合料。它是用连续级配的矿质混合料所配制的沥青混合料。其中连续级配矿质混合料是指矿质混合料中的颗粒从大到小各级粒径按比例相互搭配组成。

② 间断级配沥青混合料。它是用间断级配的矿质混合料所配制的沥青混合料。其中间断级配矿质混合料是指矿质混合料的比例搭配组成中缺少某些尺寸范围粒径的级配。

4）按沥青混合料所用集料的最大粒径分类

① 粗粒式沥青混合料。集料最大粒径为26.5mm或31.5mm的沥青混合料。

② 2 中粒式沥青混合料。集料最大粒径为16mm或19mm的沥青混合料。

③ 细粒式沥青混合料。集料最大粒径为9.5mm或13.2mm的沥青混合料。

④ 砂粒式沥青混合料。集料最大粒径小于或等于4.75m的沥青混合料。

沥青碎石混合料中除上述4类外，尚有集料最大粒径大于37.5mm的特粗式沥青碎石混合料。

5）按沥青混合料施工温度分类

按沥青混合料施工温度，可分为热拌沥青混合料和常温沥青混合料。

（2）沥青混合料的组成材料及其技术要求

1）沥青

沥青是沥青混合料中唯一的连续相材料，而且还起着胶结的关键作用。沥青的质量必须符合《公路沥青路面施工技术规范》JTG F40 的要求，同时沥青的标号应按表 2-12 选用。通常在较炎热地区首先要求沥青有较高的黏度，以保证混合料具有较高的力学强度和稳定性；在低气温地区可选择较低稠度的沥青，以便冬季低温时有较好的变形能力，防止路面低温开裂。一般煤沥青不宜用于热拌沥青混合料路面的表面层。

热拌沥青混合料用沥青标号的选用　　　　　　　表 2-12

气候分区	最低月平均温度（℃）	沥青标号	
		沥青碎石	沥青混凝土
寒区	<−10	90，110，130	90，110，130
温区	0~10	90，110	70，90
热区	>10	50，70，90	50，70

2）粗集料

沥青混合料中所用粗集料是指粒径大于 2.36mm 的碎石、破碎砾石和矿渣等。粗集料应该洁净、干燥、无风化、无杂质，其质量指标应符合表 2-13 的要求。对于高速公路、一级公路、城市快速路、主干路的路面及各类道路抗滑层用的粗集料还有磨光值和黏附性的要求，并优先选用与沥青的粘结性好的碱性集料。酸性岩石的石料与沥青的粘结性差，应避免采用，若采用时应采取抗剥离措施。粗集料的级配应满足《公路沥青路面施工技术规范》JTG F40 的规定。

沥青面层用粗集料质量指标要求　　　　　　　表 2-13

指标	高速公路及一级公路		其他等级公路
	表面层	其他层次	
石料压碎值（%），≤	26	28	30
洛杉矶磨耗损失（%），≤	28	30	35
表观相对密度（t/m³），≥	2.60	2.50	2.45
吸水率（%），≤	2.0	3.0	3.0
坚固性（%），≤	12	12	—
针片状颗粒含量（混合料）（%），≤	15	18	20
其中粒径大于 9.5mm（%），≤	12	15	
其中粒径小于 9.5mm（%），≤	18	20	
水洗法<0.075mm 颗粒含量（%），≤	1	1	1
软石含量（%），≤	3	5	5

3）细集料

沥青混合料用细集料是指粒径小于 2.36mm 的天然砂、人工砂及石屑等。天然砂可采用河砂或海砂，通常宜采用粗砂和中砂。细集料应洁净、干燥、无风化、无杂质，并有适当的颗粒级配，其主要质量要求见表 2-14，沥青面层用天然砂的级配应符合规范《公路沥青路面施工技术规范》JTG F40 中的有关要求。

沥青混合料用细集料主要质量要求 表 2-14

指标	高速公路、一级公路	一般道路
表观密度（g/cm³）	≥2.50	≥2.45
坚固性（>0.3mm 部分）（%）	≤12	—
砂当量（%）	≥60	≥50

4）矿粉等填料

矿粉是粒径小于 0.075mm 的无机质细粒材料，它在沥青混合料中起填充与改善沥青性能的作用。矿粉宜采用石灰岩或岩浆岩中的强基性岩石经磨细得到的矿粉，原石料中的泥土质量分数要小于 3%，其他杂质应除净，并且要求矿粉干燥、洁净、级配合理，其质量符合表 2-15 的技术要求。当采用水泥、石灰、粉煤灰作填料时，其用量不宜超过矿料总量的 2%，并要求粉煤灰与沥青有良好的黏附性，烧失量小于 12%。

在高等级路面中可加入有机或无机短纤维等填料，以便改善沥青混合料路面的使用性能。

沥青面层用矿粉质量要求 表 2-15

指标		高速公路、一级公路	一般道路
表观密度（g/cm³）		≥2.50	≥2.45
含水量（%）		≤1	≤1
粒度范围（%）	<0.6mm	100	100
	<0.15mm	90～100	90～100
	<0.075	75～100	70～100
外观		无团块	
亲水系数		<1	
塑性指数		<4	

（3）沥青混合料的技术性质

1）沥青混合料的强度

沥青混合料的强度是指其抵抗破坏的能力，由两方面构成：一是沥青与集料间的结合力；二是集料颗粒间的内摩擦力。

2）沥青混合料的温度稳定性

路面中的沥青混合料需要抵御各种自然因素的作用和影响。其中环境温度对于沥青混合料性能的影响最为明显。为长期保持其承载能力，沥青混合料必须具有在高温和低温作用下的结构稳定性。

① 高温稳定性

高温稳定性是指在夏季高温环境条件下，经车辆荷载反复作用时，路面沥青混合料的结构保持稳定或抵抗塑性变形的能力。稳定性不好的沥青混合料路面容易在高温环境中出现车辙、波浪等不良现象。通常所指的高温环境多以 60℃ 为参考标准。

评价沥青混合料高温稳定性的方法主要有三轴试验、马歇尔稳定度、车辙试验（即动稳定度）等方法。由于三轴试验较为复杂，故通常采用马歇尔稳定度和车辙试验作为检验和评定沥青混合料的方法。

马歇尔稳定度是指在规定条件下沥青混合料试件所能承受荷载的能力。它是通过在规定温度与加荷速度下，标准试件在允许变形范围内所能承受的最大破坏荷载。试验测定的指标有两个：一是反映沥青混合料抵抗荷载能力的马歇尔稳定度 MS（以 kN 计）；二是反映沥青混合料在外力作用下，达到最大破坏荷载时表示试件垂直变形的流值 FL（以 mm 计）。通常期望沥青混合料在具有较高马歇尔稳定度的同时，试件所产生的流值较小。

沥青混合料车辙试验是用标准方法制成 300mm×300mm×300mm 的沥青混合料试件，在 60℃（根据需要，在寒冷地区也可采用 45℃ 或其他温度）的温度条件下，以一定荷载的橡胶轮（轮压为 0.7MPa）在同一轨迹上作一定时间的反复行走，测定其在变形稳定期每增加变形 1mm 的碾压次数，即动稳定度，并以次/mm 表示。

用于高速公路、一级公路上面层或中面层的沥青混凝土混合料的动稳定度宜不小于 800 次/mm，对用于城市主干道的沥青混合料的动稳定度不宜小于 600 次/mm。

② 低温抗裂性

低温抗裂性是指在冬季环境等较低温度下，沥青混合料路面抵抗低温收缩，并防止开裂的能力。低温开裂的原因主要是由于温度下降造成的体积收缩量超过了沥青混合料路面在此温度下的变形能力，导致路面收缩应力过大而产生的收缩开裂。

工程实际中常根据试件的低温劈裂试验来间接评定沥青混合料的抗低温能力。

3）沥青混合料的耐久性

耐久性是指沥青混合料长期在使用环境中保持结构稳定和性能不严重恶化的能力。沥青的老化或剥落、结构松散、开裂、抗剪强度的严重降低等影响正常使用的各种现象都是这种恶化的表现。

我国现行规范采用空隙率、饱和度和残留稳定度等指标来表征沥青混合料的耐久性。

4）沥青混合料的抗疲劳性

沥青混合料的疲劳是材料在荷载重复作用下产生不可恢复的强度衰减积累所引起的一种现象。荷载重复作用的次数越多，强度的降低也越大，它能承受的应力或应变值就越小。通常把沥青混合料出现疲劳破坏的重复应力值称为疲劳强度，相应的应力重复作用次数称为疲劳寿命。

5）沥青混合料的抗滑性

为保证汽车安全和快速行驶，要求路面具有一定的抗滑性。为满足路面对混合料抗滑性的要求，应选择表面粗糙、多棱角、坚硬耐磨的矿质集料，以提高路面的摩擦系数。沥青用量和含蜡量对抗滑性的影响非常敏感，即使沥青用量较最佳沥青用量只增加 0.5%，也会使抗滑系数明显降低；沥青含蜡量对路面抗滑性的影响也十分显著，工程实际中应严格控制沥青含蜡量。

6）沥青混合料的施工和易性

影响沥青混合料施工和易性的因素主要是矿料级配。粗细集料的颗粒大小相距过大时，缺乏中间粒径，混合料容易离析。若细料太少，沥青层就不容易均匀地分布在粗颗粒表面；细料过多时，则拌合困难。

另外，用粉煤灰这种具有球形结构和一定保温性能的材料作为沥青混合料的填料时，也具有良好的施工和易性。

三、建筑工程识图

（一）房屋建筑施工图的基本知识

房屋建筑施工图是指利用正投影的方法把所设计房屋的大小、外部形状、内部布置和室内装修，以及各部分结构、构造、设备等的做法，按照建筑制图国家标准规定绘制的工程图样。它是工程设计阶段的最终成果，同时又是工程施工、监理和计算工程造价的主要依据。

按照内容和作用不同，房屋建筑施工图分为建筑施工图（简称"建施"）、结构施工图（简称"结施"）和设备施工图（简称"设施"）。通常，一套完整的施工图还包括图纸目录、设计总说明（即首页）。

图纸目录列出所有图纸的专业类别、总张数、排列顺序、各张图纸的名称、图样幅面等，以方便翻阅查找。

设计总说明包括施工图设计依据、工程规模、建筑面积、相对标高与总平面图绝对标高的对应关系、室内外的用料和施工要求说明、采用新技术和新材料或有特殊要求的做法说明、选用的标准图以及门窗表等。设计总说明的内容也可在各专业图纸上写成文字说明。

1. 房屋建筑施工图的组成及作用

（1）建筑施工图的组成及作用

建筑施工图一般包括建筑设计说明、建筑总平面图、平面图、立面图、剖面图及建筑详图等。

建筑施工图表达的内容主要包括空间设计方面内容和构造设计方面内容。空间设计方面内容包括房屋的造型、层数、平面形状与尺寸以及房间的布局、形状、尺寸、装修做法等。构造设计方面内容包括墙体与门窗等构配件的位置、类型、尺寸、做法以及室内外装修做法等。建造房屋时，建筑施工图主要作为定位放线、砌筑墙体、安装门窗、进行装修的依据。

各图样的作用分别是：

1）建筑设计说明主要说明装修做法和门窗的类型、数量、规格、采用的标准图集等情况。

2）建筑总平面图也称总图，用以表达建筑物的地理位置和周围环境，是新建房屋及构筑物施工定位，规划设计水、暖、电等专业工程总平面图及施工总平面图设计的依据。

3）建筑平面图主要用来表达房屋平面布置的情况，包括房屋平面形状、大小、房间布置，墙或柱的位置、大小、厚度和材料，门窗的类型和位置等，是施工备料、放线、砌墙、安装门窗及编制概预算的依据。

4）建筑立面图主要用来表达房屋的外部造型、门窗位置及形式、外墙面装修、阳台、雨篷等部分的材料和做法等，在施工中是外墙面造型、外墙面装修、工程概预算、备料等的依据。

5）建筑剖面图主要用来表达房屋内部垂直方向的高度、楼层分层情况及简要的结构形式和构造方式，是施工、编制概预算及备料的重要依据。

6）因为建筑物体积较大，建筑平面图、立面图、剖面图常采用缩小的比例绘制，所以房屋上许多细部的构造无法表示清楚，为了满足施工的需要，必须分别将这些部位的形状、尺寸、材料、做法等用较大的比例画出，这些图样就是建筑详图。

（2）结构施工图的组成及作用

结构施工图一般包括结构设计说明、结构平面布置图和结构详图三部分，主要用以表示房屋骨架系统的结构类型、构件布置、构件种类、数量、构件的内部构造和外部形状、大小，以及构件间的连接构造。施工放线、开挖基坑（槽），施工承重构件（如梁、板、柱、墙、基础、楼梯等）主要依据结构施工图。

1）结构设计说明是带全局性的文字说明，它包括设计依据，工程概况，自然条件，选用材料的类型、规格、强度等级，构造要求，施工注意事项，选用标准图集等。主要针对图形不容易表达的内容，利用文字或表格加以说明。

2）结构平面布置图是表示房屋中各承重构件总体平面布置的图样，一般包括：基础平面布置图，楼层结构布置平面图，屋顶结构平面布置图。

3）结构详图是为了清楚地表示某些重要构件的结构做法，而采用较大的比例绘制的图样，一般包括：梁、柱、板及基础结构详图，楼梯结构详图，屋架结构详图，其他详图（如天沟、雨篷、过梁等）。

（3）设备施工图的组成及作用

设备施工图可按工种不同分成给水排水施工图（简称水施图）、采暖通风与空调施工图（简称暖施图）、电气设备施工图（简称电施图）等。水施图、暖施图、电施图一般都包括设计说明、设备的布置平面图、系统图等内容。设备施工图主要表达房屋给水排水、供电照明、采暖通风、空调、燃气等设备的布置和施工要求等。

2. 房屋建筑施工图的图示特点

房屋建筑施工图的图示特点主要体现在以下几方面：

（1）施工图中的各图样用正投影法绘制。一般在水平面（H面）上作平面图，在正立面（V面）上作正、背立面图，在侧立面（W面）上作剖面图或侧立面图。平面图、立面图、剖面图是建筑施工图中最基本、最重要的图样，在图纸幅面允许时，最好将其画在同一张图纸上，以便阅读。

（2）由于房屋形体较大，施工图一般都用较小比例绘制，但对于其中需要表达清楚的节点、剖面等部位，则用较大比例的详图来表现。

（3）房屋建筑的构、配件和材料种类繁多，为作图简便，国家标准采用一系列图例来代表建筑构配件、卫生设备、建筑材料等。为方便读图，国家标准还规定了许多标注符号，构件的名称应用代号表示。

3. 制图标准相关规定

（1）常用建筑材料图例和常用构件代号

常用建筑材料图例见表 3-1。

常用建筑材料图例　　　　　　　　　　　　　　表 3-1

序　号	名　称	图　例	备　注
1	自然土壤		包括各种自然土壤
2	夯实土壤		
3	石材		
4	毛石		
5	普通砖		包括实心砖、多孔砖、砌块等砌体。断面较窄不易绘出图例线时可涂红，并在图纸备注中加注说明，画出该材料图例
6	饰面砖		包括铺地砖、陶瓷锦砖、人造大理石等
7	焦渣、矿渣		包括与水泥、石灰等混合而成的材料
8	混凝土		1. 本图例指能承重的混凝土及钢筋混凝土； 2. 包括各种强度等级、骨料、添加剂的混凝土； 3. 在剖面图上画出钢筋时，不画图例线； 4. 断面图形小时，不易画出图例线时，可涂黑
9	钢筋混凝土		
10	粉刷材料		

构件代号以构件名称的汉语拼音的第一个字母表示，如 B 表示板，WB 表示屋面板。对预应力混凝土构件，则在构件代号前加注"Y"，如 YKB 表示预应力混凝土空心板。

（2）图线

建筑专业制图、建筑结构专业制图的图线见表 3-2。

建筑制图的线型及其应用

表 3-2

名称		线型	线宽	建筑制图中的用途	建筑结构制图中的用途
实线	粗	▬▬▬▬	b	1. 平、剖面图中被剖切的主要建筑构造（包括构配件）的轮廓线； 2. 建筑立面图或室内立面图的外轮廓线； 3. 建筑构造详图中被剖切的主要部分的轮廓线； 4. 建筑构配件详图中的外轮廓线； 5. 平、立、剖面的剖切符号	螺栓、钢筋线、结构平面图中的单线结构构件线，钢木支撑及系杆线、图名下横线、剖切线
	中粗	▬▬▬▬	$0.7b$	1. 平、剖面图中被剖切的次要建筑构造（包括构配件）的轮廓线； 2. 建筑平、立、剖面图中建筑构配件的轮廓线； 3. 建筑构造详图及建筑构配件详图中的一般轮廓线	结构平面图及详图中剖到或可见的墙身轮廓线、基础轮廓线、钢、木结构轮廓线、钢筋线
	中	——	$0.5b$	小于 0.7b 的图形线、尺寸线、尺寸界线、索引符号、标高符号、详图材料做法引出线、粉刷线、保温层线、地面、墙面的高差分界线等	结构平面图及详图中剖到或可见的墙身轮廓线、基础轮廓线、可见的钢筋混凝土构件轮廓线、钢筋线
	细	——	$0.25b$	图例填充线、家具线、纹样线等	标注引出线、标高符号线、索引符号线、尺寸线
虚线	粗	▬ ▬ ▬ ▬	b		不可见的钢筋线、螺栓线、结构平面图中不可见的单线结构构件线及钢、木支撑线
	中粗	▬ ▬ ▬ ▬	$0.7b$	1. 建筑构造详图及建筑构配件不可见轮廓线； 2. 平面图中起重机（吊车）轮廓线； 3. 拟建、扩建建筑物轮廓线	结构平面图中的不可见构件、墙身轮廓线及不可见钢、木结构构件线、不可见的钢筋线
	中	– – – –	$0.5b$	小于 0.5b 的不可见轮廓线、投影线	结构平面图中的不可见构件、墙身轮廓线及不可见钢、木结构构件线、不可见的钢筋线
	细	- - - -	$0.25b$	图例填充线、家具线	基础平面图中的管沟轮廓线、不可见的钢筋混凝土构件轮廓线
单点长画线	粗	—·—·—	b	起重机（吊车）轨道线	柱间支撑、垂直支撑、设备基础轴线图中的中心线
	细	—·—·—	$0.25b$	中心线、对称线、定位轴线	定位轴线、对称线、中心线、中心线
双点长画线	粗	—··—··	b		预应力钢筋线
	细	—··—··	$0.25b$		原有结构轮廓线
折断线	细	─/\─	$0.25b$	部分省略表示时的断开界线	断开界线
波浪线	细	∿∿∿	$0.25b$	部分省略表示时的断开界线，曲线形构件断开界线、构造层次的断开界线	断开界线

注：建筑制图中地平线宽可用 1.4b。

（3）尺寸标注

图样上的尺寸，应包括尺寸界线、尺寸线、尺寸起止符号和尺寸数字四个要素，如图 3-1 所示。

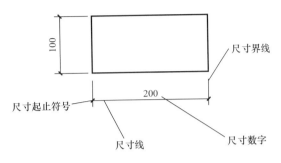

图 3-1　尺寸组成四要素

几种尺寸的标注形式见表 3-3。

尺寸的标注形式

表 3-3

注写的内容	注法示例	说　明
半径	R1200 R1200 R16 R16 R20 R12 R8	半圆或小于半圆的圆弧应标注半径，如左下方的例图所示。标注半径的尺寸线应一端从圆心开始，另一端画箭头指向圆弧，半径数字前应加注符号"R"。 较大圆弧的半径，可按上方两个例图的形式标注；较小圆弧的半径，可按右下方四个例图的形式标注
直径	φ600 φ36 φ22 φ12 φ16 φ16 φ4 φ600	圆及大于半圆的圆弧应标注直径，如左侧两个例图所示，并在直径数字前加注符号"φ"。在圆内标注的直径尺寸线应通过圆心，两端画箭头指至圆弧。 较小圆的直径尺寸，可标注在圆外，如右侧六个例图所示
薄板厚度	t10 160 220 70 60 180 120 300	应在厚度数字前加注符号"t"

续表

注写的内容	注法示例	说　明
正方形	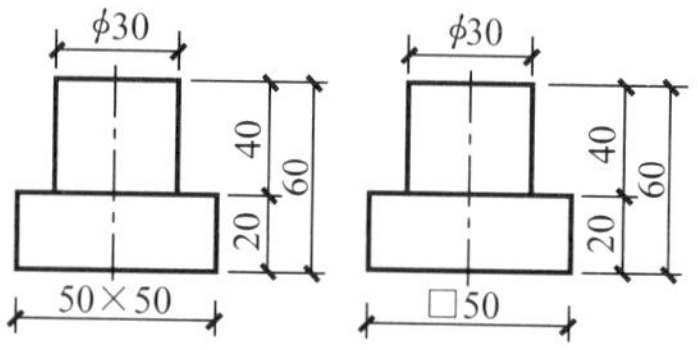	在正方形的侧面标注该正方形的尺寸，可用"边长×边长"标注，也可以在边长数字前加正方形符号"□"
坡度	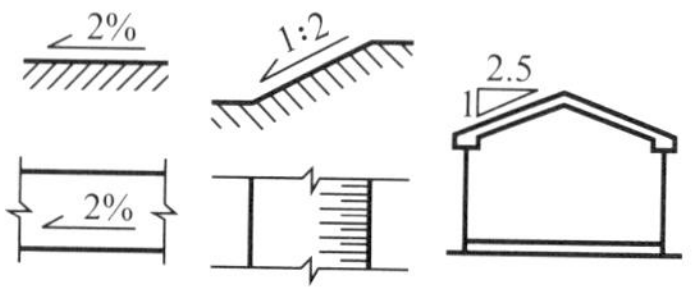	标注坡度时，在坡度数字下应加注坡度符号，坡度符号为单面箭头，一般指向下坡方向。 坡度也可用直角三角形形式标注，如右侧的例图所示。 图中在坡面高的一侧水平边上所画的垂直于水平边的长短相间的等距细实线，称为示坡线，也可以它来表示坡面
角度、弧长与弦长	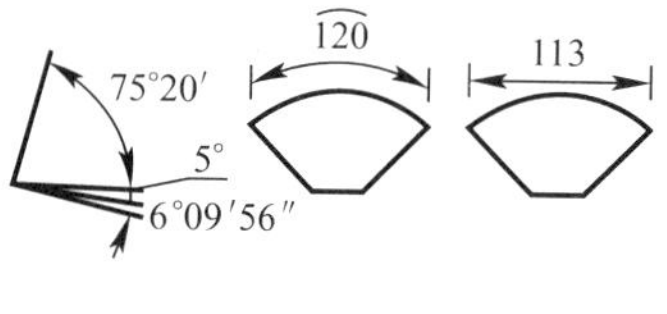	如左方的例图所示，角度的尺寸线是圆弧，圆心是角顶，角边是尺寸界线。尺寸起止符号用箭头；如没有足够的位置画箭头，可用圆点代替。角度的数字应水平方向注写。 如中间例图所示，标注弧长时，尺寸线是同心圆弧，尺寸界线垂直于该圆弧的弦，起止符号用箭头，弧长数字上方加圆弧符号。 如右方的例图所示，圆弧的弦长的尺寸线应平行于弦，尺寸界线垂直于弦
连续排列的等长尺寸	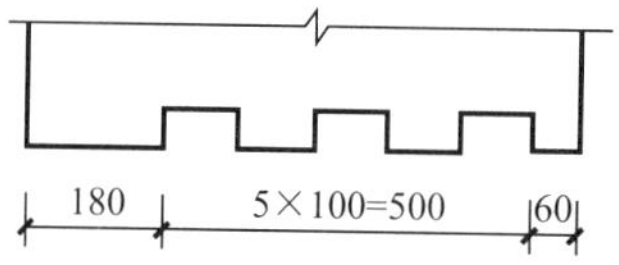	可用"个数×等长尺寸=总长"的形式标注
相同要素	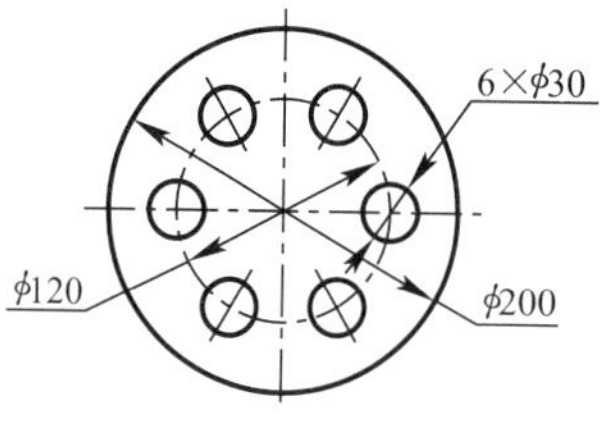	当构配件内的构造要素（如孔、槽等）相同时，可仅标注其中一个要素的尺寸及个数

（4）标高

标高是表示建筑的地面或某一部位的高度。在房屋建筑中，建筑物的高度用标高表示。标高分为相对标高和绝对标高两种。一般以建筑物底层室内地面作为相对标高的零点；我国把青岛市外的黄海海平面作为零点所测定的高度尺寸称为绝对标高。

各类图上的标高符号如图 3-2 所示。标高符号的尖端应指至被标注的高度，尖端可向下也可向上。在施工图中一般注写到小数点后三位即可；在总平面图中则注写到小数点后二位。零点标高注写成±0.000，负标高数字前必须加注"－"，正标高数字前不写"＋"。标高单位除建筑总平面图以米为单位外，其余一律以毫米为单位。

在建施图中的标高数字表示其完成面的数值。

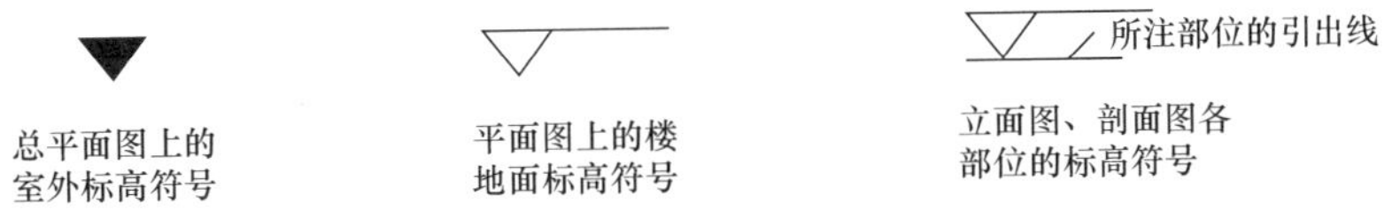

所注部位的引出线

| 总平面图上的
室外标高符号 | 平面图上的楼
地面标高符号 | 立面图、剖面图各
部位的标高符号 |

图 3-2　标高符号

（二）房屋建筑施工图的图示方法及内容

1. 建筑施工图

（1）建筑总平面图

1）建筑总平面图的图示方法

建筑总平面图是新建房屋所在地域的一定范围内的水平投影图。

建筑总平面图是将拟建工程四周一定范围内的新建、拟建、原有和将拆除的建筑物、构筑物连同其周围的地形地物状况，用水平投影方法画出的图样。由于总平面图绘图比例较小，图中的原有房屋、道路、绿化、桥梁边坡、围墙及新建房屋等均用图例表示。表 3-4 为总平面图图例示例。

总平面图图例示例　　　　　　　　　　　　　　　　　　　　　表 3-4

名　称	图　例	说　明
新建的建筑物	 6	1. 需要时，可在图形内右上角以点数或数字（高层宜用数字）表示层数； 2. 用粗实线表示
围墙及大门	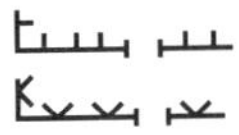	1. 上图为砖石、混凝土或金属材料的围墙，下图为镀锌钢丝网、篱笆等围墙； 2. 如仅表示围墙时不画大门
新建的道路	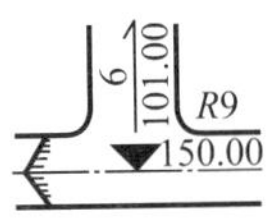 6 101.00 R9 ▼150.00	1. R9 表示道路转弯半径为 9m，150 为路面中心标高，6 表示 6% 纵向坡度，101.00 表示变坡点间距离； 2. 图中斜线为道路断面示意，根据实际需要绘制

2）总平面图的图示内容

① 新建建筑物的定位

新建建筑物的定位一般采用两种方法，一是按原有建筑物或原有道路定位；二是按坐标定位。采用坐标定位又分为测量坐标定位和建筑坐标定位两种（图 3-3）。

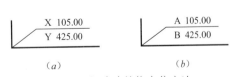

| X 105.00
Y 425.00 | A 105.00
B 425.00 |
| （a） | （b） |

图 3-3　新建建筑物定位方法

（a）测量坐标定位；（b）建筑坐标定位

A. 测量坐标定位。在地形图上用细实线画成交叉十字线的坐标网，X 为南北方向的轴线，Y 为东西方向的轴线，这样的坐标网称为测量坐标网。

B. 建筑坐标定位。建筑坐标一般在新开发区，房屋朝向与测量坐标方向不一致时采用。

② 标高

在总平面图中，标高以米为单位，并保留至小数点后两位。

③ 指北针或风玫瑰图

指北针用来确定新建房屋的朝向，其符号如图3-4所示。

风向频率玫瑰图简称风玫瑰图，是新建房屋所在地区风向情况的示意图（图3-5）。风向玫瑰图也能表明房屋和地物的朝向情况。

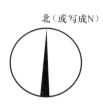

图 3-4　指北针

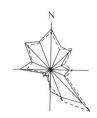

图 3-5　风向频率玫瑰图

④ 建筑红线

各地方国土管理部门提供给建设单位的地形图为蓝图，在蓝图上用红色笔画定的土地使用范围的线称为建筑红线。任何建筑物在设计和施工中均不能超过此线。

⑤ 管道布置与绿化规划

⑥ 附近的地形地物，如等高线、道路、围墙、河流、水沟和池塘等与工程有关的内容。

（2）建筑平面图

1）建筑平面图的图示方法

假想用一个水平剖切平面沿房屋的门窗洞口的位置把房屋切开，移去上部之后，画出的水平剖面图称为建筑平面图，简称平面图。沿底层门窗洞口切开后得到的平面图，称为底层平面图，沿二层门窗洞口切开后得到的平面图，称为二层平面图，依次可以得到三层、四层的平面图。当某些楼层平面相同时，可以只画出其中一个平面图，称其为标准层平面图。房屋屋顶的水平投影图称为屋顶平面图。

凡是被剖切到的墙、柱断面轮廓线用粗实线画出，其余可见的轮廓线用中实线或细实线，尺寸标注和标高符号均用细实线，定位轴线用细单点长画线绘制。砖墙一般不画图例，钢筋混凝土的柱和墙的断面通常涂黑表示。

常用门、窗图例分别如图3-6、图3-7所示。建筑平面图中常用图例如图3-8所示。

2）建筑平面图的图示内容

① 表示墙、柱，内外门窗位置及编号，房间的名称或编号，轴线编号。

平面图上所用的门窗都应进行编号。门常用"M1"、"M2"或"M-1"、"M-2"等表示，窗常用"C1"、"C2"或"C-1"、"C-2"等表示。在建筑平面图中，定位轴线用来确定房屋的墙、柱、梁等的位置和作为标注定位尺寸的基线。定位轴线的编号宜标注在图样的下方与左侧，横向编号应用阿拉伯数字，从左至右顺序编写，竖向编号应用大写拉丁字母，从下至上顺序编写，拉丁字母中的I、O及Z三个字母不得作轴线编号，以免与数字1、0及2混淆（图3-9）。

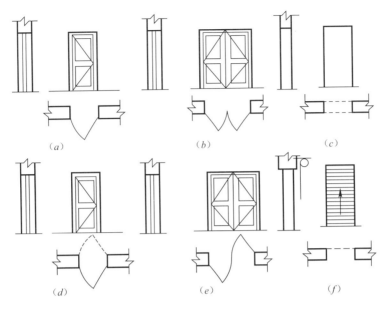

图 3-6　常用门图例

（a）单扇门；（b）双扇门；（c）空门洞；（d）单扇双面弹簧门；（e）双扇双面弹簧门；（f）卷帘门

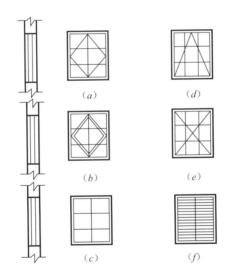

图 3-7　常用窗图例

（a）单扇外开平开窗；（b）双扇内外开平开窗；（c）单扇固定窗；（d）单扇外开上悬窗；（e）单扇中悬窗；（f）百叶窗

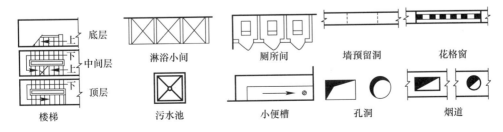

图 3-8　建筑平面图中常用图例

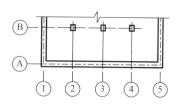

图 3-9 定位轴线的编号

② 注出室内外的有关尺寸及室内楼、地面的标高。

建筑平面图中的尺寸有外部尺寸和内部尺寸两种。

A. 外部尺寸。在水平方向和竖直方向各标注三道，最外一道尺寸标注房屋水平方向的总长、总宽，称为总尺寸；中间一道尺寸标注房屋的开间、进深，称为轴线尺寸（一般情况下两横墙之间的距离称为"开间"；两纵墙之间的距离称为"进深"）。最里边一道尺寸以轴线定位的标注房屋外墙的墙段及门窗洞口尺寸，称为细部尺寸。

B. 内部尺寸。应标注各房间长、宽方向的净空尺寸，墙厚及轴线的关系、柱子截面、房屋内部门窗洞口、门垛等细部尺寸。

在平面图中所标注的标高均为相对标高。底层室内地面的标高一般用±0.000 表示。

③ 表示电梯、楼梯的位置及楼梯的上下行方向。

④ 表示阳台、雨篷、踏步、斜坡、通气竖道、管线竖井、烟囱、消防梯、雨水管、散水、排水沟、花池等位置及尺寸。

⑤ 画出卫生器具、水池、工作台、橱、柜、隔断及重要设备位置。

⑥ 表示地下室、地坑、地沟、各种平台、检查孔、墙上留洞、高窗等位置尺寸与标高。对于隐蔽的或者在剖切面以上部位的内容，应以虚线表示。

⑦ 画出剖面图的剖切符号及编号（一般只标注在底层平面图上）。

⑧ 标注有关部位上节点详图的索引符号。

⑨ 在底层平面图附近绘制出指北针。

⑩ 屋面平面图一般内容有：女儿墙、檐沟、屋面坡度、分水线与落水口、变形缝、楼梯间、水箱间、天窗、上人孔、消防梯以及其他构筑物、索引符号等。

图 3-10 为某住宅楼平面图。

（3）建筑立面图

1）建筑立面图的图示方法

在与房屋的四个主要外墙面平行的投影面上所绘制的正投影图称为建筑立面图，简称立面图。反映建筑物正立面、背立面、侧立面特征的正投影图，分别称为正立面图、背立面图和侧立面图，侧立面图又分左侧立面图和右侧立面图。立面图也可以按房屋的朝向命名，如东立面图、西立面图、南立面图、北立面图。此外，立面图还可以用各立面图的两端轴线编号命名，如①-⑦立面图、Ⓑ-Ⓠ立面图等。

为使建筑立面图轮廓清晰、层次分明，通常用粗实线表示立面图的最外轮廓线。外形轮廓线以内的细部轮廓，如凸出墙面的雨篷、阳台、柱、窗台、台阶、屋檐的下檐线以及窗洞、门洞等用中粗线画出。其余轮廓如腰线、粉刷线、分格线、落水管以及引出线等均采用细实线画出。地平线用标准粗度 1.2～1.4 倍的加粗线画出。

2）建筑立面图的图示内容

① 表明建筑物外貌形状、门窗和其他构配件的形状和位置，主要包括室外的地面线、房屋的勒脚、台阶、门窗、阳台、雨篷；室外的楼梯、墙和柱；外墙的预留孔洞、檐口、屋顶、雨水管、墙面修饰构件等。

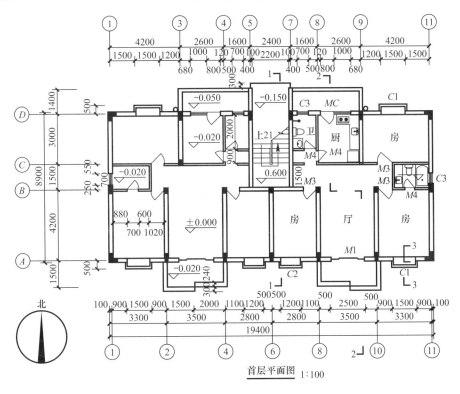

图 3-10　某住宅楼平面图

② 外墙各个主要部位的标高和尺寸。

立面图中用标高表示出各主要部位的相对高度，如室内外地面标高、各层楼面标高及檐口标高。相邻两楼面的标高之差即为层高。

立面图中的尺寸是表示建筑物高度方向的尺寸，一般用三道尺寸线表示。最外面一道为建筑物的总高。建筑物的总高是从室外地面到檐口女儿墙的高度。中间一道尺寸线为层高，即下一层楼地面到上一层楼面的高度。最里面一道为门窗洞口的高度及与楼地面的相对位置。

③ 建筑物两端或分段的轴线和编号。

在立面图中，一般只绘制两端的轴线及编号，以便和平面图对照确定立面图的观看方向。

④ 标出各个部分的构造、装饰节点详图的索引符号，外墙面的装饰材料和做法。

外墙面装修材料及颜色一般用索引符号表示具体做法。

图 3-11 为某住宅楼立面图。

（4）建筑剖面图

1）建筑剖面图的图示方法

假想用一个或多个垂直于外墙轴线的铅垂剖切平面将房屋剖开，移去靠近观察者的部分，对留下部分所作的正投影图称为建筑剖面图，简称剖面图。

剖面图一般表示房屋在高度方向的结构形式。凡是被剖切到的墙、板、梁等构件的断面轮廓线用粗实线表示，而没有被剖切到的其他构件的轮廓线，则常用中实线或细实线表示。

图 3-11   某住宅楼立面图

2）建筑剖面图的图示内容

① 墙、柱及其定位轴线。与建筑立面图一样，剖面图中一般只需画出两端的定位轴线及编号，以便与平面图对照。需要时也可以注出中间轴线。

② 室内底层地面、地沟、各层的楼面、顶棚、屋顶、门窗、楼梯、阳台、雨篷、墙洞、防潮层、室外地面、散水、脚踢板等能看到的内容。

③ 各个部位完成面的标高，包括室内外地面、各层楼面、各层楼梯平台、檐口或女儿墙顶面、楼梯间顶面、电梯间顶面等部位。

④ 各部位的高度尺寸。建筑剖面图中高度方向的尺寸包括外部尺寸和内部尺寸。外部尺寸的标注方法与立面图相同，包括三道尺寸：门、窗洞口的高度，层间高度，总高度。内部尺寸包括地坑深度、隔断、搁板、平台、室内门窗等的高度。

⑤ 楼面和地面的构造。一般采用引出线指向所说明的部位，按照构造的层次顺序，逐层加以文字说明。

⑥ 详图的索引符号。

建筑剖面图中不能详细表示清楚的部位应引出索引符号，另用详图表示。详图索引符号如图 3-12 所示。

图 3-13 为某住宅楼剖面图。

（5）建筑详图

需要绘制详图或局部平面放大图的位置一般包括内外墙节点、楼梯、电梯、厨房、卫生间、门窗、室内外装饰等。

详图符号如图 3-14 所示。

1）内外墙节点详图

内外墙节点一般用平面和剖面表示。

平面节点详图表示出墙、柱或构造柱的材料和构造关系。

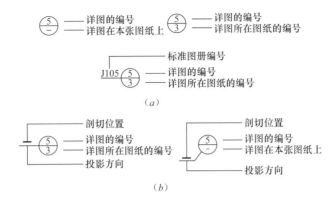

图 3-12　详图索引符号

(a) 详图索引符号；(b) 局部剖切索引符号

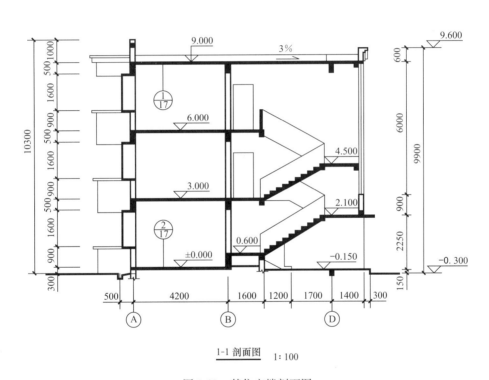

1-1 剖面图　1:100

图 3-13　某住宅楼剖面图

图 3-14　详图符号

(a) 详图与被索引图在同一张图纸上；(b) 详图与被索引图不在同一张图纸上

　　剖面节点详图即外墙身详图。外墙身详图的剖切位置一般设在门窗洞口部位。它实际上是建筑剖面图的局部放大图样，主要表示地面、楼面、屋面与墙体的关系，同时也表示排水沟、散水、勒脚、窗台、窗檐、女儿墙、天沟、排水口等位置及构造做法。外墙身详图可以从室内外地坪、防潮层处开始一直画到女儿墙压顶。实际工程中，为了节省图纸，通常在门窗洞口处断开，或者重点绘制地坪、中间层、屋面处的几个节点，而将中间层重复使用的节点集中到一个详图中表示。

2）楼梯详图

楼梯详图一般包括三部分内容，即楼梯平面图、楼梯剖面图和节点详图。

① 楼梯平面图

楼梯平面图的形成与建筑平面图一样，即假设用一水平剖切平面在该层往上行的第一个楼梯段中剖切开，移去剖切平面及以上部分，将余下的部分按正投影的原理投射在水平投影面上所得到的图样。因此，楼梯平面图实质上是建筑平面图中楼梯间部分的局部放大。

楼梯平面图必须分层绘制，底层平面图一般剖在上行的第一跑上，因此除表示第一跑的平面外，还能表明楼梯间一层休息平台以下的平面形状。中间相同的几层楼梯，同建筑平面图一样，可用一个图来表示，这个图称为标准层平面图。最上面一层平面图称为顶层平面图，所以，楼梯平面图一般有底层平面图、标准层平面图和顶层平面图三个。

② 楼梯间剖面图

假想用一铅垂剖切平面，通过各层的一个楼梯段，将楼梯剖切开，向另一未剖切到的楼梯段方向进行投影，所绘制的剖面图称为楼梯剖面图。

楼梯间剖面图只需绘制出与楼梯相关的部分，相邻部分可用折断线断开。尺寸需要标注层高、平台、梯段、门窗洞口、栏杆高度等竖向尺寸，并应标注出室内外地坪、平台、平台梁底面的标高。水平方向需要标注定位轴线及编号、轴线间尺寸、平台、梯段尺寸等。梯段尺寸一般用"踏步宽（高）×级数＝梯段宽（高）"的形式表示。

③ 楼梯节点详图

楼梯节点详图一般包括踏步做法详图、栏杆立面做法以及梯段连接、与扶手连接的详图、扶手断面详图等。这些详图是为了弥补楼梯间平、剖面图表达上的不足，而进一步表明楼梯各部位的细部做法。因此，一般采用较大的比例绘制，如1∶1、1∶2、1∶5、1∶10、1∶20等。

2. 结构施工图

（1）结构设计说明

结构设计说明是带全局性的文字说明，它包括设计依据，工程概况，自然条件，选用材料的类型、规格、强度等级，构造要求，施工注意事项，选用标准图集等。

（2）基础图的图示方法及内容

基础图是建筑物正负零标高以下的结构图，一般包括基础平面图和基础详图。

1）基础平面图

基础平面图是假想用一个水平剖切平面在室内地面处剖切建筑，并移去基础周围的土层，向下投影所得到的图样。

在基础平面图中，只画出基础墙、柱及基础底面的轮廓线，基础的细部轮廓（如大放脚或底板）可省略不画。凡被剖切到的基础墙、柱轮廓线，应画成中实线，基础底面的轮廓线应画成细实线。当基础墙上留有管洞时，应用虚线表示其位置，具体做法及尺寸另用详图表示。当基础中设基础梁和地圈梁时，用粗单点长画线表示其中心线的位置。

凡基础宽度、墙厚、大放脚、基底标高、管沟做法不同时，均以不同的断面图表示。

图 3-15 为基础平面图示例。

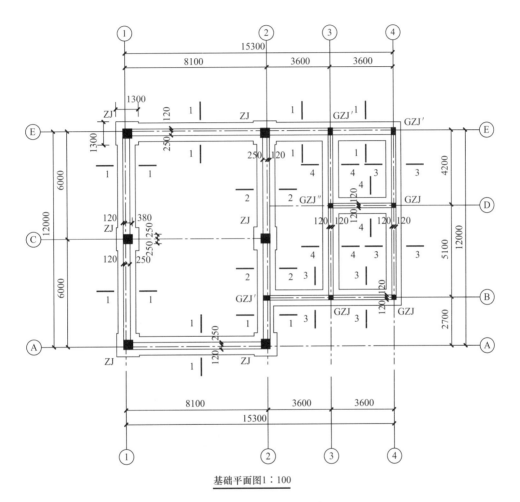

基础平面图1：100

图 3-15　基础平面图示例

2）基础详图

不同类型的基础，其详图的表示方法有所不同。如条形基础的详图一般为基础的垂直剖面图；独立基础的详图一般应包括平面图和剖面图。

基础详图的轮廓线用中实线表示，断面内应画出材料图例；对钢筋混凝土基础，则只画出配筋情况，不画出材料图例。

基础详图中需标注基础各部分的详细尺寸及室内、室外、基础底面标高等。

基础详图示例如图 3-16 所示。

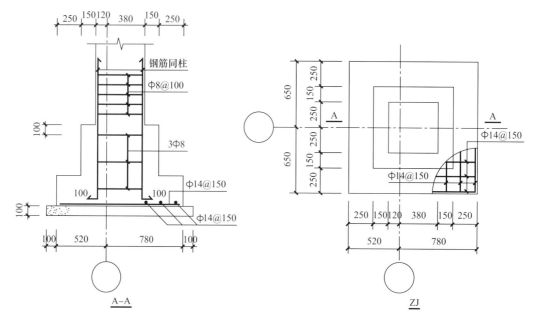

图 3-16 基础详图示例

（3）结构平面布置图

结构平面布置图是假想沿着楼板面将建筑物水平剖开所作的水平剖面图，主要表示各楼层结构构件（如墙、梁、板、墙、过梁和圈梁等）的平面布置情况，以及现浇楼板、梁的构造与配筋情况及构件之间的结构关系。对于承重构件布置相同的楼层，只画一个结构平面布置图，称为标准层结构平面布置图。

在楼层结构平面图中，外轮廓线用中粗实线表示，被楼板遮挡的墙、柱、梁等用细虚线表示，其他用细实线表示，图中的结构构件用构件代号表示。

图 3-17 为结构平面布置图示例。

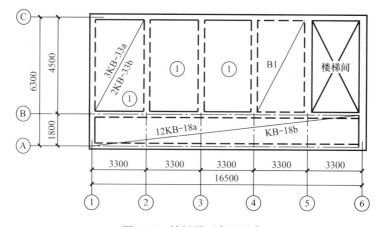

图 3-17 楼板平面布置示意

（4）结构详图

1）钢筋混凝土构件图

钢筋混凝土构件图主要是配筋图，有时还有模板图钢筋表。

配筋图主要表达构件内部的钢筋位置、形状、规格和数量，一般用立面图和剖面图表示。绘制钢筋混凝土构件配筋图时，假想混凝土是透明体，使包含在混凝土中的钢筋"可见"。为了突出钢筋，构件外轮廓线用细实线表示，而主筋用粗实线表示，箍筋用中实线表示，钢筋的截面用小黑圆点涂黑表示。

钢筋的标注有下面两种方式：

A. 标注钢筋的直径和根数

B. 标注钢筋的直径和相邻钢筋中心距

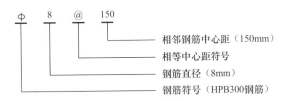

钢筋符号见表 3-5。

钢筋符号　　　　　　　　　　　表 3-5

序号	牌号	符号
1	HPB300	Φ
2	HRB335 HRB400 HRB500	Φ Φ Φ
3	HRBF335 HRBF400 HRBF500	ΦF ΦF ΦF
4	RRB400	ΦR

图 3-18 为钢筋混凝土梁配筋图。

2）楼梯结构施工图

楼梯结构施工图包括楼梯结构平面图、楼梯结构剖面图和构件详图。

① 楼梯结构平面图

根据楼梯梁、板、柱的布置变化，楼梯结构平面图包括底层楼梯结构平面图、中间层楼梯结构平面图和顶层楼梯结构平面图。当中间几层的结构布置和构件类型完全相同时，只用一个标准层楼梯结构平面图表示。

在各楼梯结构平面图中，主要反映出楼梯梁、板的平面布置，轴线位置与轴线尺寸，构件代号与编号，细部尺寸及结构标高，同时确定纵剖面图位置。当楼梯结构平面图比例较大时，还可直接绘制出休息平台板的配筋。

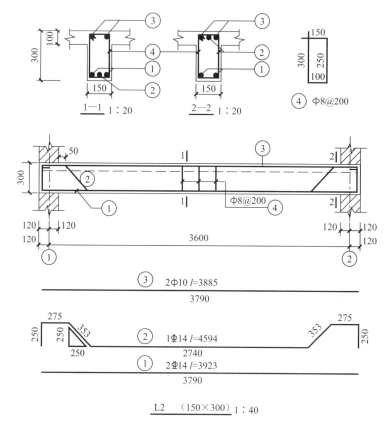

图 3-18　钢筋混凝土梁配筋图示例

钢筋混凝土楼梯的可见轮廓线用细实线表示，不可见轮廓线用细虚线表示，剖切到的砖墙轮廓线用中实线表示，剖切到的钢筋混凝土柱用涂黑表示，钢筋用粗实线表示，钢筋截面用小黑点表示。

② 楼梯结构剖面图

楼梯结构剖面图是根据楼梯平面图中剖面位置绘出的楼梯剖面模板图。楼梯结构剖面图主要反映楼梯间承重构件梁、板、柱的竖向布置、构造和连接情况，平台板和楼层的标高以及各构件的细部尺寸。

③ 楼梯构件详图

楼梯构件详图包括斜梁、平台梁、梯段板、平台板的配筋图，其表示方法与钢筋混凝土构件施工图表示方法相同。当楼梯结构剖面图比例较大时，也可直接在楼梯结构剖面图上表示梯段板的配筋。

3）现浇板配筋图

现浇板配筋图一般在结构平面图上绘制，当有多块板配筋相同时亦可以采用编号的方法代替。现浇板配筋图的图示要点如下：

① 在平面上详细标注出预留洞与洞口加筋或加梁的情况，以及预埋件的情况。

② 梁可采用粗点画线绘制，当梁的位置不能在平面上表达清楚时应增加剖面。

③ 当相邻板的厚度、配筋、标高不同时，应增加剖面。板底圈梁可以用增加剖面的

方法表示，当板底圈梁截面和配筋全部相同时也可以用文字表述。

④ 配合使用钢筋表或钢筋简图，表达图中所有现浇板的配筋情况和板的尺寸。

图 3-19 为现浇板配筋图示例。

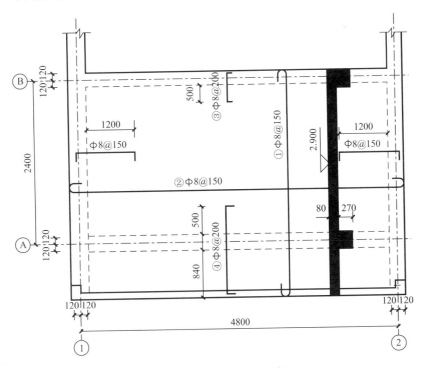

图 3-19　现浇板配筋图示例

需要说明的是，现浇梁、柱、板、板式楼梯、基础的施工图常采用混凝土结构施工图平面整体设计方法（简称平法）。按平面整体设计方法设计的结构施工图通常简称平法施工图，其制图规则和构造详图参见《混凝土结构施工图平面整体表示方法制图规则和构造详图》（11G101 图集）。

3. 设备施工图

如前所述，设备施工图可分为给水排水施工图、采暖通风与空调施工图、电气设备施工图。下面只介绍给水排水施工图和电气设备施工图。

（1）建筑给水排水施工图

1）设计说明及主要材料设备表

凡是图纸中无法表达或表达不清的而又必须为施工技术人员所了解的内容，均应用文字说明。设计说明应表达如下内容：设计概况、设计内容、引用规范、施工方法等。

工程中选用的主要材料及设备，应列表注明。表中应列出材料的类别、规格、数量，设备的品种、规格和主要尺寸。

2）给水排水平面图

室内给水排水平面图是在简化的建筑平面图上，按规定图例绘制的，用来表达室内给水用具、卫生器具、管道及其附件的平面布置。

平面图中应突出管线和设备，即用粗线表示管线，其余均为细线。

各种功能的管道、管道附件、卫生器具、用水设备，如消火栓箱、喷头等，均应用图例表示；各管道、立管均应编号标明。给水排水施工图的常用图例见表 3-6，管道代号见表 3-7。

给水排水施工图的常用图例　　　　　　　　　　　　　表 3-6

名称	图例	名称	图例
立式洗脸盆		污水池	
浴盆		立管检查口	
盥洗槽		圆形地漏	
壁挂式小便器		放水龙头	平面　　系统
蹲式大便器		水表	
坐式大便器		水表井	

管道代号　　　　　　　　　　　　　　　　　表 3-7

名　称	图　例	名　称	图　例
生活给水管	—J—	热水给水管	—RJ—
中水给水管	—ZJ—	热水回水管	—RH—
循环给水管	—XJ—	热媒给水管	—RM—
循环回水管	—XH—	热媒回水管	—RMH—
废水管	—F—	通气管	—T—
压力废水管	—YF—	膨胀管	—PZ—
污水管	—W—	雨水管	—Y—
压力污水管	—YW—	压力雨水管	—YY—

给水排水施工图中管道标高和水位标高的标注方法见图 3-20。

管径标注方法见图 3-21。管径以 mm 为单位。水煤气输送钢管（镀锌或非镀锌）、铸铁管等管材，管径宜以公称直径 DN 表示，如 $DN25$ 表示公称直径为 25mm；无缝钢管、焊接钢管（直缝或螺旋缝）、铜管、不锈钢管等管材，管径以外径 $D \times$ 壁厚表示，如 $D159 \times 4$ 表示管道外径 159mm，壁厚 4mm；塑料管材，管径宜按产品标准的方法表示。

管道编号表示方法见图 3-22。

图 3-23 为××综合楼给水排水平面图。图中给水管道采用 1.6MPa 级 PP-R 管（管径以 de 表示），热（电）熔连接；室内排水管采用 UPVC 排水塑料管（管径以 De 表示），胶粘接；大便器冲洗管采用热镀锌钢管（管径以 DN 表示），法兰连接或丝扣连接。

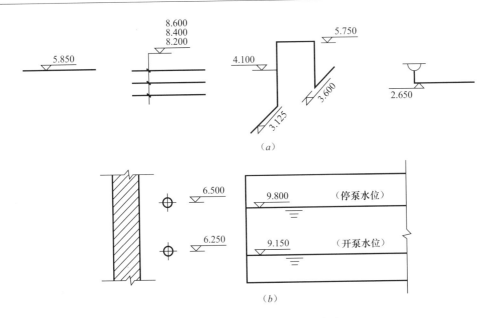

图 3-20　管道及水位标高标注方法

（a）平面图和轴测图中管道标高标注方法；（b）剖面图中管道及水位标高标注方法

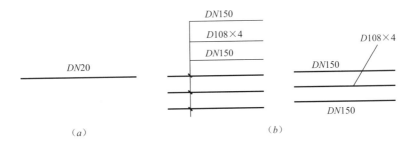

图 3-21　管径的标注方法

（a）单管管径表示法；（b）多管管径表示法

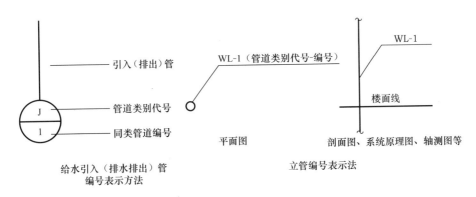

图 3-22　管道编号表示方法

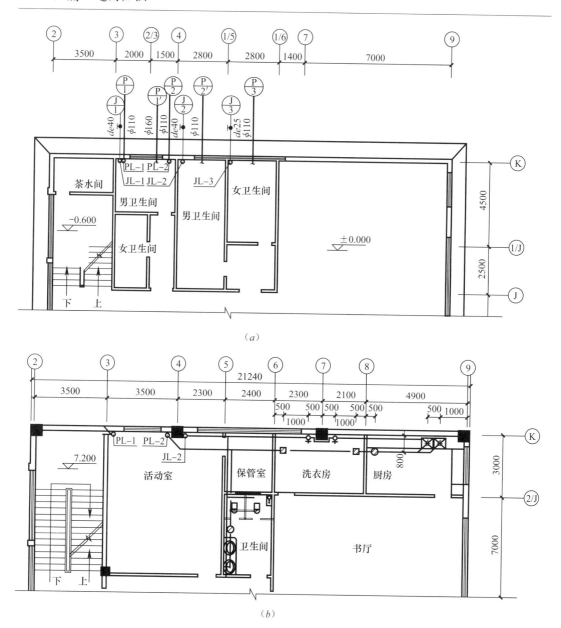

图 3-23 ××综合楼给水排水平面图

(a) 一层给水排水平面图；(b) 三层给水排水平面图

3）给水排水系统图

给水排水系统图，也称给水排水轴测图，用于表达出给水排水管道和设备在建筑中的空间布置关系。

室内给水排水系统轴测图一般按正面斜等测的方式绘制。轴测图通常以整个排水系统或给水系统为表达对象，因此，也称为排水系统图或给水系统图。轴测图也可以以管路系统的某一部分为表达对象，如卫生间的给水或排水等。

系统图中对用水设备及卫生器具的种类、数量和位置完全相同的支管、立管可不重复完全绘出，但应用文字标明。当系统图立管、支管在轴测方向重复交叉影响视图时，可标号断开移至空白处绘制。

图 3-24 为××综合楼给水系统图。

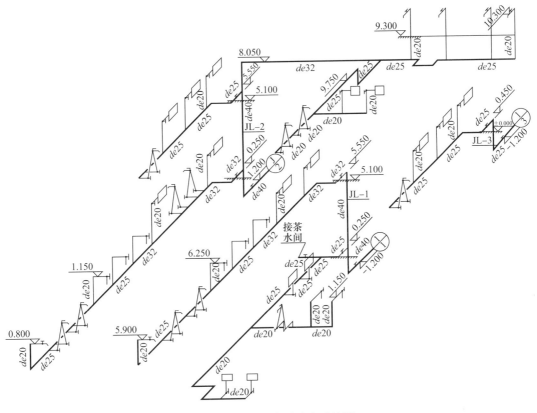

图 3-24　××综合楼给水系统图

4）给水排水系统原理图

当建筑物的层数较多时，用管道系统的轴测图很难表达清楚，而且效率低，此时可用系统原理图代替系统轴测图。

5）详图

凡平面图、系统图中局部构造因受图面比例影响而表达不完善或无法表达的，必须绘制施工详图。详图主要包括管道节点、水表、过墙套管、卫生器具等的安装详图以及卫生间大样详图。

（2）建筑电气施工图

电气施工图包括基本图和详图两大部分。基本图中包括设计说明、主要材料设备表、电气系统图、电气平面图。

1）设计说明及主要材料设备表

设计说明一般包括供电方式、电压等级、主要线路敷设方式、防雷、接地及图中未能表达的各种电气安装高度、工程主要技术数据、施工和验收要求以及有关事项等。

主要材料设备表包括工程所需的各种设备、管材、导线等名称、型号、规格、数量等。

2）建筑电气系统图

建筑电气系统图是用来表示照明和动力供配电系统组成的图纸，可分为照明系统图和动力系统图两种。

建筑电气系统图是由各种电气图形符号用线条连接起来，并加注文字代号而形成的一种简图，它不表明电气设施的具体安装位置，所以它不是投影图，也不按比例绘制。

各种配电装置都是按规定的图例绘制，相应的型号注在旁边。电气系统图一般用单线绘制，且画为粗实线，并按规定格式标注出各段导线的数量和规格。动力系统图有时也用多线绘制。图中主要标注电气设备、元件等的型号、规格和它们之间的连接关系。例如，一般在配电线路上要标注导线型号、敷设部位、敷设方式、穿管管径、线路编号及总的设备容量；照明配电箱内要标注各开关、控制电器的型号、规格等。通过系统图可以看到整个工程的供电全貌和接线关系。

图 3-25 为某办公楼照明配电系统图。

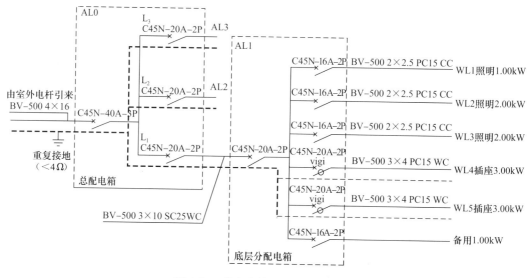

图 3-25　某办公楼照明配电系统图

3）电气平面图

建筑电气平面图是电气照明施工图中的基本图样，用来表示建筑物内所有电气设备、开关、插座和配电线路的安装平面位置图以及各种动力设备平面布置、安装、接线的图示。电气平面图主要包括电气照明平面图和动力平面图。

照明平面图是在建筑施工平面图上，用各种电气图形符号和文字符号表示电气线路及电气设备安装位置及要求。电气照明平面图一般要求按楼层、段分别绘制。在电气平面图上详细、具体地标注所有电气线路的具体走向及电气设备的位置。

电气照明施工图中，基本线、可见轮廓线、可见导线、一次线路、主要线路等采用粗实线；二次线路、一般线路采用细实线；辅助线、不可见轮廓线、不可见导线、屏蔽线等采用虚线；控制线、分界线、功能围框线、分组围框线等采用点画线；辅助围框线、36V以下线路等采用双点画线。

在电气施工图中，线路和电气设备的安装高度必要时应标注标高。通常采用与建筑施工图相统一的相对标高，或者用相对于本层楼地面的相对标高。

照明灯具按以下形式标注：

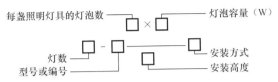

其中，型号常用拼音字母来表示；灯数表明有 n 组这样的灯具；安装方式见表 3-8；安装高度是指从地面到灯具的高度，单位为 m，若为吸顶形式安装，安装高度及安装方式可简化为"—"。

灯具安装方式的标注　　　　　　　　　　　　　表 3-8

符号	说明	符号	说明	符号	说明
SW	线吊式	C	吸顶式	CR	顶棚内安装
CS	链吊式	R	嵌入式	WR	墙壁内安装
DS	管吊式	S	支架上安装	HM	座装
W	壁装式	CL	柱上安装	—	—

例如，在电气照明平面图中标为：

$$2-Y\frac{2\times30}{2.5}CS$$

表明有两组荧光灯，每组由 2 根 30W 的灯管组成，采用链条吊装形式，安装高度为 2.5m。

配电线路的标注形式为：

$$a(b\times c)d-e$$

其中，a 为导线型号，b 为导线根数，c 为导线截面，d 为敷设方式及穿管管径，e 为敷设部位。

需标注引入线的规格时的标注形式为：

$$a\frac{b-c}{d(e\times f)-g}$$

其中，a 为设备编号，b 为型号，c 为容量，d 为导线型号，e 为导线根数，f 为导线截面，g 为敷设方式。

常用导线敷设方式及线路敷设部位的符号及含义见表 3-9、表 3-10。

常用导线敷设方式文字符号及含义　　　　　　　表 3-9

符　号	说　明	符　号	说　明
PCL	用塑料夹敷设	MT	穿电线管敷设
AL	用铅皮线卡敷设	PC	穿硬塑料管敷设
PR	用塑料线槽敷设	FPC	穿半硬塑料管敷设
MR	用金属线槽敷设	KPC	穿塑料波纹电线管敷设
SC	穿焊接钢管敷设	CP	穿金属软管敷设

常用导线敷设部位文字符号及含义　　　　　　表 3-10

符　号	说　明	符　号	说　明
AB	沿或跨梁（屋架）敷设	WC	暗敷设在墙内
BC	敷设在梁内	CE	沿顶棚或顶板面敷设
AC	沿或跨柱敷设	CC	暗敷在屋面或顶板内
CLC	暗敷在柱内	SCE	吊顶内敷设
WS	沿墙面敷设	F	地板或地面下敷设

常用的导线电缆型号见表 3-11。

导线、电缆型号（500V 以下）　　　　　　表 3-11

型号	说　明
BV、BLV	铜芯、铝芯聚氯乙烯绝缘导线
BVV、BLVV	铜芯、铝芯塑料绝缘护套线
BX、BLX	铜芯、铝芯橡皮绝缘电线
VV、VLV	铜芯、铝芯聚氯乙烯绝缘，聚氯乙烯护套内钢带铠装电力电缆
XV、XLV	铜芯、铝芯橡皮绝缘电力电缆
ZQ、ZL	铅护套、铝护套油浸纸绝缘电力电缆

常用电气照明图例符号见表 3-12。

常用电气照明图例符号　　　　　　表 3-12

名　称	图形符号	名　称	图形符号
多种电源配电箱		灯或信号灯一般符号	⊗
照明配电箱（屏）		开关一般符号	
单相插座		单极拉线开关	
暗装			
带保护接点的插座		单极开关	
暗装		暗装	
密闭（防水）		密闭（防水）	
防爆		防爆	

图 3-26 为某办公楼底层照明平面图。

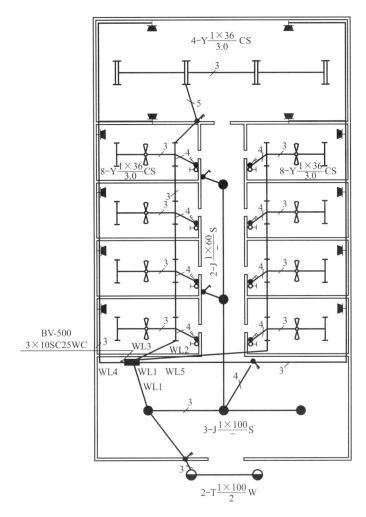

图 3-26　某办公楼底层照明平面图

4）详图

详图包括电气工程详图和标准图。

电气工程详图指柜、盘的布置图和某些电气部件的安装大样图，对安装部件的各部位注有详细尺寸，一般是在没有标准图可选用并有特殊要求的情况下才绘制的图。

标准图是通用性详图，表示一组设备或部件的具体图形和详细尺寸，便于制作安装。

（三）房屋建筑施工图的绘制与识读

1. 房屋建筑施工图绘制的一般步骤与方法

对于不同的项目，其施工图绘制步骤与方法并不完全相同，但其总的规律是：先整体、后局部，即先画全局性的图纸，再画详图；先骨架、后细部，即一张图纸先画整体骨架，再画细部；先底稿、后加深，即先打底稿，经反复核查无误后，再正式出图；先画图、后标注，即绘图时一般先把图画完，然后再注写数字和文字。一般而言，建筑施工图、结构施工图、设备施工图可按下列步骤与方法绘制：

1）确定绘制图样的数量

根据房屋的形状、平面布置和构造的复杂程度，以及施工的具体要求，决定绘制哪些图样。对施工图的内容和数量要作全面的安排，防止重复和遗漏。

2）选择合适的比例

在保证图样能清楚表达其内容的情况下，根据不同图样的不同要求选用不同的比例。建筑制图、结构制图、设备制图中选用的各种比例，宜符合表 3-13～表 3-15 的规定。

建筑制图中比例的规定　　　　　　　　　　　　　　　表 3-13

图名	比例
建筑物或构筑物的平面图、立面图、剖面图	1：50、1：100、1：150、1：200、1：300
建筑物或构筑物的局部放大图	1：10、1：20、1：25、1：30、1：50
配件及构造详图	1：1、1：2、1：5、1：10、1：15、1：20、1：25、1：30、1：50

建筑结构制图中比例的规定　　　　　　　　　　　　　　表 3-14

图名	常用比例	可用比例
结构平面图、基础平面图	1：50、1：100、1：150、	1：60、1：200
圈梁平面图、总图中管沟、地下设施平面图等	1：200、1：500	1：300
详图	1：10、1：20、1：50	1：5、1：30、1：25

建筑设备制图中的常用比例　　　　　　　　　　　　　　表 3-15

图名	比例
平面图、剖面图	1：50、1：100、1：150、1：200、1：300
局部放大图、管沟断面图	1：20、1：30、1：40、1：50、1：100
详图	1：1、1：2、1：3、1；4，、1：5、1：10、1：15、1：20

3）进行合理的图面布置

图面布置包括图样、图名、尺寸、文字说明及表格等，应做到主次分明、排列适当、表达清晰。在图纸幅面许可的情况下，尽量保持各图之间的投影关系，或将同类型的、内容关系密切的图样，集中在一张或顺序连续的几张图纸上，以便对照查阅。当画在同一张图纸时，各图样间应符合等量关系，如平面图与立面图应长对正，立面图与剖面图应高平齐，平面图与剖面图应宽相等。

4）绘制图样

绘制图样时，应先绘制全局性的图样，再绘制详图。例如绘制建筑施工图，一般按平面图→立面图→剖面图→详图的顺序进行；绘制结构施工图时，一般按基础平面图→基础详图→结构平面布置→结构详图的顺序进行；绘制设备施工图时，一般可按平面图→系统图→详图的顺序进行。

2. 房屋建筑施工图识读的步骤与方法

（1）施工图识读方法

1）总揽全局。识读施工图前，先阅读建筑施工图，建立起建筑物的轮廓概念，了解和明确建筑施工图平面、立面、剖面的情况。在此基础上，阅读结构施工图目录，对图样数量和类型做到心中有数。阅读结构设计说明，了解工程概况及所采用的标准图等。粗读结构平面图，了解构件类型、数量和位置。

2）循序渐进。根据投影关系、构造特点和图纸顺序，从前往后、从上往下、从左往右、由外向内、由大到小、由粗到细反复阅读。

3）相互对照。识读施工图时，应当将图样与说明对照看，建施图、结施图、设施图对照看，基本图与详图对照看。

4）重点细读。以不同工种身份，有重点地细读施工图，掌握施工必需的重要信息。

（2）施工图识读步骤

识读施工图的一般顺序如下：

1）阅读图纸目录

根据目录对照检查全套图纸是否齐全，标准图和重复利用的旧图是否配齐，图纸有无缺损。

2）阅读设计总说明

了解本工程的名称、建筑规模、建筑面积、工程性质以及采用的材料和特殊要求等。对本工程有一个完整的概念。

3）通读图纸

按建施图、结施图、设施图的顺序对图纸进行初步阅读，也可根据技术分工的不同进行分读。读图时，按照先整体后局部，先文字说明后图样，先图形后尺寸的顺序进行。

4）精读图纸

在对图纸分类的基础上，对图纸及该图的剖面图、详图进行对照、精细阅读，对图样上的每个线面、每个尺寸都务必认清看懂，并掌握它与其他图的关系。

四、建筑施工技术

（一）地基与基础工程

1. 土的工程分类

在建筑施工中，按照施工开挖的难易程度将土分为八类，见表4-1，其中，一至四类为土，五到八类为岩石。

土的工程分类

表 4-1

类 别	土的名称	现场鉴别方法	可松性系数	
			K_s	K_s'
第一类 （松软土）	砂，粉土，冲积砂土层，种植土，泥炭（淤泥）	用锹挖掘	1.08～1.17	1.01～1.04
第二类 （普通土）	粉质黏土，潮湿的黄土，夹有碎石、卵石的砂，种植土，填筑土和粉土	用锄头挖掘	1.14～1.28	1.02～1.07
第三类 （坚土）	软及中等密实黏土，重粉质、粉质黏土，粗砾石，干黄土及含碎石、卵石的黄土、压实填土	用镐挖掘	1.24～1.30	1.04～1.07
第四类 （砂砾坚土）	重黏土及含碎石、卵石的黏土，粗卵石，密实的黄土，天然级配砂石，软泥灰岩及蛋白石	用镐挖掘吃力，冒火星	1.26～1.37	1.06～1.09
第五类 （软石）	硬石炭纪黏土，中等密实白垩土，胶结不紧的砾岩，软的石灰岩的页岩、泥灰岩、	用风镐、大锤等	1.30～1.45	1.10～1.20
第六类 （次坚石）	泥岩，砂岩，砾岩，坚实的页岩、泥灰岩，密实的石灰岩，风化花岗岩，片麻岩	用爆破，部分用风镐	1.30～1.45	1.10～1.20
第七类 （坚石）	大理岩，辉绿岩，玢岩，粗、中粒花岗岩，坚实的白云岩、砂岩、砾岩、片麻岩、石灰岩	用爆破方法	1.30～1.45	1.10～1.20
第八类 （特坚石）	安山岩，玄武岩，花岗片麻岩，坚实细粒花岗岩、闪长岩、石英岩、辉长岩、辉绿岩、玢岩	用爆破方法	1.45～1.50	1.20～1.30

2. 常用人工地基处理方法

常用的人工地基处理方法有换土垫层法、重锤表层夯实、强夯、振冲、砂桩挤密、深层搅拌、堆载预压、化学加固等方法。

（1）换土垫层法

适用于地下水位较低，基槽经常处于较干燥状态下的一般黏性土地基的加固。

1）灰土垫层

适用于地下水位较低，基槽经常处于较干燥状态下的一般黏性土地基的加固。

2）砂垫层和砂石垫层

砂垫层和砂石垫层是将基础下面一定厚度软弱土层挖除，然后用强度较高的砂或碎石等回填，并经分层夯实至密实，作为地基的持力层，以起到提高地基承载力、减少沉降、加速软弱土层排水固结、防止冻胀和消除膨胀土的胀缩等作用。

（2）夯实地基法

1）重锤夯实法

适用于处理高于地下水位0.8m以上稍湿的黏性土、砂土、湿陷性黄土、杂填土和分层填土地基的加固处理。

2）强夯法

适用于处理碎石土、砂土、低饱和度的黏性土、粉土、湿陷性黄土及填土地基等的深层加固。

（3）挤密桩施工法

1）灰土挤密桩

适用于处理地下水位以上、天然含水量12％～25％、厚度5～15m的素填土、杂填土、湿陷性黄土以及含水率较大的软弱地基等。

2）砂石桩

砂桩和砂石桩统称砂石桩，适用于挤密松散砂土、素填土和杂填土等地基，起到挤密周围土层、增加地基承载力的作用。

3）水泥粉煤灰碎石桩

水泥粉煤灰碎石桩是近年发展起来的处理软弱地基的一种新方法。

（4）深层密实法

1）振冲桩

振冲桩适用于加固松散的砂土地基。

2）深层搅拌法

深层搅拌法适于加固较深、较厚的淤泥、淤泥质土、粉土和承载力不大于0.12MPa的饱和黏土和软黏土、沼泽地带的泥炭土等地基。

（5）预压法

砂井堆载预压法：适用于处理深厚软土和冲填土地基，多用于处理机场跑道、水工结构、道路、路堤、码头、岸坡等工程地基，对于泥炭等有机质沉积地基则不适用。

3. 基坑（槽）开挖、支护及回填方法

（1）基坑（槽）开挖

1）施工工艺流程

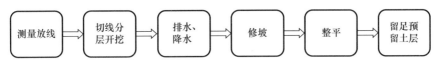

2）施工要点

① 浅基坑（槽）开挖，应先进行测量定位，抄平放线，定出开挖长度。

② 按放线分块（段）分层挖土。根据土质和水文情况，采取在四侧或两侧直立开挖或放坡，以保证施工操作安全。

③ 在地下水位以下挖土。应在基坑（槽）四侧或两侧挖好临时排水沟和集水井，或采用井点降水，将水位降低至坑、槽底以下 500mm，以利土方开挖。降水工作应持续到基础（包括地下水位下回填土）施工完成。雨期施工时，基坑（槽）应分段开挖，挖好一段浇筑一段垫层，并在基槽两侧围以土堤或挖排水沟，以防地面雨水流入基坑槽，同时应经常检查边坡和支撑情况，以防止坑壁受水浸泡造成塌方。

④ 基坑开挖应尽量防止对地基土的扰动。当基坑挖好后不能立即进行下道工序时，应预留 15～30cm 一层土不挖，待下道工序开始再挖至设计标高。采用机械开挖基坑时，为避免破坏基底土，应在基底标高以上预留 15～30cm 的土层由人工挖掘修整。

⑤ 基坑开挖时，应对平面控制桩、水准点、基坑平面位置、水平标高、边坡坡度等经常复测检查。

⑥ 基坑挖完后应进行验槽，做好记录，当发现地基土质与地质勘探报告、设计要求不符时，应及时与有关人员研究处理。

（2）深基坑土方开挖方案

1）放坡挖土

放坡开挖是最经济的挖土方案。当基坑开挖深度不大（软土地区挖深不超过 4m；地下水位低的土质较好地区挖深亦可较大）周围环境又允许时，均可采用放坡开挖，放坡坡度经计算确定，其步骤为：测量放线、分层开挖、排水降水、修坡、整平（留足预留土层）、验槽。

2）中心岛（墩）式挖土

中心岛（墩）式挖土，宜用于大型基坑，支护结构的支撑形式为角撑、环梁式或边桁（框）架式，中间具有较大空间情况下。此时可利用中间的土墩作为支点搭设栈桥。挖土机可利用栈桥下到基坑挖土，运土的汽车亦可利用栈桥进入基坑运土。这样可以加快挖土和运土的速度。其步骤为：测量放线；开挖第一层土；施工第一层支撑并搭设运土栈桥；开挖第二层土；施工第二层支撑；开挖第三、四层土，施工第三、四层支撑；挖除中心墩；将全部挖土机械吊出基坑，退场。

3）盆式挖土

盆式挖土是先开挖基坑中间部分的土，周围四边留土坡，土坡最后挖除，其步骤为：测量放线；施工围护墙；开挖基坑中间部分的土，周围四边留土坡；开挖四边土坡；将全部挖土机械吊出基坑，退场。

（3）基坑支护施工方法

1）护坡桩施工

护坡桩支护结构是在基坑开挖前沿基坑边沿施工成排的深度超过坑底的桩。它包括钢板桩支护、H 型钢（工字钢）桩加挡板支护、灌注桩排桩支护等。

钢板桩支护具有施工速度快，可重复使用的特点。常用的钢板桩有 U 型和 Z 型，还有直腹板式、H型和组合式钢板桩。常用的钢板桩施工机械有自由落锤、气动锤、柴油锤、振动锤，使用较多的是振动锤。

2）护坡桩加内支撑支护

对深度较大，面积不大、地基土质较差的基坑，为使围护排桩受力合理和受力后变形小，常在基坑内沿围护排桩（墙，下同），竖向设置一定支承点组成内支撑式基坑支护体系，以减少排桩的无支长度，提高侧向刚度，减小变形。

3）土钉墙支护

土钉墙支护技术是一种原位土体加固技术，是由原位土体、设置在土体中土钉与坡面上的喷射混凝土面层三部分组成。土钉墙通过对原位土体的加固，弥补了天然土体自身强度的不足，提高了土体的整体刚度和稳定性，与其他支护方法比较，具有施工操作简便、设备简单、噪声小、工期短、费用低的特点。适用于地下水位低于土坡开挖层或经过人工降水以后使地下水位低于土坡开挖层的人工填土、黏性土和微黏性砂土，开挖深度不超过5m，如措施得当，还可以再加深，但是设计与施工要有足够的经验，适用的土钉墙墙面坡度不应大于1∶0.1，在条件许可的时候，应尽可能地降低坡面坡度。

4）水泥土桩墙施工

深层搅拌水泥土桩墙，是采用水泥作为固化剂，通过特制的深层搅拌机械。在地基深处就地将软土和水泥强制搅拌形成水泥土，利用水泥和软土之间所产生的一系列物理-化学反应，使软土硬化成整体性的并有一定强度的挡土、防渗墙。

5）地下连续墙施工

地下连续墙施工工艺：用特制的挖槽机械，在泥浆护壁下开挖一个单元槽段的沟槽，清底后放入钢筋笼，用导管浇筑混凝土至设计标高，一个单元槽段即施工完毕。各单元槽段间由特制的接头连接，形成连续的钢筋混凝土墙体。工程开挖土方时．地下连续墙可用作支护结构，既挡土又挡水，地下连续墙还可同时用作建筑物的承重结构。

（4）基坑排水与降水

1）地面水排除

排除地面水目的是防止地面水流入基坑，一般采用排水沟、截水沟、挡水土坝等。临时性排水设施应尽量与永久性排水设施相结合。排水沟的设置应利用自然地形特征，使水直接排至场外或流向低洼处再用水泵抽走。主排水沟最好设置在施工区域的边缘或道路的两旁，其横断面和纵向坡度应根据当地气象资料，按照施工期内最大流量确定。但排水沟的横断面不应小于0.5m×0.5m，纵坡不应小于2‰。出水口处应设置在远离建筑物或构筑物的低洼地点，并应保证排水畅通。

2）基坑排水

开挖基坑或沟槽时，土的含水层被切断，地下水会不断地渗入基坑。雨期施工时，雨水也会流入基坑。为了保证施工的正常进行，防止边坡塌方和地基承载力下降，在基坑开挖过程中，必须做好基坑排水工作。基坑排水方法，可采用明排水法。

基坑四周的排水沟及集水井必须设置在基础范围以外、地下水流的上游。

3）基坑降水

井点降水，就是在基坑开挖前，预先在基坑四周埋设一定数量的滤水管，利用抽水设备从中抽水，在基坑开挖前和开挖过程中，不断抽出地下水，使地下水位降落在坑底以下，直至施工结束为止。这样，可使所挖的土始终保持干燥状态，改善施工条件等。

人工降低地下水位的方法有：轻型井点、喷射井点、电渗井点、管井井点及深井泵等。

（5）土方回填压实

1）施工工艺流程

2）施工要点

① 土料要求与含水量控制

填方土料应符合设计要求，以保证填方的强度和稳定性。当设计无要求时，应符合以下规定：

A. 碎石类土、砂土和爆破石渣（粒径不大于每层铺土厚的 2/3），可作为表层下的填料；

B. 含水量符合压实要求的黏性土，可作各层填料；

C. 淤泥和淤泥质土一般不能用作填料。

土料含水量一般以手握成团，落地开花为适宜。含水量过大，应采取翻松、晾干、风干、换土回填、掺入干土或其他吸水性材料等措施；当含水量小时，则应预先洒水润湿。亦可采取增加压实遍数或使用大功率压实机械等措施。

② 基底处理

A. 场地回填应先清除基底上垃圾、草皮、树根，排除坑穴中积水、淤泥和杂物，并应采取措施防止地表清水流入填方区，浸泡地基，造成地基土下陷。

B. 当填方基底为耕植土或松土时，应将基底充分夯实和碾压密实。

③ 填土压实要求

铺土应分层进行，每次铺土厚度不大于 30～50cm（视所用压实机械的要求而定）。

④ 填土的压实密实度要求

填方的密实度要求和质量指标通常以压密系数 λ_c 表示，密实度要求一般由设计根据工程结构性质、使用要求以及土的性质确定，如未作规定，可参考表 4-2 确定。

压实填土的质量控制   表 4-2

结构类型	填土部位	压实系数 λ_c	控制含水量
砌体承重结构和框架结构	在地基主要受力层范围内	≥0.97	$w\pm2$
	在地基主要受力层范围以下	≥0.95	
排架结构	在地基主要受力层范围内	≥0.96	$w_{op}\pm2$
	在地基主要受力层范围以下	≥0.94	
地坪垫层以下及基础底面标高以上的压实填土，压实系数不应小于 0.94			

A. 人工填土要求：

填土应从场地最低部分开始，由一端向另一端自下而上分层铺填。每层虚铺厚度，用人工木夯夯实时不大于 20cm，用打夯机械夯实时不大于 25cm。深浅坑（槽）相连时，应先填深坑（槽），填平后与浅坑全面分层填夯。如采取分段填筑，交接处应填成阶梯形。墙基及管道回填应在两侧用细土同时均匀回填、夯实，防止墙基及管道中心线位移。

夯填土应按次序进行，一夯压半夯。较大面积人工回填用打夯机夯实。两机平行时其间距不得小于 3m。在同一夯打路线上，前后间距不得小于 10m。

B. 机械填土要求：

铺土应分层进行，每次铺土厚度不大于 30~50cm（视所用压实机械的要求而定）。每层铺土后，利用填土机械将地表面刮平。填土程序一般尽量采取横向或纵向分层卸土，以利行驶时初步压实。

4. 混凝土基础施工工艺

（1）钢筋混凝土扩展基础

系指柱下钢筋混凝土独立基础和墙下钢筋混凝土条形基础。

1）施工工艺流程

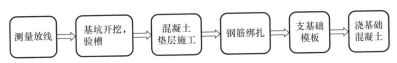

测量放线 → 基坑开挖，验槽 → 混凝土垫层施工 → 钢筋绑扎 → 支基础模板 → 浇基础混凝土

2）施工要点

① 混凝土浇筑前应先行验槽，基坑尺寸及轴线定位应符合设计要求，对局部软弱土层应挖去，用灰土或砂砾回填夯实与基底相平。

② 在地基或基土上浇筑混凝土时，应清除淤泥和杂物，并应有排水和防水措施。对干燥的黏性土，应用水湿润；对未风化的岩石，应用水清洗，但其表面不得留有积水。

③ 垫层混凝土在验槽后应立即浇筑，以保护地基。

④ 钢筋绑扎时，钢筋上的泥土、油污，模板内的垃圾、杂物应清除干净，木模板应浇水湿润，缝隙应堵严，基坑积水应排除干净。

⑤ 当垫层素混凝土达到一定强度后，在其上弹线、支模，模板要求牢固，无缝隙。

⑥ 混凝土宜分段分层浇筑，每层厚度不超过 500mm。各段各层间应互相衔接，每段长 2~3m，使逐段逐层呈阶梯形推进，并注意先使混凝土充满模板边角，然后浇筑中间部分。混凝土应连续浇筑，以保证结构良好的整体性。混凝土自高处倾落时，其自由倾落高度不宜超过 2m。如高度超过 2m，应设料斗、漏斗、串筒、斜槽、溜管，以防止混凝土产生分层离析。

（2）筏形基础

筏形基础分为梁板式和平板式两种类型，梁板式又分正向梁板式和反向梁板式。

1）施工工艺流程

2）施工要点

① 基坑支护结构应安全，当基坑开挖危及邻近建（构）筑物、道路及地下管线的安全与使用时，开挖也应采取支护措施。

② 当地下水位影响基坑施工时，应采取人工降低地下水位或隔水措施。

③ 当采用机械开挖时，应保留 200～300mm 土层由人工挖除。

④ 基坑开挖完成并经验收后，应立即进行基础施工，防止暴晒和雨水浸泡造成基土破坏。

⑤ 基础长度超过 40m 时，宜设置施工缝，缝宽不宜小于 80cm。在施工缝处，钢筋必须贯通；当主楼与裙房采用整体基础，且主楼基础与裙房基础之间采用后浇带时，后浇带的处理方法应与施工缝相同。

⑥ 基础混凝土应采用同一品种水泥、掺合料、外加剂和同一配合比。大体积混凝土可采用掺合料和外加剂改善混凝土和易性，减少水泥用量，降低水化热。

⑦ 基础施工完毕后，基坑应及时回填。回填前应清除基坑中的杂物；回填应在相对的两侧或四周同时均匀进行，并分层夯实。

（3）箱形基础

箱形基础的施工工艺与筏形基础相同。

5. 砖基础施工工艺

砖基础用普通黏土砖与水泥混合砂浆砌成。砖基础多砌成台阶形状，称为"大放脚"。在大放脚的下面一般做垫层。垫层材料可用 C15 混凝土。

（1）施工工艺流程

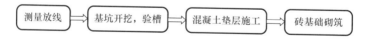

（2）施工要点

1）基槽尺寸及轴线定位应符合设计要求、对局部软弱土层应挖去，用灰土或砂砾回填夯实与基底相平。

2）基槽开挖后需验槽，并应有排水和防水措施。对干燥的黏性土，应用水湿润；对未风化的岩石，应用水清洗，但其表面不得留有积水。

3）垫层混凝土在验槽后应随即浇灌，以保护地基。

4）基础砌筑前，应先检查垫层施工是否符合质量要求，再清扫垫层表面，将浮土及垃圾清除干净。然后从龙门板上基础大放脚线处拉上准线，在各准线交点处挂下线锤，锤尖在垫层面上接触，依此点在垫层面上弹上墨线，即成为基础大放脚边线。在垫层转角、交接及高低踏步处预先立好基础皮数杆，控制基础的砌筑高度，并根据施工图标高，在皮数杆上划出每皮砖及灰缝尺寸，然后依照皮数杆逐皮砌筑大放脚。大放脚的最下一皮和每个台阶的上面一皮应以丁砖为主，这样传力较好，砌筑及回填时，也不易碰坏。砖基础中的灰缝宽度应控制在 10mm 左右。有高低台的砖基础，应从低台砌起，并由高台向低台搭接，搭接长度不小于基础大放脚的高度。砖基础中的洞口、管道、沟槽等，应在砌筑时正确留出，宽度超过 500mm 的洞口上方应砌筑平拱或设置过梁。抹防潮层前应将基础墙顶面清扫干净，浇水湿润，随即抹平防水砂浆。

6. 桩基础施工工艺

（1）预制桩施工

常见的预制桩类型有钢筋混凝土预制桩、预应力管桩、钢管桩和 H 型桩及其他异型钢桩。根据预制桩入土受力方式又分为打入式和静力压桩式两种。在城市施工时，一般多采用静力桩。

1）静力压桩的特点

静力压桩施工无噪声、无振动、无污染，压桩力能自动记录，可预估和验证单桩承载力，施工安全可靠。特别适合在建筑稠密及危房附近、环境保护要求严格的地区沉桩，不宜用于地下有较多孤石、障碍物或有 4m 以上硬隔离层的情况。

2）施工工艺流程

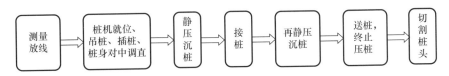

3）施工要点

① 依据符合设计要求测量放线确定桩位。

② 桩机就位、吊桩、插桩、桩身对中调直。

③ 接桩时需对中，而且需保证牢固。

④ 压桩过程中要认真记录桩入土深度和压力表读数的关系，以判断桩的质量及承载力，当压力表读数突然上升或下降时，要停机分析原因。压桩时应连续进行。送桩时可不采用送桩器，只需用一节长度超过要求送桩深度的桩放在被送桩顶上便可以送桩，送桩深度不宜超过 8m。

⑤ 切割桩头时需注意不能使桩身受到损坏。

（2）钻、挖、冲孔灌注桩施工

① 施工工艺流程

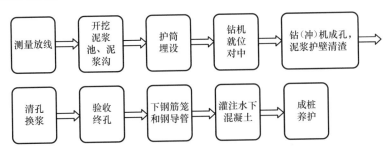

② 施工要点

钻（冲）孔时，应随时测定和控制泥浆密度，对于较好的黏土层，可采用自成泥浆护壁。成孔后孔底沉渣要清除干净。沉渣厚度要小于 100mm，清孔验收合格后，要立即放入钢筋笼，并固定在孔口钢护筒上，钢筋笼检查无误后要马上浇筑混凝土，间隔时间不能超过 4 小时。用导管开始浇筑混凝土时，管口至孔底的距离为 300～500mm，第一次浇筑时，导管要埋入混凝土下 0.8m 以上，以后浇捣时，导管埋深宜为 2～6m。

（3）人工挖孔扩底灌注桩施工

① 施工工艺流程

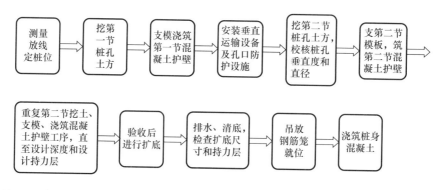

② 施工要点

做好井口防护设施，采用班组制配合施工，井下工人施工时，井口要有操作人员控制提升设备，并做好井口防护。每日开工前必须检测井下的有毒有害气体，当桩孔开挖深度超过 10m 时，要有专门向井下送风的设备，并做好井下的排水工作。浇筑混凝土时必须采用溜槽，当落距超过 2m 时，应采用串筒，串筒末端距孔底高度不大于 2m，随浇随摘，也可采用导管泵送。混凝土要分层振捣密实。

（二）砌 体 工 程

1. 砖砌体施工工艺

（1）施工工艺流程

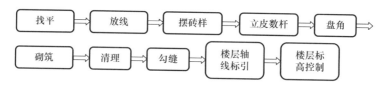

（2）施工要点

① 找平、放线：砌筑前，在基础防潮层或楼面上先用水泥砂浆或细石混凝土找平，然后在龙门板上以定位钉为标志，弹出墙的轴线、边线，定出门窗洞口位置，如图 4-1 所示。

② 摆砖：是指在放线的基面上按选定的组砌形式用于砖试摆。一般在房屋外纵墙方

向摆顺砖，在山墙方向摆丁砖，摆砖由一个大角摆到另一个大角，砖与砖留 10mm 缝隙。摆砖的目的是为了校对放出的墨线在门窗洞口、附墙垛等处是否符合砖的模数，以尽可能减少砍砖，并使砌体灰缝均匀，组砌得当。

③ 立皮数杆：是指在其上划有每皮砖和灰缝厚度，以及门窗洞口、过梁、楼板、梁底、预埋件等标高位置的一种木制标杆，如图 4-2 所示。它是砌筑时控制每皮砖的竖向尺寸，并使铺灰、砌砖的厚度均匀，洞口及构件位置留设正确，同时还可以保证砌体的垂直度。

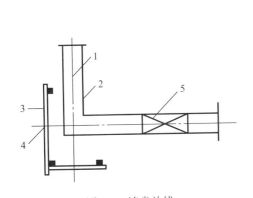

图 4-1 墙身放线
1—墙轴线；2—墙边线；3—龙门板；
4—墙轴线标志；5—门洞位置标志

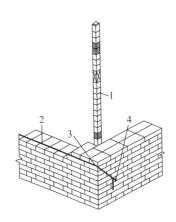

图 4-2 皮数杆示意图
1—皮数杆；2—准线；3—竹片；4—圆铁钉

皮数杆一般立于房屋的四大角、内外墙交接处、楼梯间以及洞口多的地方。一般可每隔 10～15m 立一根。皮数杆的设立，应有两个方向斜撑或锚钉加以固定，以保证其固定和垂直。一般每次开始砌砖前应用水准仪校正标高，并检查一遍皮数杆的垂直度和牢固程度。

④ 盘角、砌筑：砌筑时应先盘角，盘角是确定墙身两面横平竖直的主要依据，盘角时主要大角不宜超过 5 皮砖，且应随砌随盘，做到"三皮一吊，五皮一靠"，对照皮数杆检查无误后，才能挂线砌筑中间墙体。为了保证灰缝平直，要挂线砌筑。一般一砖墙单面挂线，一砖半以上砖墙则宜双面挂线。

⑤ 清理、勾缝：当该层该施工面墙体砌筑完成后，应及时对墙面和落地灰进行清理。

勾缝是清水砖墙的最后的一道工序，具有保护墙面和增加墙面美观的作用。墙面勾缝有采用砌筑砂浆随砌随勾缝的原浆勾缝和加浆勾缝，加浆勾缝系指在砌筑几皮砖以后，先在灰缝处划出 1cm 深的灰槽。待砌完整个墙体以后，再用细砂拌制 1：1.5 水泥砂浆勾缝，勾缝完的墙面应及时清扫。

⑥ 楼层轴线引测：为了保证各层墙身轴线的重合和施工方便，在弹墙身线时，应根据龙门板上标注的轴线位置将轴线引测到房屋的外墙基上，二层以上各层墙的轴线，可用经纬仪或锤球引测到楼层上去，同时还须根据图上轴线尺寸用钢尺进行校核。

⑦ 楼层标高的控制：各层标高除立皮数杆控制外，还可弹出室内水平线进行控制。底层砌到一定高度后，在各层的里墙身，用水准仪根据龙门板上的 ±0.000 标高，引出统一标高的测量点（一般比室内地坪高出 200～500mm），然后在墙角两点弹出水平线，依次

控制底层过梁、圈梁和楼板底标高。当楼层墙身砌到一定高度后，先从底层水平线用钢尺往上量各层水平控制线的第一个标志，然后以此标志为准，用水准仪引测再定出各层墙面的水平控制线，以此控制各层标高。

2. 毛石砌体施工工艺

毛石砌体是用乱毛石或平毛石和砂浆砌筑而成。

（1）施工工艺流程

施工准备 → 试排摆底 → 砌筑毛石（同时搅拌砂浆）→ 勾缝 → 检验评定

（2）施工要点

1）砂浆用水泥砂浆或水泥混合砂浆，一般用铺浆法砌筑，灰缝厚度应符合要求，且砂浆饱满。毛料石和粗料石砌体的灰缝厚度不宜大于20mm，细料石砌体的灰缝厚度不宜大于5mm。

2）毛石砌体宜分皮卧砌，且按内外搭接，上下错缝，拉结石、丁砌石交错设置的原则组砌，不得采用外面侧立石块，中间填心的砌筑方法。每日砌筑高度不宜超过1.2m，在转角处及交接处应同时砌筑，如不能同时砌筑时，应留斜槎。

3）毛石墙一般灰缝不规则，对外观要求整齐的墙面，其外皮石材可适当加工。毛石墙的第一皮及转角、交接处和洞口处，应用料石或较大的平毛石砌筑，每个楼层砌体最上一皮，应选用较大的毛石砌筑。墙角部分纵横宽度至少为0.8m。毛石墙在转角处，应采用有直角边的石料砌在墙角一面，据长短形状纵横搭接砌入墙内，丁字接头处，要选取较为平整的长方形石块，长短纵横砌入墙内，使其在纵横墙中上下皮能相互搭接；毛石墙的第一皮石块及最上一皮石块应选用较大的。

4）平毛石砌筑，第一皮大面向下，以后各皮上下错缝，内外搭接，墙中不应放铲口石和全部对合石，毛石墙必须设置拉结石，拉结石应均匀分布，相互错开，一般每0.7m²墙面至少设置一块，且同皮内的中距不大于2m。拉结石长度，如墙厚等于或小于400mm，应等于墙厚。墙厚大于400mm，可用两块拉结石内外搭接，搭接长度不小于150mm，且其中一块长度不小于墙厚的2/3。

5）毛石挡土墙一般按3~4皮为一个分层高度砌筑，每砌一个分层高度应找平一次；毛石挡土墙外露面灰缝厚度不得大于40mm，两个分层高度间分层处的错缝不得小于80mm；对于中间毛石砌筑的料石挡土墙，丁砌料石应深入中间毛石部分的长度不应小于200mm；挡土墙的泄水孔应按设计施工，若无设计规定时，应按每米高度上间隔2m左右设置一个泄水孔。

3. 砌块砌体施工工艺

（1）施工工艺流程

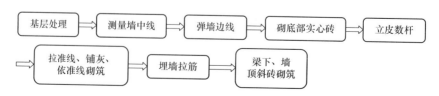

基层处理 → 测量墙中线 → 弹墙边线 → 砌底部实心砖 → 立皮数杆

→ 拉准线、铺灰、依准线砌筑 → 埋墙拉筋 → 梁下、墙顶斜砖砌筑

（2）施工要点

1）基层处理：将砌筑加气砖墙体根部的混凝土梁、柱的表面清扫干净，用砂浆找平，拉线，用水平尺检查其平整度。

2）砌底部实心砖：在墙体底部，在砌第一皮加气砖前，应用实心砖砌筑，其高度宜不小于 200mm。

3）拉准线、铺灰、依准线砌筑：为保证墙体垂直度、水平度，采取分段拉准线砌筑，铺浆要厚薄均匀，每一块砖全长上铺满砂浆，浆面平整，保证灰缝厚度，灰缝厚度宜为 15mm，灰缝要求横平竖直，水平灰缝应饱满，竖缝采用挤浆和加浆方法，不得出现透明缝，严禁用水冲洗灌缝。铺浆后立即放置砌块，要求一次摆正找平。如铺浆后不立即放置砌块，砂浆凝固了，须铲去砂浆，重新砌筑。

4）埋墙拉筋：与钢筋混凝土柱（墙）的连接，采取在混凝土柱（墙）上打入 2φ6@500 的膨胀螺栓，然后在膨胀螺栓上焊接 φ6 的钢筋，长可埋入加气砖墙体内 1000mm。

5）梁下、墙顶斜砖砌筑：与梁的接触处待加气砖砌完一星期后采用灰砂砖斜砌顶紧。

（三）钢筋混凝土工程

1. 常见模板的种类、特性及安装拆除施工要点

（1）常见的模板种类、特性

1）组合式模板

组合式模板，在现代模板技术中是具有通用性强、装拆方便、周转使用次数多的一种新型模板，用它进行现浇混凝土结构施工。可事先按设计要求组拼成梁、柱、墙、楼板的大型模板，整体吊装就位，也可采用散支散拆方法。

① 55 型组合钢模板

组合钢模板由钢模板和配件两大部分组成，配件又由连接件和支承件组成。钢模板主要包括平面模板、阴角模板、阳角模板、连接角模等。

② 钢框木（竹）胶合板模板

钢框木（竹）胶合板模板，是以热轧异型钢为钢框架，以覆面胶合板作板面，并加焊若干钢筋承托面板的一种组合式模板。面板有木、竹胶合板，单片木面竹芯胶合板等。

2）工具式模板

工具式模板，是针对工程结构构件的特点，研制开发的可持续周转使用的专用性模板。包括大模板、滑动模板、爬升模板、飞模、模壳等。

① 大模板

大模板是大型模板或大块模板的简称。它的单块模板面积大，通常是以一面现浇墙使用一块模板，区别于组合钢模板和钢框胶合板模板，故称大模板。

② 滑动模板

滑动模板（简称滑模）施工，是现浇混凝土工程的一项施工工艺，与常规施工方法相比，这种施工工艺具有施工速度快、机械化程度高、可节省支模和搭设脚手架所需的工

料、能较方便地将模板进行拆散和灵活组装并可重复使用。

③ 爬升模板

爬升模板是综合大模板与滑动模板工艺和特点的一种模板工艺，具有大模板和滑动模板共同的优点，尤其适用于超高层建筑施工。爬升模板（即爬模），是一种适用于现浇钢筋混凝土竖向（或倾斜）结构的模板工艺，如墙体、电梯井、桥梁、塔柱等。

④ 飞模

飞模是一种大型工具式模板，因其外形如桌，故又称桌模或台模。由于它可以借助起重机械从已浇筑完混凝土的楼板下吊运飞出转移到上层重复使用，故称飞模。

飞模主要由平台板、支撑系统（包括梁、支架、支撑、支腿等）和其他配件（如升降和行走机构等）组成。适用于大开间、大柱网、大进深的现浇钢筋混凝土楼盖施工，尤其适用于现浇板柱结构（无柱帽）楼盖的施工。

除上述几种常用模板外，还有密肋楼板模壳、压型钢板模板、预应力混凝土薄板模板等。

（2）模板的安装与拆除

1）模板安装的施工要求

模板安装时，应符合下列要求：

① 同一条拼缝上的 U 形卡，不宜向同一方向卡紧。

② 墙模板的对拉螺栓孔应平直相对，穿插螺栓不得斜拉硬顶。钻孔应采用机具，严禁采用电、气焊灼孔。

③ 钢楞宜采用整根杆件，接头应错开设置，搭接长度不应少于 200mm。

2）模板安装应注意的事项

模板的支设方法基本上有两种，即单块就位组拼（散装）和预组拼，其中预组拼又可分为分片组拼和整体组拼两种。采用预组拼方法，可以加快施工速度，提高工效和模板的安装质量，但必须具备相适应的吊装设备和有较大的拼装场地。

3）模板拆除的安全要求

模板的拆除时，应符合以下安全要求：

① 拆模前应制定拆模程序、拆模方法及安全措施。

② 模板拆除的顺序和方法，应按照配板设计的规定进行，遵循先支后拆，先非承重部位，后承重部位以及自上而下的原则。拆模时，严禁用大锤和撬棍硬砸硬撬。

③ 先拆除侧面模板（混凝土强度大于 $1N/mm^2$），再拆除承重模板。

④ 组合大模板宜大块整体拆除。

⑤ 支承件和连接件应逐件拆卸，模板应逐块拆卸传递，拆除时不得损伤模板和混凝土。

⑥ 拆下的模板和配件均应分类堆放整齐，附件应放在工具箱内。

2. 钢筋工程施工工艺

（1）钢筋加工

1）钢筋除锈

钢筋的表面应洁净。油渍、漆污和用锤敲击时能剥落的浮皮、铁锈等应在使用前清除干净。在焊接前，焊点处的水锈应清除干净。

　　钢筋的除锈，一般可通过以下两个途径：一是在钢筋冷拉或钢丝调直过程中除锈，对大量钢筋的除锈较为经济省力；二是用机械方法除锈，如采用电动除锈机除锈，对钢筋的局部除锈较为方便，还可采用手工除锈（用钢丝刷、砂盘）、喷砂和酸洗除锈等。

　　2）钢筋调直

　　钢筋的调直是在钢筋加工成型之前，对热轧钢筋进行矫正，使钢筋成为直线的一道工序。钢筋调直的方法分为机械调直和人工调直。以盘圆供应的钢筋在使用前需要进行调直，调直应优先采用机械方法调直，以保证调直钢筋的质量。

　　3）钢筋切断

　　断丝钳切断法：主要用于切断直径较小的钢筋，如钢丝网片、分布钢筋等。

　　手动切断法：主要用于切断直径在 16mm 以下的钢筋，其手柄长度可根据切断钢筋直径的大小来调，以达到切断时省力的目的。

　　液压切断器切断法：切断直径在 16mm 以上的钢筋。

　　4）钢筋弯曲成型

　　① 受力钢筋

　　A. HPB300 钢筋末端应作 180°弯钩，其弯弧内直径不应小于钢筋直径的 2.5 倍，弯钩的弯后平直部分长度不应小于钢筋直径的 3 倍；

　　B. 当设计要求钢筋末端需作 135°弯钩时，钢筋的弯弧内直径 D 不应小于钢筋直径的 4 倍，弯钩的弯后平直部分长度应符合设计要求；

　　C. 钢筋作不大于 90°的弯折时，弯折处的弯弧内直径不应小于钢筋直径的 5 倍。

　　② 箍筋

　　除焊接封闭环式箍筋外，箍筋的末端应作弯钩。弯钩形式应符合设计要求。

　　（2）钢筋的连接

　　钢筋的连接可分为三类：绑扎搭接、焊接和机械连接。当受拉钢筋的直径 $d>25mm$ 及受压钢筋的直径 $d>28mm$ 时，不宜采用绑扎搭接接头。

　　1）钢筋绑扎搭接连接

　　同一构件中相邻纵向受力钢筋的绑扎搭接接头宜相互错开。

　　在任何情况下，纵向受拉钢筋绑扎搭接接头的搭接长度不应小于 300mm，纵向受压钢筋的搭接长度不应小于 200mm。

　　2）钢筋焊接连接

　　① 钢筋闪光对焊

　　钢筋闪光对焊是将两根钢筋安放成对接形式，利用焊接电流通过两根钢筋的接触点产生的电阻热，使接触点金属熔化，产生强烈飞溅，形成闪光，迅速施加顶锻力完成的一种压焊方法。

　　② 钢筋电阻点焊

　　钢筋电阻点焊是将两根钢筋安放成交叉叠接形式，压紧于两电极之间，利用电阻热熔化母材金属，加压形成焊点的一种压焊方法。

③ 钢筋电弧焊

钢筋电弧焊是以焊条作为一极、钢筋为另一极，利用焊接电流通过产生的电弧热进行焊接的一种熔焊方法。

④ 钢筋电渣压力焊

钢筋电渣压力焊是将两根钢筋安放成竖向对接形成，利用焊接电流通过两根钢筋端面间隙，在焊剂层下形成电弧过程和电渣过程，产生电弧热和电阻热，熔化钢筋，加压完成的一种压焊方法。

3）钢筋机械连接

① 钢筋套筒挤压连接

带肋钢筋套筒挤压连接是将两根待接钢筋插入钢套筒，用挤压连接设备沿径向挤压钢套筒，使之产生塑性变形，依靠变形后的钢套筒与被连接钢筋纵、横肋产生的机械咬合成为整体的钢筋连接方法。

② 钢筋锥螺纹套筒连接

钢筋锥螺纹套筒连接是将两根待接钢筋端头用套丝机做出锥形外丝，然后用带锥形内丝的套筒将钢筋两端拧紧的钢筋连接方法。

③ 钢筋镦粗直螺纹套筒连接

钢筋墩粗直螺纹套筒连接是先将钢筋端头镦粗，再切削成直螺纹，然后用带直螺纹的套筒将钢筋两端拧紧的钢筋连接方法。

④ 钢筋滚压直螺纹套筒连接

钢筋滚压直螺纹套筒连接是利用金属材料塑性变形后冷作硬化增强金属材料强度的特性，使接头与母材等强的连接方法。根据滚压直螺纹成型方式，又可分为直接滚压螺纹、压肋滚压螺纹、剥肋滚压螺纹三种类型。

（3）钢筋安装

1）钢筋现场绑扎

① 核对成品钢筋的钢号、直径、形状、尺寸和数量等是否与料单料牌相符。如有错漏，应纠正增补。

② 准备绑扎用的钢丝、绑扎工具（如钢筋钩、带扳口的小撬棍），绑扎架等。

钢筋绑扎用的钢丝，可采用20～22号钢丝，其中22号钢丝只用于绑扎直径12mm以下的钢筋。

③ 准备控制混凝土保护层用的水泥砂浆垫块或塑料卡。水泥砂浆垫块的厚度，应等于保护层厚度。垫块的平面尺寸：当保护层厚度等于或小于20mm时为30mm×30mm，大于20mm时50mm×50mm。当在垂直方向使用垫块时，可在垫块中埋入20号钢丝。

④ 划出钢筋位置线。平板或墙板的钢筋，在模板上划线；柱的箍筋，在两根对角线主筋上划点；梁的箍筋，则在架立筋上划点；基础的钢筋，在两向各取一根钢筋划点或在垫层上划线。

⑤ 绑扎形式复杂的结构部位时，应先研究逐根钢筋穿插就位的顺序，并与模板工联系讨论支模和绑扎钢筋的先后次序，以减少绑扎困难。

2）基础钢筋绑扎

① 施工工艺流程

② 施工要点

A. 钢筋网的绑扎。四周两行钢筋交叉点应每点扎牢。中间部分交叉点可相隔交错扎牢，但必须保证受力钢筋不位移。双向主筋的钢筋网，则须将全部钢筋相交点扎牢。绑扎时应注意相邻绑扎点的铁丝扣要成八字形，以免网片歪斜变形。

B. 基础底板采用双层钢筋网时，在上层钢筋网下面应设置钢筋撑脚或混凝土撑脚，以保证钢筋位置正确。

钢筋撑脚每隔 1m 放置一个，其直径选用：当板厚 $h \leqslant 30cm$ 时为 8～10mm；当板厚 $h = 30～50mm$ 时为 12～14mm；当板厚 $h > 50cm$ 时为 16～18mm。

C. 钢筋的弯钩应朝上，不要倒向一边；但双层钢筋网的上层钢筋弯钩应朝下。

D. 独立柱基础为双向弯曲，其底面短边的钢筋应放在长边钢筋的上面。

E. 现浇柱与基础连接用的插筋，其箍筋应比柱的箍筋缩小一个柱筋直径，以便连接。插筋位置一定要固定牢靠，以免造成柱轴线偏移。

F. 对厚片筏上部钢筋网片，可采用钢管临时支撑体系。

3）柱钢筋绑扎

① 施工工艺流程

② 施工要点

A. 柱中的竖向钢筋搭接时，角部钢筋的弯钩应与模板成 45°（多边形柱为模板内角的平分角，圆形柱应与模板切线垂直），中间钢筋的弯钩应与模板成 90°，如果用插入式振捣器浇筑小型截面柱时，弯钩与模板的角度不得小于 15°。

B. 箍筋的接头（弯钩叠合处）应交错布置在四角纵向钢筋上；箍筋转角与纵向钢筋交叉点均应扎牢（箍筋平直部分与纵向钢筋交叉点可间隔扎牢），绑扎箍筋时绑扣相互间应成八字形。

C. 下层柱的钢筋露出楼面部分，宜用工具式柱箍将其收进一个柱筋直径，以利上层柱的钢筋搭接。当柱截面有变化时，其下层柱钢筋的露出部分，必须在绑扎梁的钢筋之前先行收缩准确。

D. 框架梁、牛腿及柱帽等钢筋，应放在柱的纵向钢筋内侧。

E. 柱钢筋的绑扎，应在模板安装前进行。

4）板钢筋绑扎

① 施工工艺流程

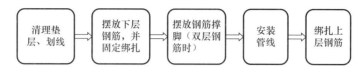

② 施工要点

A. 现浇楼板钢筋的绑扎是在梁钢筋骨架放下之后进行的。在现浇楼板钢筋铺设时，对于单向受力板，应先铺设平行于短边方向的受力钢筋，后铺设平行于长边方向分布钢筋；对于双向受力板，应先铺设平行于短边方向的受力钢筋，后铺设平行于长边方向的受力钢筋。且须特别注意，板上部的负筋、主筋与分布钢筋的相交点必须全部绑扎，并垫上保护层垫块。如楼板为双层钢筋时，两层钢筋之间应设撑铁，以确保两层钢筋之间的有效高度，管线应在负筋没有绑扎前预理好，以免施工人员施工时过多地踩倒负筋。

B. 板、次梁与主梁交叉处，板的钢筋在上，次梁的钢筋居中，主梁的钢筋在下；当有圈梁或垫梁时，主梁的钢筋在上。

C. 板的钢筋网绑扎与基础相同。但应注意板上部的负筋。要防止被踩下；特别是雨篷、挑檐、阳台等悬臂板。要严格控制负筋位置，以免拆模后断裂。

3. 混凝土工程施工工艺

混凝土工程施工包括混凝土拌合料的制备、运输、浇筑、振捣、养护等工艺过程，传统的混凝土拌合料是在混凝土配合比确定后在施工现场进行配料和拌制，近年来，混凝土拌合料的制备实现了工业化生产，大多数城市实现了混凝土集中预拌，商品化供应混凝土拌合料，施工现场的混凝土工程施工工艺减少了制备过程。

（1）混凝土拌合料的运输

1）运输要求

混凝土拌合料自商品混凝土厂装车后，应及时运至浇筑地点。混凝土拌合料运输过程中一般要求：

① 保持其均匀性，不离析、不漏浆；

② 运到浇筑地点时应具有设计配合比所规定的坍落度；

③ 应在混凝土初凝前浇入模板并捣实完毕；

④ 保证混凝土浇筑能连续进行。

2）运输时间

混凝土从搅拌机卸出到浇筑进模后时间间隔不得超过表4-3中所列的数值。若使用快硬水泥或掺有促凝剂的混凝土，其运输时间由试验确定，轻骨料混凝土的运输、浇筑延续时间应适当缩短。

混凝土从搅拌机中卸出到浇筑完毕的延续时间（单位：min）　　　表 4-3

混凝土强度等级	气温低于 25℃	气温高于 25℃
C30 及 C30 以下	120	90
高于 C30	90	60

3）运输方案及运输设备

混凝土拌合料自搅拌站运至工地，多采用混凝土搅拌运输车，在工地内，混凝土运输目前可以选择的组合方案有：①"泵送"方案；②"塔式起重机＋料斗"方案。

（2）混凝土浇筑

混凝土浇筑就是将混凝土放入已安装好的模板内并振捣密实以形成符合要求的结构或构件的施工过程，包括布料、振捣、抹平等工序。

1）混凝土浇筑的基本要求

① 混凝土应分层浇筑，分层捣实，但两层混凝土浇捣时间间隔不超过规范规定；

② 浇筑应连续作业，在竖向结构中如浇筑高度超过 3m 时，应采用溜槽或串筒下料；

③ 在浇筑竖向结构混凝土前，应先在浇筑处底部填入 50～100mm 与混凝土内砂浆成分相同的水泥浆或水泥砂浆（接浆处理）；

④ 浇筑过程应经常观察模板及其支架、钢筋、埋设件和预留孔洞的情况，当发现有变形或位移时，应立即快速处理。

2）施工缝的留设和处理

施工缝是新浇筑混凝土与已凝结或已硬化混凝土的结合面。由于新旧混凝土的结合力较差，故施工缝处是构件中的薄弱环节。为保证结构的整体性，混凝土的浇筑应连续进行，尽量缩短间歇时间。如因施工组织或技术上的原因不能连续浇筑，混凝土运输、浇筑及中间的间歇时间超过混凝土的凝结时间，则应留置施工缝。

留置施工缝的位置应事先确定，施工缝应留在结构受剪力较小且便于施工的部位。柱子应留水平缝，梁、板和墙应留垂直缝。

施工缝的处理：在施工缝处继续浇筑混凝土时，应待浇筑的混凝土抗压强度不小于1.2MPa 方可进行，以抵抗继续浇筑混凝土的扰动。而且应对施工缝进行处理。一般是将混凝土表面凿毛、清洗、清除水泥浆膜和松动石子或软弱混凝土层，再满铺一层厚 10～15mm 的水泥浆或与混凝土同水灰比的水泥砂浆，方可继续浇筑混凝土。施工缝处混凝土应细致捣实，使新旧混凝土紧密结合。

3）混凝土振捣

在浇筑过程中，必须使用振捣工具振捣混凝土，尽快将拌合物中的空气振出，将混凝土拌合料中的空气赶出来，因为空气含量太多的混凝土会降低强度。用于振捣密实混凝土拌合物的机械，按其作业方式可分为：插入式振动器、表面振动器。附着式振动器和振动台。

（3）混凝土养护

养护方法有：自然养护、蒸汽养护、蓄热养护等。

对混凝土进行自然养护，是指在平均气温高于＋5℃的条件下于一定时间内使混凝土保持湿润状态。自然养护又可分为洒水养护和喷洒塑料薄膜养生液养护等。

洒水养护是用吸水保温能力较强的材料（如草帘、芦席、麻袋、锯末等）将混凝土覆盖，经常洒水使其保持湿润。养护时间长短取决于水泥品种，硅酸盐水泥、普通硅酸盐水泥和矿渣硅酸盐水泥拌制的混凝土，不少于 7d；火山灰质硅酸盐水泥和粉煤灰硅酸盐水泥拌制的混凝土不少于 14d；有抗渗要求的混凝土不少于 14d。洒水次数以能保持混凝土具有足够的润湿状态为宜。养护初期和气温较高时应增加洒水次数。

喷洒塑料薄膜养生液养护适用于不易洒水养护的高耸构筑物和大面积、不规则外形混凝土结构及缺水地区。

对于表面积大的构件（如地坪、楼板、屋面、路面等），也可用湿土、湿砂覆盖，或沿构件周边用黏土等围住，在构件中间蓄水进行养护。

混凝土必须养护至其强度达到 1.2MPa 以上，才准在上面行人和架设支架、安装模板，且不得冲击混凝土，以免振动和破坏正在硬化过程中的混凝土的内部结构。

（四）钢结构工程

1. 钢结构的连接方法

（1）焊接

钢结构工程常用的焊接方法有：药皮焊条手工电弧焊、自动（半自动）埋弧焊、气体保护焊。

1）药皮焊条手工电弧焊：原理是在涂有药皮的金属电极与焊件之间施加电压，由于电极强烈放电导致气体电离，产生焊接电弧，高温下致使焊条和焊件局部熔化，形成气体、熔渣、熔池，气体和熔渣对熔池起保护作用，同时，熔渣与熔池金属产生冶炼反应后凝固成焊渣，冷却凝成焊缝，固态焊渣覆盖于焊缝金属表面后成型。

2）埋弧焊：是生产效率较高的机械化焊接方法之一，又称焊剂层下自动电弧焊。焊丝与母材之间施加电压并相互接触放弧后使焊丝端部及电弧区周围的焊剂及母材熔化，形成金属熔滴、熔池及熔渣。金属熔池受到浮于表面的熔渣和焊剂蒸气的保护，不与空气接触，避免有害气体侵入。自动埋弧焊设备由交流或直流焊接电源、焊接小车、控制盒、电缆等附件组成。

3）气体保护焊：包括钨极氩弧焊（TIG）、熔化极气体保护焊（GMAW）。目前应用较多的是 CO_2 气体保护焊。CO_2 气体保护焊是采用喷枪喷出 CO_2 气体作为电弧焊的保护介质，使熔化金属与空气隔绝，保护焊接过程的稳定。

（2）螺栓连接

1）普通螺栓连接

建筑钢结构中常用的普通螺栓牌号为 Q235，很少采用其他牌号的钢材制作。普通螺栓强度等级要低，一般为 4.4 级、4.8 级、5.6 级和 8.8 级。例如 4.8S，"S"表示级，"4"表示栓杆抗拉强度为 400MPa，0.8 表示屈强比，则屈服强度为 $400 \times 0.8 = 320MPa$。建筑钢结构中使用的普通螺栓，一般为六角头螺栓，常用规格有 M8、M10、M12、M16、M20、M24、M30、M36、M42、M48、M56、M64 等。普通螺栓质量等级按加工制作质量及精度分为 A、B、C 三个等级，A 级加工精度最高，C 级最差，A 级螺栓为精制螺栓，B 级螺栓为半精制螺栓，A、B 级适用于拆装式结构或连接部位需传递较大剪力的重要结构中，C 级螺栓为粗制螺栓，由圆钢压制而成，适用于钢结构安装中的临时固定，或用于承受静载的次要连接。普通螺栓可重复使用，建筑结构主结构螺栓连接，一般应选用高强螺栓，高强螺栓不可重复使用，属于永久连接的预应力螺栓。

2）高强度螺栓连接

高强度螺栓按形状不同分为：大六角头型高强度螺栓和扭剪型高强度螺栓。大六角头高强度螺栓一般采用指针式扭力（测力）扳手或预置式扭力（定力）扳手施加预应力，目前使用较多的是电动扭矩扳手，按拧紧力矩的50％进行初拧，然后按100％拧紧力矩进行终拧，大型节点初拧后，按初拧力矩进行复拧，最后终拧。扭剪型高强度螺栓的螺栓头为盘头，栓杆端部有一个承受拧紧反力矩的十二角体（梅花头），和一个能在规定力矩下剪断的断颈槽。扭剪型高强度螺栓通过特制的电动扳手，拧紧时对螺母施加顺时针力矩，对梅花头施加逆时针力矩，终拧至栓杆端部断颈拧掉梅花头为止。

（3）自攻螺钉连接

自攻螺钉多用于薄金属板间的连接，连接时先对被连接板制出螺纹底孔，再将自攻螺钉拧入被连接件螺纹底孔中，由于自攻螺钉螺纹表面具有较高硬度（≥HRC45），其螺纹具有弧形三角截面普通螺纹，螺纹表面也具有较高硬度，可在被连接板的螺纹底孔中攻出内螺纹，从而形成连接。

（4）铆钉连接

铆钉连接按照铆接应用情况，可以分为活动铆接、固定铆接、密封铆接。铆接在建筑工程中一般不使用。

2. 钢结构安装施工工艺

（1）安装工艺流程

（2）安装施工要点

1）吊装施工

① 吊点采用四点绑扎，绑扎点应用软材料垫至其中以防钢构件受损。

② 起吊时先将钢构件吊离地面50cm左右，使钢构件中心对准安装位置中心，然后徐徐升钩，将钢构件吊至需连接位置即刹车对准预留螺栓孔，并将螺栓穿入孔内，初拧作临进固定，同时进行垂直度校正和最后固定，经校正后，并终拧螺栓作最后固定。

2）钢构件连接

① 钢构件螺栓连接

A. 钢构件拼装前应检查清除飞边、毛刺、焊接飞溅物等，摩擦面应保持干燥、整洁，不得在雨中作业。

B. 高强度螺栓在大六角头上部有规格和螺栓号，安装时其规格和螺栓号要与设计图上要求相同，螺栓应能自由穿入孔内，不得强行敲打，并不得气割扩孔，穿放方向符合设计图纸的要求。

C. 从构件组装到螺栓拧紧，一般要经过一段时间，为防止高强度螺栓连接副的扭矩系数、标高偏差、预拉力和变异系数发生变化，高强度螺栓不得兼作安装螺栓。

D. 为使被连接板叠密贴，应从螺栓群中央顺序向外施拧，即从节点中刚变大的中央按顺序向下受约束的边缘施拧。为防止高强度螺栓连接副的表面处理涂层发生变化影响预拉力，应在当天终拧完毕，为了减少先拧与后拧的高强度螺栓预拉力的差别，其拧紧必须分为初拧和终拧两步进行，对于大型节点，螺栓数量较多，则需要增加一道复拧工序，复拧扭矩仍等于初拧的扭矩，以保证螺栓均达到初拧值。

E. 高强度六角头螺栓施拧采用的扭矩扳手和检查采用的扭矩扳手在扳前和扳后均应进行扭矩校正。其扭矩误差应分别为使用扭矩的±5%和±3%。

F. 高强度螺栓上、下接触面处加有1/20以上斜度时应采用垫圈垫平。高强度螺栓孔必须是钻成的，孔边应无飞边、毛刺，中心线倾斜度不得大于2mm。

② 钢构件焊接连接

A. 焊接区表面及其周围20mm范围内，应用钢丝刷、砂轮、氧乙炔火焰等工具，彻底清除待焊处表面的氧化皮、锈、油污、水分等污物。施焊前，焊工应复核焊接件的接头质量和焊接区域的坡口、间隙、钝边等的处理情况。当发现有不符合要求时，应修整合格后方可施焊。

B. 厚度12mm以下板材，可不开坡口，采用双面焊，正面焊电流稍大，熔深达65%～70%，反面达40%～55%。厚度大于12～20mm的板材，单面焊后，背面清根，再进行焊接。厚度较大板，开坡口焊，一般采用手工打底焊。

C. 多层焊时，一般每层焊高为4～5mm，多道焊时，焊丝离坡口面3～4mm处焊。

D. 填充层总厚度低于母材表面1～2mm，稍凹，不得熔化坡口边。

E. 盖面层应使焊缝对坡口熔宽每边3±1mm，调整焊速，使余高为0～3mm。

F. 焊道两端加引弧板和熄弧板，引弧和熄弧焊缝长度应大于或等于80mm。引弧和熄弧板长度应大于或等于150mm。引弧和熄弧板应采用气割方法切除，并修磨平整，不得用锤击落。

G. 埋弧焊每道焊缝熔敷金属横截面的成型系数（宽度：深度）应大于1。

H. 不应在焊缝以外的母材上打火引弧。

（五）防 水 工 程

1. 砂浆、混凝土防水施工工艺

（1）防水砂浆施工工艺

防水砂浆防水层通常称为刚性防水层，是依靠增加防水层厚度和提高砂浆层的密实性来达到防水要求。

1）防水砂浆防水层施工

砂浆防水工程是利用一定配合比的水泥浆和水泥砂浆（称防水砂浆）分层分次施工，相互交替抹压密实，充分切断各层次毛细孔网，形成一多层防渗的封闭防水整体。

① 施工工艺流程

② 施工要点

A. 防水砂浆防水层的背水面基层的防水层采用四层做法（"二素二浆"），迎水面基层的防水层采用五层做法（"三素二浆"）。素浆和水泥浆的配合比按表 4-4 选用。

普通水泥砂浆防水层的配合比　　　　　　　　　表 4-4

名　称	配合比（质量比）		水灰比	适用范围
	水泥	砂		
素浆	1	—	0.55～0.60	水泥砂浆防水层的第一层
素浆	1	—	0.37～0.40	水泥砂浆防水层的第三、五层
砂浆	1	1.5～2.0	0.40～0.50	水泥砂浆防水层的第二、四层

B. 施工前要进行基层处理，清理干净表面、浇水湿润、补平表面蜂窝孔洞，使基层表面平整、坚实、粗糙，以增加防水层与基层间的粘结力。

C. 防水层每层应连续施工，素灰层与砂浆层应在同一天内施工完毕。为了保证防水层抹压密实，防水层各层间及防水层与基层间粘结牢固，必须作好素灰抹面、水泥砂浆揉浆和收压等施工关键工序。素灰层要求薄而均匀，抹面后不宜干撒水泥粉。揉浆是使水泥砂浆素灰相互渗透结合牢固，既保护素灰层又起防水作用，揉浆时严禁加水，以免引起防水层开裂、起粉、起砂。

D. 防水砂浆防水层完工并待其强度达到要求后，应进行检查，以防水层不渗水为合格。

2）掺防水剂水泥砂浆防水施工

掺防水剂的水泥砂浆是在水泥砂浆中掺入占水泥重量 3%～5% 的各种防水剂配制而成，常用的防水剂有氯化物金属盐类防水剂和金属皂类防水剂。

① 施工工艺流程

② 施工要点

在未加防水剂水泥砂浆防水层施工要点的基础上，需增加：

A. 防水层施工时的环境温度为 5～35℃，必须在结构变形或沉降趋于稳定后进行。为防止裂缝产生，可在防水层内增设金属网片。

B. 当施工采用抹压法时，先在基层涂刷一层 1:0.4 的水泥浆（重量比），随后分层铺抹防水砂浆，每层厚度为 5～10mm，总厚度不小于 20mm。每层应抹压密实，待下一层养护凝固后再铺抹上一层。采用扫浆法时，施工先在基层薄涂一层防水净浆，随后分层铺刷防水砂浆，第一层防水砂浆经养护凝固后铺刷第二层，每层厚度为 10mm，相邻两层防水砂浆铺刷方向互相垂直，最后将防水砂浆表面扫出条纹。

C. 氯化铁防水砂浆施工。先在基层涂刷一层防水净浆，然后抹底层防水砂浆，其厚

12mm 分两遍抹压，第一遍砂浆阴干后，抹压第二遍砂浆；底层防水砂浆抹完 12h 后，抹压面层防水砂浆，其厚 13mm 分两遍抹压，操作要求同底层防水砂浆。

（2）防水混凝土施工工艺

防水混凝土是通过采用较小的水灰比，适当增加水泥用量和砂率，提高灰砂比，采用较小的骨料粒径，严格控制施工质量等措施，从材料和施工两方面抑制和减少混凝土内部孔隙的形成，特别是抑制孔隙间的连通，堵塞渗透水通道，靠混凝土本身的密实性和抗渗性来达到防水要求的混凝土。

1）施工工艺流程

2）施工要点

① 选料：水泥选用强度等级不低于 42.5 级，水化热低，抗水（软水）性好，泌水性小（即保水性好），有一定的抗侵蚀性的水泥。粗骨料选用级配良好、粒径 5～30mm 的碎石。细骨料选用级配良好、平均粒径 0.4mm 的中砂。

② 制备：在保证能振捣密实的前提下水灰比尽可能小，一般不大于 0.6，坍落度不大于 50mm，水泥用量为 320～400kg/m³，砂率取 35%～40%。

③ 防水混凝土浇筑与养护

A. 模板：防水混凝土所用模板，除满足一般要求外，应特别注意模板拼缝严密，保证不漏浆。对于贯穿墙体的对拉螺栓，要加止水片，做法是在对拉螺栓中部焊一块 2～3mm 厚、80mm×80mm 的钢板，止水片与螺栓必须满焊严密，拆模后沿混凝土结构边缘将螺栓割断，也可以使用膨胀橡胶止水片，做法是将膨胀橡胶止水片紧套于对拉螺栓中部即可。

B. 钢筋：为了有效地保护钢筋和阻止钢筋的引水作用，迎水面防水混凝土的钢筋保护层厚度不得小于 50mm。留设保护层，应以防相同配合比的细石混凝土或水泥砂浆制成垫块，将钢筋垫起，严禁以钢筋垫钢筋。钢筋以及绑扎钢丝均不得接触模板。若采用铁马凳架设钢筋时，在不能取掉的情况下，应在铁马凳上加焊止水环，防止水沿铁马凳渗入混凝土结构。

C. 混凝土：在浇筑过程中，应严格分层连续浇筑，每层厚度不宜超过 300～400mm，机械振捣密实。浇筑防水混凝土的自由落下高度不得超过 1.5m。在常温下，混凝土终凝后（一般浇筑后 4～6h），应在其表面覆盖草袋，并经常浇水养护，保持湿润，由于抗渗强度等级发展慢，养护时间比普通混凝土要长，故防水混凝土养护时间不少于 14d。

D. 施工缝：底板混凝土应连续浇灌，不得留施工缝。墙体一般只允许留水平施工缝，其位置一般宜留在高出底板上表面不小于 500mm 的墙身上，如必须留设垂直施工缝时，则应留在结构的变形缝处。

2. 涂料防水施工工艺

防水涂料防水层属于柔性防水层。涂料防水层是用防水涂料涂刷于结构表面所形成的表面防水层。一般采用外防外涂和外防内涂施工方法。常用的防水涂料有橡胶沥青类防水涂料、聚氨酯防水涂料、硅橡胶防水涂料、丙烯酸酯防水涂料、沥青类防水涂料等。

（1）施工工艺流程

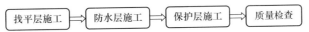

（2）施工要点

1）找平层施工

找平层有水泥砂浆找平层、沥青砂浆找平层、细石混凝土找平层三种，施工要求密实平整，找好坡度。找平层的种类及施工要求见表4-5。

找平层的种类及施工要求　　　　　　　　　　　　　　　表 4-5

找平层类别	施工要点	施工注意事项
水泥砂浆找平层	（1）砂浆配合比要称量准确，搅拌均匀。砂浆铺设应按由远到近、由高到低的程序进行，在每一分格内最好一次连续抹成，并用2m左右的直尺找平，严格掌握坡度。 （2）待砂浆稍收水后，用抹子抹平压实压光。终凝前，轻轻取出嵌缝木条。 （3）铺设找平层12h后，需洒水养护或喷冷底子油养护。 （4）找平层硬化后，应用密封材料嵌填分格缝	（1）注意气候变化，如气温在0℃以下，或终凝前可能下雨时，不宜施工。 （2）底层为塑料薄膜隔离层、防水层或不吸水保温层时，宜在砂浆中加减水剂并严格控制稠度。 （3）完工后表面少踩踏。砂浆表面不允许撒干水泥或水泥浆压光。 （4）屋面结构为装配式钢筋混凝土屋面板时，应用细石混凝土嵌缝，嵌缝的细石混凝土宜掺微膨胀剂，强度等级不应小于C20。当板缝宽度大于40mm或上窄下宽时，板缝内应设置构造钢筋。灌缝高度应与板平齐，板端应用密封材料嵌缝
沥青砂浆找平层	（1）基层必须干燥，然后满涂冷底子油1~2道，涂刷要薄而均匀，不得有气泡和空白，涂刷后表面保持清洁。 （2）待冷底子油干燥后可铺设沥青砂浆，其虚铺厚度约为压实后厚度的1.30~1.40倍。 （3）待砂浆刮平后，即用火滚进行滚压（夏天温度较高时。筒内可不生火），滚压至平整、密实、表面没有蜂窝、不出现压痕为止。滚筒应保持清洁，表面可涂刷柴油。滚压不到之处用烙铁烫压平整，施工完毕后避免在上面踩踏。 （4）施工缝应留成斜槎，继续施工时接槎处应清理干净并刷热沥青一遍，然后铺沥青砂浆，用火滚或烙铁烫平	（1）检查屋面板等基层安装牢固程度。不得有松动之处。屋面应平整、找好坡度并清扫干净。 （2）雾、雨、雪天不得施工。一般不宜在气温0℃以下施工。如在严寒地区必须在气温0℃以下施工时应采取相应的技术措施（如分层分段流水施工及采取保温措施等）
细石混凝土找平层	（1）细石混凝土宜采用机械搅拌和机械振捣。浇筑时混凝土的坍落度应控制在10mm，浇捣密实。灌缝高度应低于板面10~20mm。表面不宜压光。 （2）浇筑完板缝混凝土后，应及时覆盖并浇水养护7d，待混凝土强度等级达到C15时，方可继续施工	施工前用细石混凝土对管壁四周处稳固堵严并进行密封处理，施工时节点处应清洗干净予以湿润，吊模后振捣密实。沿管的周边划出8~10mm沟槽，采用防水类卷材、涂料或油膏裹住立管、套管和地漏的沟槽内，以防止楼面的水有可能顺管道接缝处出现渗漏现象

2）防水层施工

① 涂刷基层处理剂

基层处理剂涂刷时应用刷子用力薄涂，使涂料尽量刷进基层表面的毛细孔，并将基层可能留下来的少量灰尘等无机杂质，像填充料一样混入基层处理剂中，使之与基层牢固结合。这样即使屋面上灰尘不能完全清扫干净，也不会影响涂层与基层的牢固粘结。特别在较为干燥的屋面上进行溶剂型防水涂料施工时，使用基层处理剂打底后再进行防水涂料涂刷，效果相当明显。

② 涂刷防水涂料

厚质涂料宜采用铁抹子或胶皮板刮涂施工；薄质涂料可采用棕刷、长柄刷、圆滚刷等进行人工涂刷，也可采用机械喷涂。涂料涂刷应分条或按顺序进行，分条进行时，每条宽度应与胎体增强材料宽度相一致，以避免操作人员踩踏刚涂好的涂层。流平性差的涂料，为便于抹压，加快施工进度，可以采用分条间隔施工的方法，条带宽 800~1000mm。

③ 铺设胎体增强材料

在涂刷第二遍涂料时，或第三遍涂料涂刷前，即可加铺胎体增强材料。胎体增强材料可采用湿铺法或干铺法铺贴。

A. 湿铺法：是在第二遍涂料涂刷时，边倒料、边涂刷、边铺贴的操作方法。

B. 干铺法：是在上道涂层干燥后，边干铺胎体增强材料，边在已展平的表面上用刮板均匀满刮一道涂料，也可将胎体增强材料按要求在已干燥的涂层上展平后，用涂料将边缘部位点粘固定，然后再在上面满刮一道涂料，使涂料浸入网眼渗透到已固化的涂膜上。

胎体增强材料可以是单一品种的，也可以采用玻璃纤维布和聚酯纤维布混合使用。混合使用时，一般下层采用聚酯纤维布，上层采用玻璃纤维布。

④ 收头处理

为了防止收头部位出现翘边现象，所有收头均应用密封材料压边，压边宽度不得小于10mm，收头处的胎体增强材料应裁剪整齐，如有凹槽时应压入凹槽内，不得出现翘边、皱折、露白等现象，否则应进行处理后再涂封密封材料。

3）保护层施工

保护层的种类有水泥砂浆、泡沫塑料、细石混凝土和砖墙四种，施工要求不得损坏防水层。保护层的种类及施工要求见表4-6。

保护层的种类及施工要求   表 4-6

保护层类别	施工要点	施工注意事项
细石混凝土保护层	适宜顶板和底板使用。先以氯丁系胶粘剂（如404胶等）花粘虚铺一层石油沥青纸胎油毡作保护隔离层，再在油毡隔离层上浇筑细石混凝土，用于顶板保护层时厚度不应小于70mm。用于底板时厚度不应小于50mm	浇筑混凝土时不得损坏油毡隔离层和卷材防水层，如有损坏应及时用卷材接缝胶粘剂补粘一块卷材修补牢固。再继续浇筑细石混凝土
水泥砂浆保护层	适宜立面使用。在三元乙丙等高分子卷材防水层表面涂刷胶粘剂，以胶粘剂撒粘一层细砂，并用压辊轻轻滚压使细砂粘牢在防水层表面，然后再抹水泥砂浆保护层。使之与防水层能粘结牢固，起到保护立面卷材防水层的作用	

保护层类别	施工要点	施工注意事项
泡沫塑料保护层	适用于立面。在立面卷材防水层外侧用氯丁系胶粘剂直接粘贴5～6mm厚的聚乙烯泡沫塑料板做保护层。也可以用聚醋酸乙烯乳液粘贴40mm厚的聚苯泡沫塑料做保护层	这种保护层为轻质材料，故在施工及使用过程中不会损坏卷材防水层
砖墙保护层	适用于立面。在卷材防水层外侧砌筑永久保护墙，并在转角处及每隔5～6m处断开，断开的缝中填以卷材条或沥青麻丝；保护墙与卷材防水层之间的空隙应随时以砌筑砂浆填实	要注意在砌砖保护墙时，切勿损坏已完工的卷材防水层

3. 卷材防水施工工艺

卷材防水应采用沥青防水卷材或高聚物改性沥青防水卷材，所选用的基层处理剂、胶粘剂应与卷材配套。防水卷材及配套材料应有产品合格证书和性能检测报告，材料的品种、规格、性能等应符合现行国家产品标准和设计要求。

（1）施工工艺流程

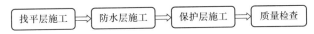

（2）施工要点

1）找平层、保护层施工要求与涂料防水层的施工基本相同。

2）防水层施工要点

① 找平层表面应坚固、洁净、干燥。铺设防水卷材前应涂刷基层处理剂，基层处理剂应采用与卷材性能配套（相容）的材料，或采用同类涂料的底子油；

② 要使用该品种高分子防水卷材的专用胶粘剂，不得错用或混用；

③ 必须根据所用胶粘剂的使用说明和要求，控制胶粘剂涂刷与粘合的间隔时间，间隔时间受胶粘剂本身性能、气温湿度影响，要根据试验、经验确定；

④ 铺贴高分子防水卷材时，切忌拉伸过紧，以免使卷材长期处在受拉应力状态，易加速卷材老化；

⑤ 卷材搭接缝结合面应清洗干净，均匀涂刷胶粘剂后，要控制好胶粘剂涂刷与粘合间隔时间，粘合时要排净接缝间的空气，辊压粘牢。接缝口应采用宽度不小于10mm的密封材料封严，以确保防水层的整体防水性能。

五、施工项目管理

（一）施工项目管理概述

1. 项目与施工项目的概念

项目是指为达到符合规定要求的目标，按限定时间、限定资源和限定质量标准等约束条件完成的，由一系列相互协调的受控活动组成的特定过程。

施工项目是指建筑企业自施工投标开始到保修期满为止的全部过程中完成的项目。应当注意的是，只有建设项目、单项工程、单位工程的施工活动过程才称得上是施工项目，而分部工程、分项工程不是建筑企业的最终产品，因此它们的活动过程不能称为施工项目，而是施工项目的组成部分。

施工项目具有以下特征：

（1）施工项目是建设项目或其中的单项工程、单位工程的施工活动过程；

（2）建筑企业是施工项目的管理主体；

（3）施工项目的任务范围是由施工合同界定的；

（4）建筑产品具有多样性、固定性、体积庞大的特点。

2. 项目管理与施工项目管理的概念

（1）项目管理

项目管理是指项目管理者为达到项目的目标，运用系统理论和方法对项目进行的策划（规划、计划）、组织、控制、协调等活动过程的总称。

项目管理的对象是项目。项目管理者是项目中各项活动的主体。项目管理的职能同所有管理的职能均是相同的。由于项目的特殊性，要求运用系统的理论和方法进行科学管理，以保证项目目标的实现。

（2）施工项目管理

施工项目管理是指建筑企业运用系统的观点、理论和方法对施工项目进行的决策、计划、组织、控制、协调等全过程的全面管理。

施工项目管理具有如下特点：

1）施工项目管理的主体是建筑企业。其他单位都不进行施工项目管理，例如建设单位对项目的管理称为建设项目管理，设计单位对项目的管理称为设计项目管理。

2）施工项目管理的对象是施工项目。施工项目管理周期包括工程投标、签订施工合同、施工准备、施工、竣工验收、保修等。施工项目具有多样性、固定性和体型庞大等特点，因此施工项目管理具有先有交易活动，后有"生产成品"，生产活动和交易活动很难分开等特殊性。

3）施工项目管理的内容是按阶段变化的。由于施工项目各阶段管理内容差异大，因此要求管理者必须进行有针对性的动态管理，要使资源优化组合，以提高施工效率和效益。

4）施工项目管理要求强化组织协调工作。由于施工项目生产活动具有独特性（单件性）、流动性、露天作业、工期长、需要资源多，且施工活动涉及的经济关系、技术关系、法律关系、行政关系和人际关系复杂等特点，因此，必须通过强化组织协调工作才能保证施工活动的顺利进行。主要强化办法是优选项目经理，建立调度机构，配备称职的调度人员，努力使调度工作科学化、信息化，建立起动态的控制体系。

3. 施工项目管理程序

（1）投标、签订合同阶段

投标、签订合同阶段的目标是力求中标并签订工程承包合同。该阶段的主要工作包括：①由企业决策层或企业管理层按企业的经营战略，对工程项目作出是否投标及争取承包的决策；②决定投标后收集掌握企业本身、相关单位、市场、现场诸多方面的信息；③编制《施工项目管理规划大纲》；④编制投标书，并在投标截止日期前发出投标函；⑤如果中标，则与招标方谈判，依法签订工程承包合同。

（2）施工准备阶段

施工准备阶段的目标是使工程具备开工和连续施工的基本条件。该阶段的主要工作包括：①企业管理层委派项目经理，由项目经理组建项目经理部，根据工程项目管理需要建立健全管理机构，配备管理人员；②企业管理层与项目经理协商签订《施工项目管理目标责任书》，明确项目经理应承担的责任目标及各项管理任务；③由项目经理组织编制《施工项目管理实施规划》；④项目经理部抓紧作好施工各项准备工作，达到开工要求；⑤由项目经理部编写开工报告，上报，获得批准后开工。

（3）施工阶段

施工阶段的目标是完成合同规定的全部施工任务，达到交工验收条件。该阶段的主要工作由项目经理部实施。其主要工作包括：①作好动态控制工作，保证质量、进度、成本、安全目标的全面实现；②管理施工现场，实现文明施工；③严格履行合同，协调好与建设单位、监理单位、设计单位等相关单位的关系；④处理好合同变更及索赔；⑤作好记录、检查、分析和改进工作。

（4）验收交工与结算阶段

验收交工与结算阶段的目标是对项目成果进行总结、评价，对外结清债权债务，结束交易关系。该阶段的主要工作包括：①由项目经理部组织进行工程收尾；②进行试运转；③接受工程正式验收；④验收合格后整理移交竣工的文件，进行工程款结算；⑤项目经理部总结工作，编制竣工报告，办理工程交接手续，签订《工程质量保修书》；⑥项目经理部解体。

（5）用后服务阶段

用后服务阶段的目标是保证用户正确使用，使建筑产品发挥应有功能，反馈信息，改进工作，提高企业信誉。这一阶段的工作由企业管理层执行。该阶段的主要工作包括：①根据《工程质量保修书》的约定作好保修工作；②为保证正常使用提供必要的技术咨询和服务；③进行工程回访，听取用户意见，总结经验教训，发现问题，及时维修和保养；④配合科研等需要，进行沉陷、抗震性能观察。

（二）施工项目管理的内容及组织

1. 施工项目管理的内容

施工项目管理包括以下八方面内容。

（1）建立施工项目管理组织

由企业法定代表人采用适当方式选聘称职的施工项目经理；根据施工项目管理组织原则，结合工程规模、特点，选择合适的组织形式，建立施工项目管理机构，明确各部门、各岗位的责任、权限和利益；在符合企业规章制度的前提下，根据施工项目管理的需要，制定施工项目经理部管理制度。

（2）编制施工项目管理规划

在工程投标前，由企业管理层编制施工项目管理大纲，对施工项目管理从投标到保修期满进行全面的纲要性规划。施工项目管理大纲可以用施工组织设计替代。

在工程开工前，由项目经理组织编制施工项目管理实施规划，对施工项目管理从开工到交工验收进行全面的指导性规划。当承包人以施工组织设计代替项目管理规划时，施工组织设计应满足项目管理规划的要求。

（3）施工项目的目标控制

在施工项目实施的全过程中，应对项目质量、进度、成本和安全目标进行控制，以实现项目的各项约束性目标。控制的基本过程是：确定各项目标控制标准；在实施过程中，通过检查、对比，衡量目标的完成情况；将衡量结果与标准进行比较，若有偏差，分析原因，采取相应的措施以保证目标的实现。

（4）施工项目的生产要素管理

施工项目的生产要素主要包括劳动力、材料、设备、技术和资金。管理生产要素的内容有：分析各生产要素的特点；按一定的原则、方法，对施工项目的生产要素进行优化配置并评价；对施工项目各生产要素进行动态管理。

（5）施工项目的合同管理

为了确保施工项目管理及工程施工的技术组织效果和目标实现，从工程投标开始，都要加强工程承包合同的策划、签订、履行和管理，同时，还应做好索赔工作，讲究索赔的方法和技巧。

（6）施工项目的信息管理

进行施工项目管理和施工项目目标控制、动态管理，必须在项目实施的全过程中，充分利用计算机对项目有关的各类信息进行收集、整理、储存和使用，提高项目管理的科学性和有效性。

（7）施工现场的管理

在施工项目实施过程中，应对施工现场进行科学有效的管理，以达到文明施工、保护环境、塑造良好的企业形象、提高施工管理水平的目的。

（8）组织协调

协调为有效控制服务，协调和控制都是计划目标实现的保证。在施工项目实施过程中，应进行组织协调、沟通和处理好内部及外部的各种关系，排除各种干扰和障碍。

2. 施工项目管理的组织机构

（1）施工项目管理组织的主要形式

施工项目管理组织的形式是指在施工项目管理组织中处理管理层次、管理跨度、部门设置和上下级关系的组织结构的类型。主要的管理组织形式有工作队式、部门控制式、矩阵制式、事业部制式等。

1）工作队式项目组织

如图 5-1 所示，工作队式项目组织是指主要由企业中有关部门抽出管理力量组成施工项目经理部的方式，企业职能部门处于服务地位。

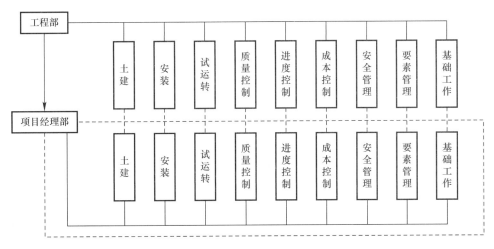

图 5-1　工作队式项目组织形式示意图

工作队式项目组织适用于大型项目，工期要求紧，要求多工种、多部门密切配合的项目。

2）部门控制式项目组织

部门控制式并不打乱企业的现行建制，把项目委托给企业某一专业部门或某一施工队，由被委托的单位负责组织项目实施，其形式如图 5-2 所示。

部门控制式项目组织一般适用于小型的、专业性较强、不需涉及众多部门的施工项目。

3）矩阵制项目组织

矩阵制项目组织是指结构形式呈矩阵状的组织，其项目管理人员由企业有关职能部门派出并进行业务指导，接受项目经理的直接领导，其形式如图 5-3 所示。

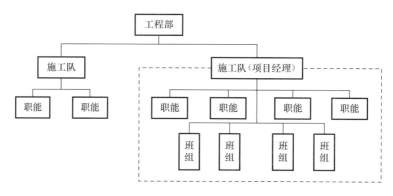

图 5-2　部门控制式项目组织形式示意图

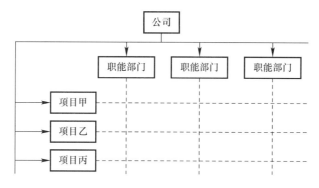

图 5-3　矩阵制项目组织形式示意图

矩阵制项目组织适用于同时承担多个需要进行项目管理工程的企业。在这种情况下，各项目对专业技术人才和管理人员都有需求，加在一起数量较大，采用矩阵制组织可以充分利用有限的人才对多个项目进行管理，特别有利于发挥优秀人才的作用；适用于大型、复杂的施工项目。因大型复杂的施工项目要求多部门、多技术、多工种配合实施，在不同阶段，对不同人员，在数量和搭配上有不同的需求。

4）事业部式项目组织

企业成立事业部，事业部对企业来说是职能部门，对外界来说享有相对独立的经营权，是一个独立单位。事业部可以按地区设置，也可以按工程类型或经营内容设置，其形式如图 5-4 所示。

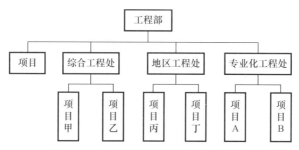

图 5-4　事业部式项目组织形式示意图

在事业部下边设置项目经理部。项目经理由事业部选派，一般对事业部负责，有的可以直接对业主负责，这是根据其授权程度决定的。

事业部式适用于大型经营性企业的工程承包，特别是适用于远离公司本部的工程承包。需要注意的是，一个地区只有一个项目，没有后续工程时，不宜设立地区事业部，也就是说它适用于在一个地区内有长期市场或一个企业有多种专业化施工力量时采用。在这种情况下，事业部与地区市场同寿命，地区没有项目时，该事业部应撤销。

（2）施工项目经理部

施工项目经理部是由企业授权，在施工项目经理的领导下建立的项目管理组织机构，是施工项目的管理层，其职能是对施工项目实施阶段进行综合管理。

1）项目经理部的性质

施工项目经理部的性质可以归纳为以下三方面：

① 相对独立性。施工项目经理部的相对独立性主要是指它与企业存在着双重关系：一方面，它作为企业的下属单位，同企业存在着行政隶属关系，要绝对服从企业的全面领导；另一方面，它又是一个施工项目独立利益的代表，存在着独立的利益，同企业形成一种经济承包或其他形式的经济责任关系。

② 综合性。施工项目经理部的综合性主要表现在以下几方面：

A. 施工项目经理部是企业所属的经济组织，主要职责是管理施工项目的各种经济活动。

B. 施工项目经理部的管理职能是综合的，包括计划、组织、控制、协调、指挥等多方面。

C. 施工项目经理部的管理业务是综合的，从横向看包括人、财、物、生产和经营活动，从纵向看包括施工项目寿命周期的主要过程。

③ 临时性。施工项目经理部是企业一个施工项目的责任单位，随着项目的开工而成立，随着项目的竣工而解体。

2）项目经理部的作用

① 负责施工项目从开工到竣工的全过程施工生产经营的管理，对作业层负有管理与服务的双重责任。

② 为项目经理决策提供信息依据，执行项目经理的决策意图，向项目经理全面负责。

③ 项目经理部作为项目团队，应具有团队精神，完成企业所赋予的基本任务——项目管理；凝聚管理人员的力量；协调部门之间、管理人员之间的关系；影响和改变管理人员的观念和行为，沟通部门之间、项目经理部与作业队之间、与公司之间、与环境之间的关系。

④ 项目经理部是代表企业履行工程承包合同的主体，对项目产品和建设单位负责。

3）建立施工项目经理部的基本原则

① 根据所设计的项目组织形式设置。因为项目组织形式与项目的管理方式有关，与企业对项目经理部的授权有关。不同的组织形式对项目经理部的管理力量和管理职责提出了不同要求，提供了不同的管理环境。

② 根据施工项目的规模、复杂程度和专业特点设置，例如，大型项目经理部可以设职能部、处；中型项目经理部可以设处、科；小型项目经理部一般只需设职能人员即

可。如果项目的专业性强,便可设置专业性强的职能部门,如水电处、安装处、打桩处等。

③ 根据施工工程任务需要调整。项目经理部是一个具有弹性的一次性管理组织,随着工程项目的开工而组建,随着工程项目的竣工而解体,不应搞成一级固定性组织。在工程施工开始前建立,在工程竣工交付使用后解体。项目经理部不应有固定的作业队伍,而是根据施工的需要,由企业(或授权给项目经理部)在社会市场吸收人员,进行优化组合和动态管理。

④ 适应现场施工的需要。项目经理部的人员配置应面向现场,满足现场的计划与调度、技术与质量、成本与核算、劳务与物资、安全与文明施工的需要。而不应设置专营经营与咨询、研究与发展、政工与人事等与项目施工关系较少的非生产性管理部门。

4)施工项目的劳动组织

施工项目的劳动力来源于社会的劳务市场,应从以下三方面进行组织和管理:

① 劳务输入。坚持"计划管理、定向输入、市场调节、双向选择、统一调配,合理流动"的方针。

② 劳动力组织。劳务队伍均要以整建制进入施工项目,由项目经理部和劳务分公司配合,双方协商共同组建栋号(作业)承包队,栋号(作业)承包队的组建要注意打破工种界限,实行混合编组,提倡一专多能、一岗多职。

③ 项目经理部对劳务队伍的管理。对于施工劳务分包公司组建的现场施工作业队,除配备专职的栋号负责人外,还要实行"三员"管理岗位责任制:即由项目经理派出专职质量员、安全员、材料员,实行一线职工操作全过程的监控、检查、考核和严格管理。

5)项目经理部部门设置

目前国家对项目经理部的设置规模尚无具体规定。结合有关企业推行施工项目管理的实际,一般按项目的使用性质和规模分类。只有当施工项目的规模达到以下要求时才实行施工项目管理:1万 m^2 以上的公共建筑、工业建筑、住宅建设小区及其他工程项目投资在500万元以上的,均实行项目管理。

一般项目经理部可设置以下5个部门:

① 经营核算部门。主要负责工程预结算、合同与索赔、资金收支、成本核算、工资分配等工作。

② 技术管理部门。主要负责生产调度、文明施工、劳动管理、技术管理、施工组织设计、计划统计等工作。

③ 物资设备供应部门。主要负责材料的询价、采购、计划供应、管理、运输、工具管理、机械设备的租赁配套使用等工作。

④ 质量安全监控管理部门。主要负责工程质量、安全管理、消防保卫、环境保护等工作。

⑤ 测试计量部门。主要负责计量、测量、试验等工作。

6)项目部岗位设置及职责

① 岗位设置

根据项目大小不同,人员安排不同,项目部领导层从上往下设置项目经理、项目技术负责人等；项目部设置最基本的六大岗位：施工员、质量员、安全员、资料员、造价员、测量员，其他还有材料员、标准员、机械员、劳务员等。

图 5-5 为某项目部组织机构框图。

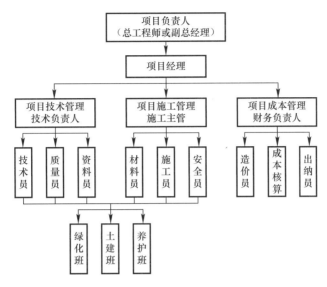

图 5-5　某项目部组织机构框图

② 岗位职责

在现代施工企业的项目管理中，施工项目经理是施工项目的最高责任人和组织者，是决定施工项目盈亏的关键性角色。

一般说来，人们习惯于将项目经理定位于企业的中层管理者或中层干部，然而由于项目管理及项目环境的特殊性，在实践中的项目经理所行使的管理职权与企业职能部门的中层干部往往是有所不同的。前者体现在决策职能的增强上，着重于目标管理；而后者则主要表现为控制职能的强化，强调和讲究的是过程管理。实际上，项目经理应该是职业经理式的人物，是复合型人才，是通才。他应该具有懂法律、善管理、会经营、敢负责、能公关等各方面的较为丰富的经验和知识，而职能部门的负责人则往往是专才，是某一技术专业领域的专家。对项目经理的素质和技能要求在实践中往往是同企业中的总经理完全相同的。

项目技术负责人是在项目部经理的领导下，负责项目部施工生产、工程质量、安全生产和机械设备管理工作。

施工员、质量员、安全员、资料员、造价员、测量员、材料员、标准员、机械员、劳务员都是项目的专业人员，是施工现场的管理者，其主要工作职责可以概略描述如下：

施工员主要从事项目施工组织和进度控制；

质量员主要从事项目施工质量管理；

安全员主要从事项目施工安全管理；

资料员主要从事项目施工资料管理；

造价员主要从事项目造价管理；

测量员主要从事项目施工测量管理；

材料员主要从事项目施工材料管理；

标准员主要从事项目工程建设标准管理；

机械员主要从事项目施工机械管理；

劳务员主要从事项目劳务管理。

7）项目经理部的解体

项目经理部是一次性具有弹性的施工现场生产组织机构，工程临近结尾时，业务管理人员乃至项目经理要陆续撤走，因此，必须重视项目经理部的解体和善后工作。企业工程管理部门是项目经理部解体善后工作的主管部门，主要负责项目经理部的解体后工程项目在保修期间问题的处理，包括因质量问题造成的返（维）修、工程剩余价款的结算以及回收等。

（三）施工项目目标控制

1. 施工项目目标控制的任务

（1）施工项目目标控制的概念

所谓控制，是指为了实现组织的计划目标而对组织活动进行监视并纠偏矫正，以确保组织计划与实际运行状况动态适应的行为。

施工项目目标控制问题的要素包括：施工项目、控制目标、控制主体、实施计划、实施信息、偏差数据、纠偏措施、纠偏行为。

施工项目控制的目的是排除干扰、实现合同目标，因此，可以说施工项目目标控制是实现施工目标的手段。如果没有施工项目的目标控制，就谈不上施工项目管理，也不会有目标的实现。

1）施工项目进度控制

指在既定的工期内，编制出最优的施工进度计划，在执行该计划的施工中，经常检查施工实际进度情况，并将其与计划进度相比较，若出现偏差，便分析产生的原因和对工期的影响程度，找出必要的调整措施，修改原计划，不断地如此循环，直至工程竣工验收。施工项目进度控制的总目标是确保施工项目的合同工期的实现，或者在保证施工质量和不因此增加施工实际成本的条件下，适当缩短工期。

2）施工项目质量控制

施工项目质量是指工程满足业主需要的，符合国家法律、法规、技术规范标准、设计文件及合同规定的综合特性。施工项目质量的质量特性主要表现在以下六个方面：

① 适用性，即功能，是指工程满足使用目的的各种性能，包括理化性能、结构性能、使用性能。

② 耐久性，即寿命，是指工程在规定的条件下，满足规定功能要求使用的年限，也就是工程竣工后的合理使用寿命周期。由于建筑物本身结构类型不同、质量要求不同、施工方法不同、使用性能不同的个性特点，目前国家对建设工程的合理使用寿命周期还缺乏

统一的规定，仅在少数技术标准中提出了明确的要求。如民用建筑主体结构耐用年限分为四级（15～30 年，30～50 年，50～100 年，100 年以上）。

③ 安全性，是指工程建成后在使用过程中保证结构安全、保证人身和环境免受危害的程度。建设工程产品的结构安全度、抗震、耐火及防火能力等是否达到特定的要求，都是安全性的重要标志。工程交付使用之后，必须保证人身财产和工程整体都有能力免遭工程结构破坏及外来危害的伤害。工程组成部件，如楼梯栏杆等，也要保证使用者的安全。

④ 可靠性，是指工程在规定的时间和规定的条件下完成规定功能的能力。工程不仅要求在交工验收时要达到规定的指标，而且在一定的使用时期内要保持应有的正常功能，如工业生产用的管道防"跑、冒、滴、漏"等，都属可靠性的范畴。

⑤ 经济性，是指工程从规划、勘察、设计、施工到整个产品使用周期内成本和消耗的费用。工程经济性具体表现为设计成本、施工成本和使用成本三者之和，包括从征地、拆迁、勘察、设计、施工、配套设施等建设全过程的总投资和工程使用阶段的能耗、维护、保养等。通过分析比较，可判断工程是否符合经济性要求。

⑥ 环境的协调性，是指工程与其周围生态环境协调、与所在地区经济环境协调以及与周围已建工程相协调，以适应可持续发展的要求。

施工项目质量控制是指对项目的实施情况进行监督、检查和测量，并将项目实施结果与事先制定的质量标准进行比较，判断其是否符合质量标准，找出存在的偏差，分析偏差形成原因的一系列活动。项目质量控制贯穿于项目实施的全过程。

3）施工项目成本控制

指在成本形成过程中，根据事先制定的成本目标，对企业经常发生的各项生产经营活动按照一定的原则，采用专门的控制方法，进行指导、调节、限制和监督，将各项生产费用控制在原来所规定的标准和预算之内。如果发生偏差或问题，应及时进行分析研究，查明原因，并及时采取有效措施，不断降低成本，以保证实现规定的成本目标。

4）施工项目安全控制

指经营管理者对施工生产过程中的安全生产工作进行的策划、组织、指挥、协调、控制和改进的一系列活动，其目的是保证在生产经营活动中的人身安全、资产安全，促进生产的发展，保持社会的稳定。安全管理的对象是生产中一切人、物、环境、管理状态，安全管理是一种动态管理。

（2）施工项目控制目标的程序

1）认真研究施工合同中规定的施工项目控制总目标，收集制定控制目标的各种依据，为控制目标的落实作好准备；

2）施工项目经理与企业法人签订"项目管理目标责任书"，确定项目经理的控制目标；

3）施工项目经理部编制施工组织设计，确定施工项目经理部的计划总目标；

4）制定施工项目的阶段性控制目标和年度控制目标；

5）按时间、部门、管理人员、劳务班组落实控制目标，明确责任；

6）责任者提出控制措施。

（3）施工项目目标控制的任务

施工项目控制的任务是进行以项目进度控制、质量控制、成本控制和安全控制为主要内容的四大目标控制。这四项目标是施工项目的约束条件，也是施工效益的象征，其中前三项目标是指施工项目成果，而安全目标则是指施工过程中人和物的状态，也就是说，安全既指人身安全，又指财产安全，所以，安全控制既要克服人的不安全行为，又要克服物的不安全状态。

施工项目目标控制的任务见表5-1。

施工项目目标控制的任务

表 5-1

控制目标	具体控制任务
进度控制	使施工顺序合理，衔接关系适当，连续、均衡、有节奏施工，实现计划工期，提前完成合同工期
质量控制	使分部分项工程达到质量检验评定标准的要求，实现施工组织设计中保证施工质量的技术组织措施和质量等级，保证合同质量目标等级的实现
成本控制	实现施工组织设计的降低成本措施，降低每个分项工程的直接成本，实现项目经理部盈利目标，实现公司利润目标及合同造价
安全控制	实现施工组织设计的安全设计和措施，控制劳动者、劳动手段和劳动对象，控制环境，实现安全目标，使人的行为安全，物的状态安全，断绝环境危险源
施工现场控制	科学组织施工，使场容场貌、料具堆放与管理、消防保卫、环境保护及职工生活均符合规定要求

2. 施工项目目标控制的措施

（1）施工项目进度控制的措施

施工项目进度控制的措施主要有组织措施、技术措施、合同措施、经济措施和信息管理措施等。

组织措施主要是指落实各级进度控制的人员及其具体任务和工作责任，建立进度控制的组织系统；按照施工项目的结构、施工阶段或合同结构的层次进行项目分解，确定各分项进度控制的工期目标，建立进度控制的工期目标体系；建立进度控制的工作制度，如定期检查的时间、方法、召开协调会议的时间、参加人员等，并对影响施工实际进度的主要因素进行分析和预测，制订调整施工实际进度的组织措施。

技术措施主要是指应尽可能采用先进的施工技术、方法和新材料、新工艺、新技术，保证进度目标实现；落实施工方案，在发生问题时，能适时调整工作之间的逻辑关系，加快施工进度。

合同措施是指以合同形式保证工期进度的实现，即保持总进度控制目标与合同总工期相一致；分包合同的工期与总包合同的工期相一致；供货、供电、运输、构件加工等合同规定的提供服务时间与有关的进度控制目标相一致。

经济措施是指要制订切实可行的实现施工计划进度所必需的资金保证措施，包括落实实现进度目标的保证资金；签订并实施关于工期和进度的经济承包责任制；建立并实施关于工期和进度的奖惩制度。

信息管理措施是指建立完善的工程统计管理体系和统计制度，详细、准确、定时地收集有关工程实际进度情况的资料和信息，并进行整理统计，得出工程施工实际进度完成情况的各项指标，将其与施工计划进度的各项指标进行比较，定期地向建设单位提供施工进度比较报告。

（2）施工项目质量控制的措施

1）提高管理、施工及操作人员自身素质

管理、施工及操作人员素质的高低对工程质量起决定性的作用。首先，应提高所有参与工程施工人员的质量意识，让他们树立五大观念，即质量第一的观念、预控为主的观念、为用户服务的观念、用数据说话的观念以及社会效益与企业效益相结合的综合效益观念。其次，要搞好人员培训，提高员工素质。要对现场施工人员进行质量知识、施工技术、安全知识等方面的教育和培训，提高施工人员的综合素质。

2）建立完善的质量保证体系

工程项目质量保证体系是指现场施工管理组织的施工质量自控系统或管理系统，即施工单位为保证工程项目的质量管理和目标控制，以现场施工管理组织机构为基础，通过质量目标的确定和分解，管理人员和资源的配置，质量管理制度的建立和完善，形成具有质量控制和质量保证能力的工作系统。

施工项目质量保证体系的内容应根据施工管理的需要并结合工程特点进行设置，具体如下：

① 施工项目质量控制的目标体系；

② 施工项目质量控制的工作分工；

③ 施工项目质量控制的基本制度；

④ 施工项目质量控制的工作流程；

⑤ 施工项目质量计划或施工组织设计；

⑥ 施工项目质量控制点的设置和控制措施的制订；

⑦ 施工项目质量控制关系网络设置及运行措施。

3）加强原材料质量控制

一是提高采购人员的政治素质和质量鉴定水平，使那些有一定专业知识又忠于事业的人担任该项工作。二是采购材料要广开门路，综合比较，择优进货。三是施工现场材料人员要会同工地负责人、甲方等有关人员对现场设备及进场材料进行检查验收。特殊材料要有说明书和试验报告、生产许可证，对钢材、水泥、防水材料、混凝土外加剂等必须进行复试和见证取样试验。

4）提高施工的质量管理水平

每项工程有总体施工方案，每一分项工程施工之前也要做到方案先行，并且施工方案必须实行分级审批制度，方案审完后还要做出样板，反复对样板中存在的问题进行修改，直至达到设计要求方可执行。在工程实施过程中，根据出现的新问题、新情况，及时对施工方案进行修改。

5）确保施工工序的质量

工程项目的施工过程，是由一系列相互关联、相互制约的工序所构成，工序质量是构成工程质量最基本的单元，上道工序存在质量缺陷或隐患，不仅使本工序质量达不到标准的要求，而且直接影响下道工序及后续工程的质量与安全，进而影响最终成品的质量。因此，在施工中要建立严格的交接班检查制度，在每一道工序进行中，必须坚持自检、互检。如监理人员在检查时发现质量问题，应分析产生问题的原因，要求承包人采取合适的措施进行修整或返工。处理完毕后，合格后方可进行下一道工序施工。

6）加强施工项目的过程控制

施工人员的控制。施工项目管理人员由项目经理统一指挥，各自按照岗位标准进行工作，公司随时对项目管理人员的工作状态进行考核，并如实记录考查结果存入工程档案之中，依据考核结果，奖优罚劣。

施工材料的控制。施工材料的选购，必须是经过考查后合格的、信誉好的材料供应商，在材料进场前必须先报验，经检测部门合格后的材料方能使用，从而保证质量，又能节约成本。

施工工艺的控制。施工工艺的控制是决定工程质量好坏的关键。为了保证工艺的先进、合理性，公司工程部针对分项分部工程编制成作业指导书，并下发各基层项目部技术人员，合理安排创造良好的施工环境，才能保证工程质量。

加强专项检查，开展自检、专检、互检活动，及时解决问题。各工序完工后由班组长组织质检员对本工序进行自检、互检。自检时，严格执行技术交底及现行规程、规范，在自检中发现问题由班组自行处理并填写自检记录，班组自检记录填写完善，自检的问题已确实修正后，方可由项目专职质检员进行验收。

（3）施工项目安全控制的措施

1）安全制度措施

项目经理部必须执行国家、行业、地区安全法规、标准，并以此制定本项目的安全管理制度，主要包括：

① 行政管理方面：安全生产责任制度；安全生产例会制度；安全生产教育制度；安全生产检查制度；伤亡事故管理制度；劳保用品发放及使用管理制度；安全生产奖惩制度；工程开竣工的安全制度；施工现场安全管理制度；安全技术措施计划管理制度；特殊作业安全管理制度；环境保护、工业卫生工作管理制度；锅炉、压力容器安全管理制度；场区交通安全管理制度；防火安全管理制度；意外伤害保险制度；安全检举和控告制度等。

② 技术管理方面：关于施工现场安全技术要求的规定；各专业工种安全技术操作规程；设备维护检修制度等。

2）安全组织措施

① 建立施工项目安全组织系统。

② 建立与项目安全组织系统相配套的各专业、各部门、各生产岗位的安全责任系统。

③ 建立项目经理的安全生产职责及项目班子成员的安全生产职责。

④ 作业人员安全纪律。现场作业人员与施工安全生产关系最为密切，他们遵守安全生产纪律和操作规程是安全控制的关键。

3）安全技术措施

施工准备阶段的安全技术措施见表5-2，施工阶段的安全技术措施见表5-3。

施工准备阶段的安全技术措施　　　　　　　　　　　　　　表 5-2

	内容
技术准备	① 了解工程设计对安全施工的要求; ② 调查工程的自然环境(水文、地质、气候、洪水、雷击等)和施工环境(地下设施、管道及电缆的分布与走向、粉尘、噪声等)对施工安全的影响,及施工时对周围环境安全的影响; ③ 当改扩建工程施工与建设单位使用或生产发生交叉可能造成双方伤害时,双方应签订安全施工协议,签订施工与生产的协议,以明确双方责任,共同遵守安全事项; ④ 在施工组织设计中,编制切实可行、行之有效的安全技术措施,并严格履行审批手续,送安全部门备案
物资准备	① 及时供应质量合格的安全防护用品(安全帽、安全带、安全网等)满足施工需要; ② 保证特殊工种(电工、焊工、爆破工、起重工等)使用的工具器械质量合格,技术性能良好; ③ 施工机具、设备(起重机、卷扬机、电锯、平面刨、电气设备)、车辆等需经安全技术性能检测,鉴定合格、防护装置齐全、制动装置可靠,方可进场使用; ④ 施工周转材料(脚手杆、扣件、跳板等)须经认真挑选,不符合安全要求的禁止使用
施工现场准备	① 按施工总平面图要求做好现场施工准备; ② 现场各种临时设施和库房的布置,特别是炸药库、油库的布置,易燃易爆品的存放都必须符合安全规定和消防要求,并经公安消防部门批准; ③ 电气线路、配电设备应符合安全要求,有安全用电防护措施; ④ 场内道路应通畅,设交通标志,危险地带设危险信号及禁止通行标志,以保证行人和车辆通行安全; ⑤ 现场周围和陡坡及沟坑处设好围栏、防护板,现场人口处设"无关人员禁止入内"的标志及警示标志; ⑥ 塔式起重机等起重设备安装应与输电线路、永久的或临设的工程间要有足够的安全距离,避免碰撞,以保证搭设脚手架、安全网的施工距离; ⑦ 现场设消火栓,应有足够有效的灭火器材
施工队伍准备	① 新工人、特殊工种工人须经岗位技术培训与安全教育后,持合格证上岗; ② 高险难作业工人须经身体检查合格后,方可施工作业; ③ 施工负责人在开工前,应向全体施工人员进行入场前的安全技术交底,并逐级签发"安全交底任务单"

施工阶段的安全技术措施　　　　　　　　　　　　　　　表 5-3

	内容
一般施工	① 单项工程、单位工程均有安全技术措施,分部分项工程有安全技术具体措施,施工前由技术负责人向有关人员进行安全技术交底; ② 安全技术应与施工生产技术相统一,各项安全技术措施必须在相应的工序施工前作好; ③ 操作者严格遵守相应的操作规程,实行标准化作业; ④ 施工现场的危险地段应设有防护、保险、信号装置及危险警示标志; ⑤ 针对采用的新工艺、新技术、新设备、新结构制定专门的施工安全技术措施; ⑥ 有预防自然灾害(防台风、雷击、防洪排水、防暑降温、防寒、防冻、防滑等)的专门安全技术措施; ⑦ 在明火作业(焊接、切割、熬沥青等)现场应有防火、防爆安全技术措施; ⑧ 有特殊工程、特殊作业的专业安全技术措施,如土石方施工安全技术、爆破安全技术、脚手架安全技术、起重吊装安全技术、电气安全技术、高处作业及主体交叉作业安全技术、焊割安全技术、防火安全技术、交通运输安全技术、安装工程安全技术、烟囱及筒仓安全技术等
拆除工程	① 详细调查拆除工程的结构特点和强度、电线线路、管路设施等现状,制定可靠的安全技术方案; ② 拆除建筑物之前,在建筑物周围划定危险警戒区域,设立安全围栏,禁止无关人员进入作业现场; ③ 拆除工作开始前,先切断被拆除建筑物的电线、供水、供热、供煤气的通道; ④ 拆除工作应按自上而下顺序进行,禁止数层同时拆除,必要时要对底层或下部结构进行加固; ⑤ 栏杆、楼梯、平台应与主体拆除程度配合进行,不能先行拆除; ⑥ 拆除作业工人应站在脚手架上或稳固的结构部分操作,拆除承重梁和柱之间应先拆除非承重的全部结构,并防止其他部分坍塌; ⑦ 拆下的材料要及时清理运走,不得在旧楼板上集中堆放,以免超负荷; ⑧ 被拆除的建筑物内需要保留的部分或需保留的设备要事先搭好防护棚; ⑨ 一般不采用推倒方法拆除建筑物,必须采用推倒方法的应采取特殊安全措施

（4）施工项目成本控制的措施

1）组织措施

施工项目上应从组织项目部人员和协作部门上入手，设置一个强有力的工程项目部和协作网络，保证工程项目的各项管理措施得以顺利实施。首先，项目经理是企业法人在项目上的全权代表，对所负责的项目拥有与公司经理相同的责任和权力，是项目成本管理的第一责任人。因此，选择经验丰富、能力强的项目经理，及时掌握和分析项目的盈亏状况，并迅速采取有效的管理措施是做好成本管理的第一步。其次，技术部门是整个工程项目施工技术和施工进度的负责部门。使用专业知识丰富、责任心强、有一定施工经验的工程师作为工程项目的技术负责人，可以确保技术部门在保证质量、按期完成任务的前提下，尽可能地采用先进的施工技术和施工方案，以求提高工程施工的效率，最大限度地降低工程成本。第三，经营部门主管合同实施和合同管理工作。配置外向型的工程师或懂技术的人员负责工程进度款的申报和催款工作，处理施工赔偿问题，加强合同预算管理，增加工程项目的合同外收入。经营部门的有效运作可以保证工程项目的增收节支。第四，财务部门应随时分析项目的财务收支情况，及时为项目经理提供项目部的资金状况，合理调度资金，减少资金使用费和其他不必要的费用支出。项目部的其他部门和班组也要相应地精心设置和组织，力求工程施工中的每个环节和部门都能为项目管理的实施提供保证，为增收节支尽责尽职。

2）技术措施

采取先进的技术措施，走技术与经济相结合的道路，确定科学合理的施工方案和工艺技术，以技术优势来取得经济效益是降低项目成本的关键。首先，制定先进合理的施工方案和施工工艺，合理布置施工现场，不断提高工程施工工业化、现代化水平，以达到缩短工期、提高质量、降低成本的目的。其次，在施工过程中大力推广各种降低消耗、提高工效的新工艺、新技术、新材料、新设备和其他能降低成本的技术革新措施，提高经济效益。最后，加强施工过程中的技术质量检验制度和力度，严把质量关，提高工程质量，杜绝返工现象和损失，减少浪费。

3）经济措施

① 控制人工费用。控制人工费的根本途径是提高劳动生产率，改善劳动组织结构，减少窝工浪费；实行合理的奖惩制度和激励办法，提高员工的劳动积极性和工作效率；加强劳动纪律，加强技术教育和培训工作；压缩非生产用工和辅助用工，严格控制非生产人员比例。

② 控制材料费。材料费用占工程成本的比例很大，因此，降低成本的潜力最大。降低材料费用的主要措施是制订好材料采购的计划，包括品种、数量和采购时间，减少仓储量，避免出现完料不尽，垃圾堆里有"黄金"的现象，节约采购费用；改进材料的采购、运输、收发、保管等方面的工作，减少各个环节的损耗；合理堆放现场材料，避免和减少二次搬运和摊销损耗；严格材料进场验收和限额领料控制制度，减少浪费；建立结构材料消耗台账，时时监控材料的使用和消耗情况，制定并贯彻节约材料的各种相应措施，合理使用材料，建立材料回收台账，注意工地余料的回收和再利用。另外，在施工过程中，要随时注意发现新产品、新材料的出现，及时向建设单位和设计院提出采用代用材料的合理

建议，在保证工程质量的同时，最大限度地做好增收节支。

③ 控制机械费用。在控制机械使用费方面，最主要的是加强机械设备的使用和管理力度，正确选配和合理利用机械设备，提高机械使用率和机械效率。要提高机械效率必须提高机械设备的完好率和利用率。机械利用率的提高靠人，完好率的提高在于保养和维护。因此，在机械设备的使用和维护方面要尽量做到人机固定，落实机械使用、保养责任制，实行操作员、驾驶员经培训持证上岗，保证机械设备被合理规范地使用，并保证机械设备的使用安全，同时应建立机械设备档案制度，定期对机械设备进行保养维护。另外，要注意机械设备的综合利用，尽量做到一机多用，提高利用率，从而加快施工进度、增加产量、降低机械设备的综合使用费。

④ 控制间接费及其他直接费。间接费是项目管理人员和企业的其他职能部门为该工程项目所发生的全部费用。这一项费用的控制主要应通过精简管理机构，合理确定管理幅度与管理层次，业务管理部门的费用实行节约承包来落实，同时对涉及管理部门的多个项目实行清晰分账，落实谁受益谁负担，多受益多负担，少受益少负担，不受益不负担的原则。其他直接费包括临时设施费、工地二次搬运费、生产工具用具使用费、检验试验费和场地清理费等，应本着合理计划、节约为主的原则进行严格监控。

（四）施工资源与现场管理

1. 施工资源管理的任务和内容

（1）施工项目资源管理的概念

施工项目资源，也称施工项目生产要素，是指生产力作用于施工项目的有关要素，即投入施工项目的劳动力、材料、机械设备、技术和资金等要素。施工项目生产要素是施工项目管理的基本要素，施工项目管理实际上就是根据施工项目的目标、特点和施工条件，通过对生产要素的有效和有序地组织和管理项目，并实现最终目标。施工项目的计划和控制的各项工作最终都要落实到生产要素管理上。生产要素的管理对施工项目的质量、成本、进度和安全都有重要影响。

（2）施工项目资源管理的内容

1）劳动力。当前，我国在建筑业企业中设置劳务分包企业序列，施工总承包企业和专业承包企业的作业人员按合同由劳务分包公司提供。劳动力管理主要依靠劳务分包公司，项目经理部协助管理。施工项目中的劳动力，关键在使用，使用的关键在提高效率，提高效率的关键是如何调动职工的积极性，调动积极性的最好办法是加强思想政治工作和利用行为科学，从劳动力个人的需要与行为的关系的观点出发，进行恰当的激励。

2）材料。建筑材料按在生产中的作用可分为主要材料、辅助材料和其他材料。其中主要材料指在施工中被直接加工，构成工程实体的各种材料，如钢材、水泥、木材、砂、石等。辅助材料指在施工中有助于产品的形成，但不构成实体的材料，如促凝剂、隔离剂、润滑物等。其他材料指不构成工程实体，但又是施工中必需的材料，如燃料、油料、砂纸、棉纱等。另外，还有周转材料（如脚手架材、模板材等）、工具、预制构配件、机械零配件等。建筑材料还可以按其自然属性分类，包括金属材料、硅酸盐材料、电器材料、化工材料等。施工项目材料管理的重点在现场、在使用、在节约和核算。

3）机械设备。施工项目的机械设备，主要是指作为大型工具使用的大、中、小型机械，既是固定资产，又是劳动手段。施工项目机械设备管理的环节包括选择、使用、保养、维修、改造、更新，其关键在使用，使用的关键是提高机械效率，提高机械效率必须提高利用率和完好率。利用率的提高靠人，完好率的提高在于保养与维修。

4）技术。施工项目技术管理，是对各项技术工作要素和技术活动过程的管理。技术工作要素包括技术人才、技术装备、技术规程、技术资料等。技术活动过程指技术计划、技术运用、技术评价等。技术作用的发挥，除决定于技术本身的水平外，很大程度上还依赖于技术管理水平。没有完善的技术管理，先进的技术是难以发挥作用的。施工项目技术管理的任务有四项：①正确贯彻国家和行政主管部门的技术政策，贯彻上级对技术工作的指示与决定；②研究、认识和利用技术规律，科学地组织各项技术工作，充分发挥技术的作用；③确立正常的生产技术秩序，进行文明施工，以技术保证工程质量；④努力提高技术工作的经济效果，使技术与经济有机地结合。

5）资金。施工项目的资金，是一种特殊的资源，是获取其他资源的基础，是所有项目活动的基础。资金管理主要有以下环节：编制资金计划，筹集资金，投入资金（施工项目经理部收入），资金使用（支出），资金核算与分析。施工项目资金管理的重点是收入与支出问题，收支之差涉及核算、筹资、贷款、利息、利润、税收等问题。

（3）施工资源管理的任务

1）确定资源类型及数量。具体包括：①确定项目施工所需的各层次管理人员和各工种工人的数量；②确定项目施工所需的各种物资资源的品种、类型、规格和相应的数量；③确定项目施工所需的各种施工设施的定量需求；④确定项目施工所需的各种来源的资金的数量。

2）确定资源的分配计划。包括编制人员需求分配计划、编制物资需求分配计划、编制施工设备和设施需求分配计划、编制资金需求分配计划。在各项计划中，明确各种施工资源的需求在时间上的分配，以及在相应的子项目或工程部位上的分配。

3）编制资源进度计划。资源进度计划是资源按时间的供应计划，应视项目对施工资源的需用情况和施工资源的供应条件而确定编制哪种资源进度计划。编制资源进度计划能合理地考虑施工资源的运用，这将有利于提高施工质量，降低施工成本和加快施工进度。

4）施工资源进度计划的执行和动态调整。施工项目施工资源管理不能仅停留于确定和编制上述计划，在施工开始前和在施工过程中应落实和执行所编的有关资源管理的计划，并视需要对其进行动态的调整。

2. 施工现场管理的任务和内容

施工现场是指从事工程施工活动经批准占用的施工场地。它既包括红线以内占用的建筑用地和施工用地，又包括红线以外现场附近经批准占用的临时施工用地。施工现场管理就是运用科学的思想、组织、方法和手段，对施工现场的人、设备、材料、工艺、资金等生产要素，进行有计划地组织、控制、协调、激励，来保证预定目标的实现。

（1）施工现场管理的任务

建筑施工现场管理的任务，具体可以归纳为以下几点：

1）全面完成生产计划规定的任务，含产量、产值、质量、工期、资金、成本、利润和安全等。

2）按施工规律组织生产，优化生产要素的配置，实现高效率和高效益。

3）搞好劳动组织和班组建设，不断提高施工现场人员的思想和技术素质。

4）加强定额管理，降低物料和能源的消耗，减少生产储备和资金占用，不断降低生产成本。

5）优化专业管理，建立完善管理体系，有效地控制施工现场的投入和产出。

6）加强施工现场的标准化管理，使人流、物流高效有序。

7）治理施工现场环境，改变"脏、乱、差"的状况，注意保护施工环境，做到施工不扰民。

（2）施工项目现场管理的内容

施工现场管理的主要内容有：

1）规划及报批施工用地。根据施工项目及建筑用地的特点科学规划，充分、合理使用施工现场场内占地；当场内空间不足时，应同发包人按规定向城市规划部门、公安交通部门申请，经批准后，方可使用场外施工临时用地。

2）设计施工现场平面图。根据建筑总平面图、单位工程施工图、拟定的施工方案、现场地理位置和环境及政府部门的管理标准，充分考虑现场布置的科学性、合理性、可行性，设计施工总平面图、单位工程施工平面图；单位工程施工平面图应根据施工内容和分包单位的变化，设计出阶段性施工平面图，并在阶段性进度目标开始实施前，通过施工协调会议确认后实施。

3）建立施工现场管理组织。一是项目经理全面负责施工过程中的现场管理，并建立施工项目经理部体系。二是项目经理部应由主管生产的副经理、主任工程师、生产、技术、质量、安全、保卫、消防、材料、环保、卫生等管理人员组成。三是建立施工项目现场管理规章制度、管理标准、实施措施、监督办法和奖惩制度。四是根据工程规模、技术复杂程度和施工现场的具体情况，遵循"谁生产、谁负责"的原则，建立按专业、岗位、区片划分的施工现场管理责任制，并组织实施。五是建立现场管理例会和协调制度，通过调度工作实施的动态管理，做到经常化、制度化。

4）建立文明施工现场。一是按照国务院及地方建设行政主管部门颁布的施工现场管理法规和规章，认真管理施工现场。二是按审核批准的施工总平面图布置管理施工现场，规范场容。三是项目经理部应对施工现场场容、文明形象管理做出总体策划和部署，分包人应在项目经理部指导和协调下，按照分区划块原则做好分包人施工用地场容、文明形象管理的规划。四是经常检查施工项目现场管理的落实情况，听取社会公众、近邻单位的意见，发现问题及时处理，不留隐患，避免再度发生，并实施奖惩。五是接受政府住房城乡建设行政主管部门的考评和企业对建设工程施工现场管理的定期抽查、日常检查、考评和指导。六是加强施工现场文明建设，展示和宣传企业文化，塑造企业及项目经理部的良好形象。

5）及时清场转移。施工结束后，应及时组织清场，向新工地转移。同时，组织剩余物资退场，拆除临时设施，清除建筑垃圾，按市容管理要求恢复临时占用土地。

六、建筑构造、建筑结构、建筑设备、市政工程的基本知识

（一）建筑构造

1. 民用建筑的基本构造组成

建筑构造是指建筑物各组成部分的构造原理和构造方法。建筑物一般由基础、墙或柱、楼板楼梯、屋顶和门窗等组成，这些构件处在不同的部位，发挥各自的作用。建筑物还有一些附属部分，如阳台、雨篷、散水、勒脚等。有时为了满足特殊的要求，会设置电梯、自动扶梯或坡道等。

建筑构造设计应遵循以下几项基本原则：

① 满足建筑物的使用功能及变化要求；

② 充分发挥所有材料的各种性能；

③ 注意施工的可能性与现实性；

④ 注意感官效果及对空间构成的影响；

⑤ 讲究经济效益和社会效益；

⑥ 符合相关各项建筑法规和规范的要求。

（1）常见基础的构造

在建筑工程上，把建筑物与土直接接触的部分称为基础，把支承建筑物重量的土层叫做地基（图6-1）。基础是建筑物的组成部分，它承受着建筑物的上部荷载，并将这些荷载传给地基。地基不是建筑物的组成部分，分为天然地基和人工地基两类。地基基础的设计使用年限不应小于建筑结构的设计使用年限。

基础按照的受力状态和材料性能可以分为无筋扩展基础、扩展基础。基础按照构造方式可以分为独立基础、条形基础、十字交叉基础、筏形基础、

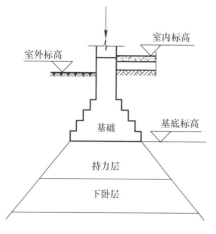

图 6-1　地基与基础

箱形基础和桩基础。

　　砖基础、灰土基础、三合土基础、毛石基础、混凝土基础、毛石混凝土基础属于无筋扩展基础。其中，砖及毛石基础抗压强度高而抗拉、抗剪强度低。为了保证基础的安全，就要使基础的挑出宽度 b 与基础工作部分的高度 h 之间的比例控制在一定的范围之内，通常用刚性角 α 来控制，基础的放大角度不应超过刚性角。钢筋混凝土基础属于扩展基础，利用设置在基础底面的钢筋来抵抗基底的拉应力，具有良好的抗弯和抗剪性能，可在上部结构荷载较大、地基承载力不高以及具有水平力等荷载的情况下使用。桩基础是当前普遍采用的一种基础形式，具有施工速度快，土方量小、适应性强等优点。

　　基础构造形式的确定随建筑物上部结构形式、荷载大小及地基土质情况而定。一般情况下，上部结构形式直接影响基础的形式，当上部荷载增大，且地基承载能力有变化时，基础形式也随之变化。

　　1）独立基础

　　当建筑物上部结构采用框架结构或单层排架及门架结构承重时，其基础常采用方形或矩形单独基础，这种基础称为独立基础。独立基础是柱下基础的基本形式，当柱采用预制构件时，则基础做成杯口形，然后将柱子插入并嵌固在杯口内，故称杯形基础。

　　2）条形基础

　　条形基础是指基础长度远大于其宽度的一种基础形式，按上部结构形式分为墙下条形基础和柱下条形基础。

　　3）十字交叉基础

　　荷载较大的高层建筑，如果土质软弱，为了增强基础的整体刚度，减少不均匀沉降，可以沿柱网纵横方向设置钢筋混凝土条形基础，形成十字交叉基础。

　　4）筏形基础

　　当建筑物上部荷载较大，而地基承载能力比较弱，这时采用简单的条形基础或井格式基础已不能适应地基变形的需要，常将墙或柱下基础连成一片，使整个建筑物的荷载承受在一块整板上，这种满堂式的板式基础称为筏形基础。筏形基础有平板式和梁板式之分。梁板式又分为两类：一类是在底板上做梁，柱子支承在梁上；另一类是将梁放在底板下方，底板上面平整，可作为建筑物的底层地面。

　　5）箱形基础

　　为了增大基础刚度，可将基础做成由顶板、底板及若干纵横隔墙组成的箱形基础，是由筏形基础发展而来的。箱形基础一般由钢筋混凝土建造，适用于地基软弱土层厚、荷载大和建筑面积不太大的建筑物。

　　6）桩基础

　　当建筑的上部荷载较大时，需要将其传至深层较为坚硬的地基中去，会使用桩基础。由若干桩来支承一个平台，然后由这个平台托住整个建筑物，这叫做桩承台。桩基础多数用于高层建筑或土质不好的情况下，具有施工速度快、土方量小、适应性强等优点。

　　（2）墙体与地下室的构造

　　1）墙的分类

　　墙在建筑物中主要起承重、围护及分隔作用，按墙在建筑物中的位置、受力情况、所用材料和构造方式不同可分为不同的类型：①根据墙的位置分为内墙、外墙、横墙和纵墙；②根据墙的受力可分为承重墙和非承重墙，只起分隔作用的非承重墙称隔墙；③根据墙的构造方式可分为实体墙、空体墙和组合墙；④根据墙的施工方式可分为叠砌式、板筑式和装配式。

2）墙的构造要求

墙应具有足够的承载力和稳定性，具有必要的保温、隔热性能，具备一定的耐火能力，满足隔声、防潮、防水及经济性等方面的要求。

3）砌体墙的细部构造

砌体墙所用材料主要分为块材和粘结材料两部分。砌筑用的材料多为刚性材料，即抗压强度高，抗弯、抗剪强度低，砌体承重墙的抗压强度主要由砌块材料的强度决定。常用粘结材料的主要成分是水泥、砂和石灰，可以按照需要选择不同的材料配合及材料级配。

砌体墙的细部构造主要包括：

① 防潮层。是为了防止地下土壤中的潮气进入建筑地下部分材料的孔隙内形成毛细水并沿墙体上升，逐渐使地上部分墙体潮湿，导致建筑的室内环境变差及墙体破坏而设置的构造。防潮层分为水平防潮层和垂直防潮层两种形式。防潮层主要有三种常见的构造做法：卷材防潮层、砂浆防潮层、细石混凝土防潮层。

水平防潮层应设置在首层地坪结构层（如混凝土垫层）厚度范围之内的墙体之中。当首层地面为实铺时，防潮层的位置通常选择在−0.06m处，以保证隔潮的效果。防潮层的位置关系到防潮的效果，位置不当，就不能完全的隔阻地下的潮气（图6-2）。

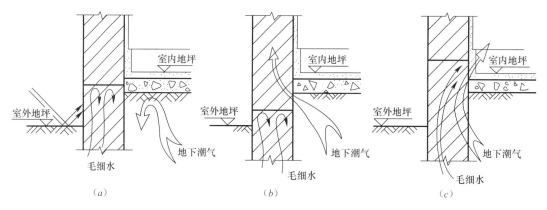

图 6-2 防潮层的位置

(a) 位置适当；(b) 位置偏低；(c) 位置偏高

当室内地面出现高差或室内地面低于室外地面时。由于地面较低一侧房间墙体的另外一侧为潮湿土壤。在此处除了要分别按高差不同在墙内设置两道水平防潮层之外，还要对两道水平防潮之间的墙体做防潮处理，即垂直防潮层。

② 勒脚。勒脚是墙身接近室外地面的部分，其高度一般为室内地坪与室外地面的高差部分。墙体接近室外地面部分容易受到外界碰撞和雨雪的侵蚀，勒脚起到保护墙面的作用，提高建筑物的耐久性。勒脚经常采用抹水泥砂浆、水刷石，砌筑石块或贴石材勒脚。为杜绝地下潮气对墙身的影响，砌体墙应该在勒脚处设置防潮层，按照墙体所处的位置，

可单独设水平防潮层或者同时设水平、垂直防潮层（图 6-3）。

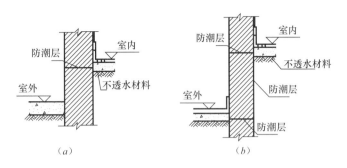

图 6-3　勒脚防潮层设置
（a）单独设水平防潮层；（b）同时设水平、垂直防潮层

③ 散水和明沟。在外墙四周将地面做成向外倾斜的坡面，以便将屋面雨水排至远处，从而保护墙基不受雨水的侵蚀，这一坡面称散水或护坡。在外墙四周做明沟，可将雨水有组织地集中排走。散水坡度约 5%，宽度一般为 600～1000mm。明沟沟底应做纵坡，坡度为 0.5%～1%（图 6-4）。散水和明沟都是在外墙的装修完成后再做的。

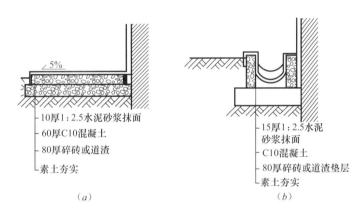

图 6-4　散水和明沟构造做法
（a）散水构造做法；（b）明沟构造做法

④ 窗台。窗洞口下部应设窗台，按照设置位置不同分为内窗台和外窗台。外窗台的作用主要是排除上部雨水，保证窗下墙的干燥，同时也对建筑的立面具有装饰作用，有悬挑和不悬挑两种。悬挑窗台常用砖砌或采用预制钢筋混凝土，挑出尺寸应不小于 60mm。外窗台应向外形成一定坡度，并用不透水材料做面层，且要做好滴水。悬挑窗台无论是否做了滴水处理，下部墙面都会出现雨水流淌的痕迹，影响美观，为此可采用仅在上表面抹水泥砂浆斜面的不悬挑窗台。

⑤ 过梁。过梁是在门窗洞口上设置的横梁（图 6-6），可支承上部砌体结构传来的各种荷载，并将这些荷载传给窗间墙。宽度超过 300mm 的洞口上部应设置过梁，钢筋混凝土过梁应用最为广泛。对有较大振动荷载或可能产生不均匀沉降的房屋，应采用混凝土过梁。当过梁跨度不大于 1.5m 时，可采用钢筋砖过梁；不大于 1.2m 时，可采用砖砌平拱过梁。

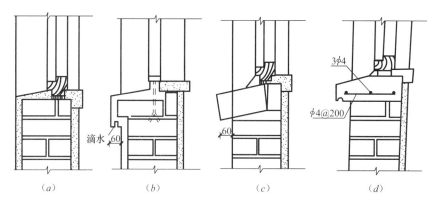

图 6-5 砖墙窗台构造

(a) 不悬挑窗台；(b) 设滴水的悬挑窗台；(c) 侧砌砖窗台；(d) 预置钢筋混凝土窗台

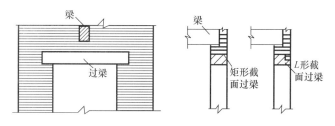

图 6-6 钢筋混凝土过梁

⑥ 圈梁。圈梁是沿着建筑物的全部外墙和部分内墙设置的连续封闭的梁。对于有地基不均匀沉降或较大振动荷载的房屋，可按照规定在砌体墙中设置现浇混凝土圈梁。

厂房、仓库、食堂等空旷单层房屋应按下列规定设置圈梁：

A. 砖砌体结构房屋，檐口标高为 5～8m 时，应在檐口标高处设置圈梁一道，檐口标高大于 8m 时，应增加设置数量。

B. 砌块及料石砌体结构房屋，檐口标高为 4～5m 时，应在檐口标高处设置圈梁一道，檐口标高大于 5m 时，应增加设置数量。

C. 对有吊车或较大振动设备的单层工业房屋，当未采取有效的隔振措施时，除在檐口或窗顶标高处设置现浇混凝土圈梁外，尚应增加设置数量。

住宅、办公楼等多层砌体结构民用房屋，且层数为 3 层～4 层时，应在底层和檐口标高处各设置一道圈梁。当层数超过 4 层时，除应在底层和檐口标高处各设置一道圈梁外，至少应在所有纵、横墙上隔层设置。多层砌体工业房屋，应每层设置现浇混凝土圈梁。设置墙梁的多层砌体结构房屋，应在托梁、墙梁顶面和檐口标高处设置现浇钢筋混凝土圈梁。

圈梁一般采用钢筋混凝土材料，其宽度宜与墙体厚度相同。当墙厚不小于 240mm 时，圈梁的宽度不宜小于墙厚的 2/3。圈梁的高度一般不应小于 120mm，通常与砌块的皮数尺寸相配合。圈梁应当连续、封闭地设置在同一水平面上。当圈梁被门窗洞口（如楼梯间窗洞口）截断时，应在洞口上方或下方设置附加圈梁。附加圈梁与圈梁的搭接长度不应小于其中到中垂直间距的 2 倍，也不应小于 1m。

⑦ 构造柱。在砌体房屋墙体的规定部位，按构造配筋，并按先砌墙后浇灌混凝土柱的施工顺序制成的混凝土柱，通常称为混凝土构造柱，简称构造柱。构造柱一般设在建筑物易发生变形的部位，如房屋的四角、内外墙交接处、楼梯间、电梯间、有错层的部位以及某些较长的墙体中部。构造柱必须与圈梁及墙体紧密连接。

各类多层砖砌体房屋，应按下列要求设置现浇钢筋混凝土构造柱：

A. 构造柱设置部位，一般情况下应符合表 6-1 的要求。

B. 外廊式和单面走廊式的多层房屋，应根据房屋增加一层的层数，按表 6-1 的要求设置构造柱，且单面走廊两侧的纵墙均应按外墙处理。

C. 横墙较少的房屋，应根据房屋增加一层的层数，按表 6-1 的要求设置构造柱。当横墙较少的房屋为外廊式或单面走廊式时，应按上款要求设置构造柱；但 6 度不超过四层、7 度不超过三层和 8 度不超过二层时应按增加二层的层数对待。

D. 各层横墙很少的房屋，应按增加二层的层数设置构造柱。

E. 采用蒸压灰砂砖和蒸压粉煤灰砖的砌体房屋，当砌体的抗剪强度仅达到普通黏土砖砌体的 70% 时，应根据增加一层的层数按以上款要求设置构造柱；但 6 度不超过四层、7 度不超过三层和 8 度不超过二层时应按增加二层的层数对待。

多层砖砌体房屋构造柱设置要求　　　　　　　　　　表 6-1

房　屋　层　数				设　置　部　位	
6 度	7 度	8 度	9 度		
四、五	三、四	二、三		楼、电梯间四角，楼梯斜梯段上下端对应的墙体处； 外墙四角和对应转角； 错层部位横墙与外纵墙交接处； 大房间内外墙交接处； 较大洞口两侧	隔 12m 或单元横墙与外纵墙交接处； 楼梯间对应的另一侧内横墙与外纵墙交接处
六	五	四	二		隔开间横墙（轴线）与外墙交接处； 山墙与内纵墙交接处
七	≥六	≥五	≥三		内墙（轴线）与外墙交接处； 内墙的局部较小墙垛处； 内纵墙与横墙（轴线）交接处

注：较大洞口，内墙指不小于 2.1m 的洞口；外墙在内外墙交接处已设置构造柱时允许适当放宽，但洞侧墙体应加强。

⑧ 通风道。通风道是墙体中常见的竖向孔道，可以排除卫生间、厨房的污浊空气。通风道的组织方式可以分为每层独用、隔层共用和子母式三种，子母式通风道最为常见。通风道与管道井、烟道和垃圾管道应分别独立设置，不得使用同一管道系统。

4）隔墙的构造

① 立筋式隔墙。立筋式隔墙称轻骨架隔墙，它是以木材、钢材或其他材料构成骨架，把面层钉结、涂抹或粘贴在骨架上形成的隔墙，所以隔墙由骨架和面层两部分组成（图 6-7）。

② 条板类隔墙。条板类隔墙是采用一定厚度和刚度的条形板材，如水泥玻纤空心条板（图 6-8）、空心石膏条板、加气混凝土条板、水泥刨花板等，安装时不需要内骨架来支

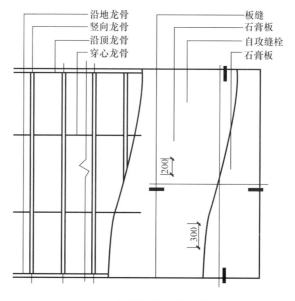

图 6-7　轻钢龙骨石膏板隔墙

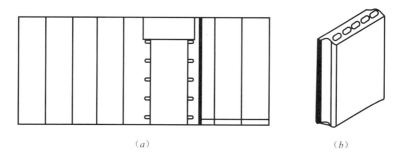

（a）　　　　　　　　　　　　（b）

图 6-8　水泥玻纤空心条板隔墙构造
（a）水泥玻纤空心条板隔墙；（b）水泥玻纤空心条板

撑，直接拼接而成的隔墙。条板隔墙按使用功能要求可分为普通隔墙、防火隔墙、隔声隔墙，按使用部位的不同可分为分户隔墙、分室隔墙、外走廊隔墙、楼梯间隔墙；应根据隔墙使用功能和使用部位的不同分别设计单层条板隔墙、双层条板隔墙、接板拼装条板隔墙。条板隔墙厚度应满足建筑物抗震、防火、隔声、保温等功能要求。60mm 厚条板不得单独做隔墙使用。单层条板隔墙用做分户墙时，其厚度不应小于 120mm；用做户内分室隔墙时，不宜小于 90mm。双层条板隔墙选用条板的厚度不应小于 60mm。

③ 块材隔墙。块材隔墙由普通砖、空心砖、加气混凝土砌块等块材砌筑而成，按材料不同分为砖砌隔墙和砌块隔墙。砖砌隔墙分为 1/4 砖厚和 1/2 砖厚两种，1/2 砖砌隔墙较为常见。1/2 砖砌隔墙又称半砖隔墙，砌墙用的砂浆强度应不低于 M5。砌块隔墙厚度由砌块尺寸决定，一般为 90～120mm。砌块墙吸水性强，故在砌筑时应先在墙下部实砌3～5皮黏土砖再砌砌块。砌块不够整块时宜用普通黏土砖填补。

（3）楼板与地面的构造

楼板是沿水平方向分隔上下空间的结构构件，承受并传递竖向和水平荷载，应具有足够的承载力和刚度，具备一定的防火、隔声和防水能力。一些水平方向的设备管线，也可以设置在楼板层内。

楼板按所用材料的不同分为木楼板、砖拱楼板、钢筋混凝土楼板、钢衬板楼板。钢筋混凝土材料强度高、刚度好、耐久性好、防火，便于工业化生产和机械化施工，是应用最为广泛的楼板材料。

1）现浇钢筋混凝土楼板

① 板式楼板（图6-9）。板式楼板适用于跨度较小的房间，分为单向板和双向板。两对边支承的板应按单向板计算，四边支承的板应按下列规定计算：

A. 当长边与短边长度之比小于或等于2.0时，应按双向板计算。

B. 当长边与短边长度之比大于2.0，但小于3.0时，宜按双向板计算；当按沿短边方向受力的单向板计算时，应沿长边方向布置足够数量的构造钢筋。

C. 当长边与短边长度之比大于或等于3.0时，宜按沿短边方向受力的单向板计算。

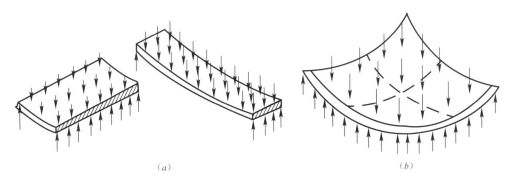

（a）　　　　　　　　　　　　　　　　（b）

图6-9　板式楼板示意

（a）单向板；（b）双向板

② 梁板式楼板（图6-10）。当房间开间、进深较大，采用单块楼板跨度太大时，可以在楼板下设梁，梁将楼板划分为小块，从而减小跨度，这种楼板称为梁板式楼板。主梁沿短跨方向布置，次梁垂直于主梁并把荷载传递给主梁，板支承在次梁上并把荷载传递给次梁。

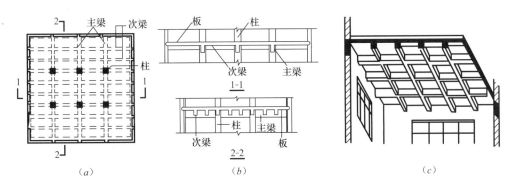

（a）　　　　　　　　（b）　　　　　　　　　（c）

图6-10　梁板式楼板

（a）平面图；（b）剖面图；（c）井字形密肋楼板

井字形密肋楼板是梁板式楼板的一种特殊形式，该种楼板梁高相同，形成了井字形的梁格，因梁格分布规整，具有较好的装饰性。当房间平面形状近似正方形，跨度在 10m 以内时，常采用这种楼板。

③ 无梁楼板。无梁楼板不设梁，板直接支承与柱上，分为有柱帽（图 6-11）和无柱帽两种类型。当荷载较大时，为减小楼板厚度，常采用有柱帽的形式。无梁楼板的柱网应尽量按方形网格布置，跨度在 6～8m 左右较为经济。

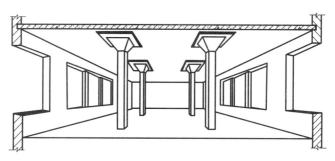

图 6-11   有柱帽无梁楼板

2）预制装配式钢筋混凝土楼板

① 预制实心板：跨度一般在 2.4m 以内，适用于面积较小的房间或过道，板宽为 600～900mm，板厚一般为板跨的 1/30，即 50～100mm。

② 预制槽形板：两侧设有边肋，是一种梁板合一的构件，力学性能好，有预应力和非预应力两种类型。为了提高板的刚度，通常在板的两端设置端肋封闭。如果板的跨度较大，还应在板的中部增设横向加劲肋。槽形板多用作屋面板，搁置的方式有两种：一种是正置（肋向下搁置），另一种是倒置（肋向上搁置）。

③ 预制空心板：空心板是将平板沿纵向抽空而成的，孔的断面多为圆形和椭圆形。空心板具有自重小、用料省、承载力高等优点，因此被广泛采用。

预制空心板的搁置要求：预制钢筋混凝土板在混凝土圈梁上的支承长度不应小于 80mm，板端伸出的钢筋应与圈梁可靠连接，且同时浇筑；预制钢筋混凝土板在墙上的支承长度不应小于 100mm。

3）地面的基本构造

① 实铺地面。实铺地面是指将开挖基础时挖去的土回填到指定标高，并且分层夯实后，在上面铺碎石和三合土，然后再满铺素混凝土结构层。

② 架空地面：架空地面是指用预制板将底层室内地层架空，使地层以下的回填土同地层结构之间保持一定的距离，相互不接触；同时利用建筑物室内外高差，在接近室外的地面上留出通风洞，减少潮气的影响。

③ 地面防水：在用水频繁的房间，为防止室内地面积水，地面应有 1%～5% 的坡度，并导向地漏；有水房间地面应比相邻房间地面低 20～30mm。对防水要求较高的房间，应在楼板与地面之间设置防水层。

（4）垂直交通设施的一般构造

垂直交通设施主要包括楼梯、电梯与自动扶梯。楼梯是连通各楼层的重要通道，是楼房建筑不可或缺的交通设施，应满足人们正常时交通，紧急时安全疏散的要求。电梯和自动扶梯是现代建筑常用的垂直交通设施。有些建筑中还设置有坡道和爬梯，它们也属于建筑的垂直交通设施。

1）楼梯的组成

楼梯是由楼梯段、楼梯平台、栏杆和持手组成的（图 6-12）。楼梯段是连接楼梯平台的倾斜构件，梯段的踏步步数一般为 3～18 级；楼梯平台是连接两个梯段之间的水平部分，与楼层标高一致的平台称为正平台，介于两个楼层之间的平台称为半平台。

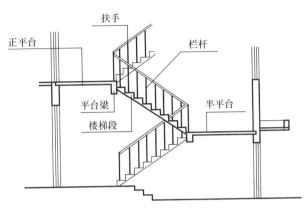

图 6-12　楼梯的组成

2）楼梯的分类

楼梯按梯段可分为单跑楼梯、双跑楼梯和多跑楼梯，梯段的平面形状有直线、折线和曲线；按材料分为钢筋混凝土楼梯、钢楼梯、木楼梯等；按使用性质分为主要楼梯、辅助楼梯、疏散楼梯、消防楼梯等。

3）钢筋混凝土楼梯的基本构造

现浇钢筋混凝土楼梯是指楼梯段、楼梯平台等整体浇筑在一起的楼梯。它整体性好，刚度大，坚固耐久，可塑性强，对抗震较为有利，并能适应各种楼梯形式。但是在施工过程中，要经过支模、绑扎钢筋、浇灌混凝土、振捣、养护、拆模等作业，受外界环境因素影响较大。在拆模之前，不能利用它进行垂直运输，因而较适合于比较小型的楼梯或对抗震设防要求较高的建筑中。对于螺旋形楼梯、弧形楼梯等形式复杂的楼梯，也宜采用现浇钢筋混凝土楼梯。

现浇钢筋混凝土楼梯按照楼梯段的传力特点，分为板式楼梯和梁式楼梯两种，应按具体的工程，根据功能要求、造型处理及技术经济等比较而采用，如图 6-13 所示。

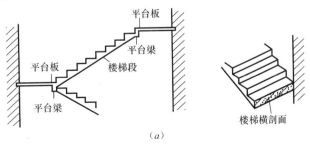

（a）

图 6-13　板式楼梯和梁板式楼梯（一）

（a）板式楼板

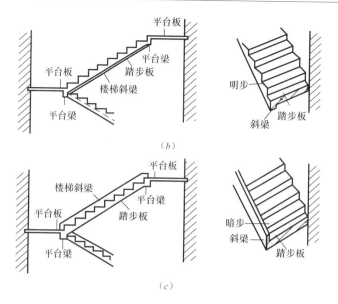

图 6-13　板式楼梯和梁板式楼梯（二）

（b）梁板式楼梯梁在下面；（c）梁板式楼梯梁在上面

① 板式楼梯

板式的楼梯段作为一块整浇板，斜向搁置在平台梁上，楼梯段相当于一块斜放的板，平台梁之间的距离即为板的跨度。楼梯段应沿跨度方向布置受力钢筋。也有带平台板的板式楼梯，即把两个或一个平台板和一个梯段组合成一块折形板，这样处理平台下净空扩大了，但斜板跨度增加了。当楼梯荷载较大，楼梯段斜板跨度较大时，斜板的截面高度也将很大，钢筋和混凝土用量增加，经济性下降。所以板式楼梯常用于楼梯荷载较小，楼梯段的跨度也较小的住宅等房屋。板式楼梯段的底面平齐，便于装修。

② 梁板式楼梯

梁板式楼梯是由踏步板、楼梯斜梁、平台梁和平台板组成。荷载由踏步板传给斜梁，

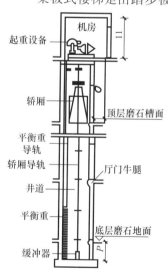

图 6-14　电梯的组成示意图

再由斜梁传给平台梁，而后传到墙或柱上。当斜梁在板下部称为正梁式梯段，上面踏步露明，常称明步。有时为了让楼梯段底表面平整或避免洗刷楼梯时污水沿踏步端头下淌，弄脏楼梯，常将楼梯斜梁反向上面称反梁式梯段，下面平整，踏步包在梁内，常称暗步。

4）电梯与自动扶梯

① 电梯：分类方式较多，按照电梯的用途分类可以分为乘客电梯、载货电梯、医用电梯、观光电梯、车辆电梯等；按照电梯的驱动方式可以分为交流（包括单速、双速、调速）电梯、直流电梯、液压电梯等；按照电梯的速度可以分为低速电梯、中速电梯、高速电梯和超高速电梯。

电梯由井道、机房和轿厢三部分组成（图 6-14）。其中轿厢及拖动装置等设备是由电梯厂生产的，并由专业公司负

责安装。其规格、尺寸、载重量等指标是土建工程确定电梯机房和井道布局、尺寸和构造的依据。

电梯井道是电梯轿厢运行的通道，井道内部设置电梯导轨、平衡配重等电梯运行配件，并在相关楼层设有电梯出入口。井道可供单台电梯使用，也可供两台电梯共用。

电梯机房通常设在电梯井道的顶部，个别时候也有把电梯机房设在井道底层的。机房的平面及竖向尺寸主要依据生产厂家提出的要求确定，应满足布置牵引机械及电控设备的需要，并留有足够的管理、维护空间，同时要把室内温度控制在设备运行的允许范围之内。

② 自动扶梯：自动扶梯由梯路（变形的板式输送机）和两旁的扶手（变形的带式输送机）组成，其主要部件有梯级、牵引链条及链轮、导轨系统、主传动系统（包括电动机、减速装置、制动器及中间传动环节等）、驱动主轴、梯路张紧装置、扶手系统、梳板、扶梯骨架和电气系统等（图 6-15）。自动扶梯的角度有 27.3°、30°、35°，其中 30° 是优先选用的角度。宽度有 600mm（单人）、800mm（单人携物）、1000mm、1200mm（双人）几种规格。自动扶梯的载客能力很高，一般为 4000～10 000 人/h。自动扶梯一般设在室内，也可以设在室外。自动扶梯的布置方式主要有并联排列、平行排列、串连排列、交叉排列等形式。

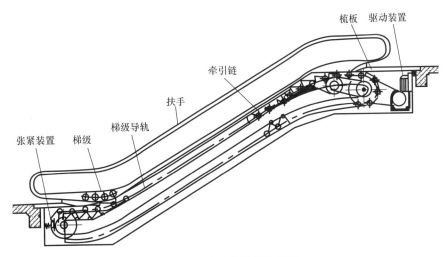

图 6-15　自动扶梯结构简图

（5）门与窗的构造

门和窗是建筑物中的围护及分隔构件。门的主要功能是交通联系，兼具采光和通风的作用。窗的主要功能是采光、通风及观望。建筑门窗是建筑物不可缺少的组成部分，它除了具有上述作用外，还具有隔热、保温的功能。此外，建筑门窗造型和色彩的选择对建筑物的装饰效果影响也很大。

门窗按照材料分为木门窗、钢门窗、铝合金门窗、塑料门窗等；按照开启方式分为平开门窗和推拉门窗等。

1）门的组成与尺度

门主要由门框、门扇和门用五金件组成（图 6-16、图 6-17）。门框由上框、中框和边

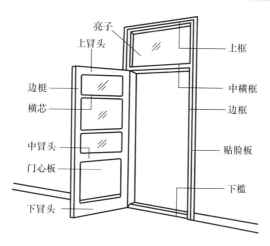

图 6-16 门的组成

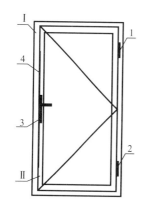

图 6-17 单扇平开门五金件
基本配置示意图

1—上部合页（铰链）；2—下部合页
（铰链）；3—操纵部件（传动机构用
执手或双面执手）；4—传动锁闭部件
（传动锁闭器）；Ⅰ—门框；Ⅱ—门扇

框组成，多扇门还有中竖框。门扇由上冒头、中冒头、下冒头、边梃和门扇板等组成。门的洞口尺寸要满足人流通行、疏散以及搬运家具设备的需要，同时还应尽量符合现行《建筑模数协调标准》GB/T 50002 的有关规定。门洞的最小尺寸应符合表 6-2 的要求。

2）窗的组成与尺度

窗主要由窗樘、窗扇、窗五金件组成（图 6-18、图 6-19）。窗樘又称窗框，由上框、下框、中横框、中竖框及边框等组成。窗扇由上冒头、中冒头、下冒头及边梃组成。窗的尺度取决于采光、通风、构造做法和建筑造型等要求，并符合现行《建筑模数协调标准》GB/T 50002 的有关规定。平开窗扇的宽度一般不超过 600mm，高度一般不超过 1500mm，当窗洞高度较大时，可以加设亮窗。

（6）屋顶的基本构造

屋顶也称屋盖，是建筑上层起承重和覆盖作用的构件，也是建筑立面的重要组成部分。

门洞最小尺寸   表 6-2

类 别	洞口宽度（m）	洞口高度（m）
共用外门	1.20	2.00
户（套）门	1.00	2.00
起居室（厅）门	0.90	2.00
卧室门	0.90	2.00
厨房门	0.80	2.00
卫生间门	0.70	2.00
阳台门（单扇）	0.70	2.00

注：1. 表中门洞口高度不包括门上亮子高度，宽度以平开门为准。
    2. 洞口两侧地面有高低差时，以高地面为起算高度。

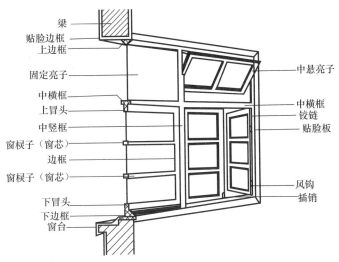

图 6-18　窗的组成

1）屋顶的类型

屋顶按照外形可分为平屋顶、坡屋顶和曲面屋顶。平屋顶是屋面坡度在 10％以下的屋顶，坡屋顶是屋面坡度在 10％以上的屋顶。按照屋面防水材料柔性防水屋面、刚性防水屋面、构件自防水屋面和瓦屋面。

2）屋面的基本构造层次

屋面的基本构造层次宜符合表 6-3 的要求

3）屋顶细部构造

屋顶细部构造应包括檐口、檐沟和天沟、女儿墙和山墙、水落口、变形缝、伸出屋面管道、屋面出入口、反梁过水孔、设施基座、屋脊、屋顶窗等部位。

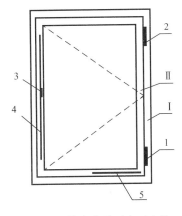

图 6-19　单扇内平开窗五金件
基本配置示意图

1—下部合页（铰链）；2—上部合页（铰链）；3—操纵部件（传动机构用执手）；4—传动锁闭部件（传动锁闭器）；5—辅助部件（撑挡）；
Ⅰ—窗框；Ⅱ—窗扇

① 檐口。卷材防水屋面檐口 800mm 范围内的卷材应满粘，卷材收头应采用金属压条钉压，并应用密封材料封严（图 6-20）。涂膜防水屋面檐口的涂膜收头，应用防水涂料多遍涂刷。檐口下端应做鹰嘴和滴水槽。烧结瓦、混凝土瓦屋面的瓦头挑出檐口的长度宜为 50 ～70mm。沥青瓦屋面的瓦头挑出檐口的长度宜为 10～20 mm。金属板屋面檐口挑出墙面的长度不应小于 200mm；屋面板与墙板交接处应设置金属封檐板和压条。

屋面的基本构造层次　　　　　　　　　　　　表 6-3

屋面类型	基本构造层次（自上而下）
卷材、涂膜屋面	保护层、隔离层、防水层、找平层、保温层、找平层、找坡层、结构层
	保护层、保温层、防水层、找平层、找坡层、结构层
	种植隔热层、保护层、耐根穿刺防水层、防水层、找平层、保温层、找平层、找坡层、结构层
	架空隔热层、防水层、找平层、保温层、找平层、找坡层、结构层
	蓄水隔热层、隔离层、防水层、找平层、保温层、找平层、找坡层、结构层

续表

屋面类型	基本构造层次（自上而下）
瓦屋面	块瓦、挂瓦条、顺水条、持钉层、防水层或防水垫层、保温层、结构层
	沥青瓦、持钉层、防水层或防水垫层、保温层、结构层
金属板屋面	压型金属板、防水垫层、保温层、承托网、支承结构
	上层压型金属板、防水垫层、保温层、底层压型金属板、支承结构
	金属面绝热夹芯板、支承结构
玻璃采光顶	玻璃面板、金属框架、支承结构
	玻璃面板、点支承装置、支承结构

注：1. 表中结构层包括混凝土基层和木基层，防水层包括卷材和涂膜防水层，保护层包括块体材料、水泥砂浆、细石混凝土保护层。
2. 有隔汽要求的屋面，应在保温层与结构层之间设隔汽层。

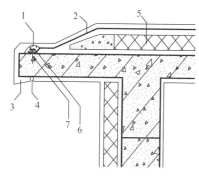

图 6-20 卷材防水屋面檐口

1—密封材料；2—卷材防水层；3—鹰嘴；
4—滴水槽；5—保单层；6—金属压条；7—水泥钉

② 檐沟和天沟。卷材或涂膜防水屋面檐沟和天沟的防水构造，应符合下列规定：檐沟和天沟的防水层下应增设附加层，附加层伸入屋面的宽度不应小于 250mm；檐沟防水层和附加层应由沟底翻上至外侧顶部，卷材收头应用金属压条钉压，并应用密封材料封严。涂膜收头应用防水涂料多遍涂刷；檐沟外侧下端应做成鹰嘴或滴水槽；檐沟外侧高于屋面结构板时，应设置溢水口（图 6-21）。

③ 女儿墙和山墙

女儿墙的防水构造应符合下列规定：女儿墙压顶可采用混凝土或金属制品。压顶向内排水坡度不应小于 5%，压顶内侧下端应做滴水处理。女儿墙泛水处的防水层下应增设附加层，附加层在平面和立面的宽度均不应小于 250mm（图 6-22）。低女儿墙泛水处的防水层可直接铺贴或涂刷至压顶下，卷材收头应用金属压条钉压固定，并应用密封材料封严；涂膜收头应用防水涂料多遍涂刷。高女儿墙泛水处的防水层泛水高度不应小于 250mm；泛水上部的墙体应做防水处理。女儿墙泛水处的防水层表面，宜采用涂刷浅色涂料或浇筑细石混凝土保护。

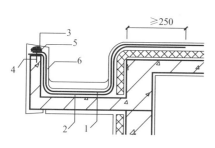

图 6-21 卷材、涂膜防水屋面檐沟

1—防水层；2—附加层；3—密封材料；
4—水泥钉；5—金属压条；6—保护层

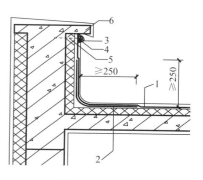

图 6-22 女儿墙

1—防水层；2—附加层；3—密封材料；
4—金属压条；5—水泥钉；6—压顶

山墙的防水构造应符合下列规定：山墙压顶可采用混凝土或金属制品。压顶应向内排水，坡度不应小于 5%，压顶内侧下端应做滴水处理。山墙泛水处的防水层下应增设附加层，附加层在平面和立面的宽度均不应小于 250mm。烧结瓦、混凝土瓦屋面山墙泛水应采用聚合物水泥砂浆抹成，侧面瓦伸入泛水的宽度不应小于 50mm。沥青瓦屋面山墙泛水应采用沥青基胶粘材料满粘一层沥青瓦片，防水层和沥青瓦收头应用金属压条钉压固定，并应用密封材料封严。金属板屋面山墙泛水应铺钉厚度不小于 0.45mm 的金属泛水板，并应顺流水方向搭接；金属泛水板与墙体的搭接高度不应小于 250mm，与压型金属板的搭盖宽度宜为 1～2 波，并应在波峰处采用拉铆钉连接。

④ 水落口。重力式排水的水落口防水构造应符合下列规定：水落口可采用塑料或金属制品，水落口的金属配件均应做防锈处理。水落口杯应牢固地固定在承重结构上，其埋设标高应根据附加层的厚度及排水坡度加大的尺寸确定。水落口周围直径 500mm 范围内坡度不应小于 5%，防水层下应增涂膜附加层。防水层和附加层伸入水落口杯内不应小于 50mm，并应粘结牢固。

⑤ 屋面变形缝。变形缝防水构造应符合下列规定：变形缝泛水处的防水层下应增设附加层，附加层在平面和立面的宽度不应小于 250mm；防水层应铺贴或涂刷至泛水墙的顶部。变形缝内应预填不燃保温材料，上部应采用防水卷材封盖，并放置衬垫材料，再在其上干铺一层卷材。等高变形缝顶部宜加扣混凝土或金属盖板。高低跨变形缝在立墙泛水处，应采用有足够变形能力的材料和构造做密封处理。

（7）建筑变形缝的构造

变形缝是一种人工构造缝，包括伸缩缝、沉降缝和抗震缝三种类型。

1）伸缩缝

伸缩缝也称温度缝，是指为防止建筑结构因温度变化导致结构破坏而沿建筑物或者构筑物施工缝方向的适当部位设置的一条构造缝。

伸缩缝应尽量设置在建筑的中段，当设置几道伸缩缝时，应使各温度区的长度尽量均衡。以伸缩缝为界，把建筑分成两个独立的温度区。结构和构造要完全独立，屋顶、楼板、墙体和梁柱要成为独立的结构与构造单元。由于基础埋置在地下，基本不受气温变化的影响，因此仍然可以连在一起。三是应尽量设置在建筑横墙对位的部位，并采用双横墙双轴线的布置方案，这样可以较好地解决伸缩缝处的构造问题。

2）沉降缝

沉降缝是为防止建筑物各部分由于地基不均匀沉降引起房屋破坏所设置的垂直构造缝。

沉降缝的设置标准没有伸缩缝的量化程度高，主要根据地基情况、建筑自重、结构形式的差异、施工期的间隔等因素来确定。要用沉降缝把建筑分成在结构和构造上完全独立的若干个单元。除了屋顶、楼板、墙体和梁柱在结构与构造上要完全独立之外，基础也要完全独立。因为沉降缝在构造上已经完全具备了伸缩缝的特点，因此沉降缝可以代替伸缩缝发挥作用，反之则不行。

3）抗震缝

抗震缝是为了避免建筑物破坏，按抗震要求设置的垂直构造缝。该缝一般设置在结构变形的敏感部位，沿着房屋基础顶面全面设置，使得建筑分成若干刚度均匀的单元独立变形。

在地震设防烈度为 7~9 度的地区，当建筑立面高差较大、建筑内部有错层且高差较大、建筑相邻部分结构差异较大时，要设置抗震缝。

2. 民用建筑一般装饰装修构造

建筑装饰装修为保护建筑物的主体结构、完善建筑物的使用功能和美化建筑物，采用装饰装修材料或饰物，对建筑物的内外表面及空间进行的各种处理过程。

（1）装饰装修的基本规定

建筑装饰装修工程必须进行设计，并出具完整的施工图设计文件。建筑装饰装修工程设计必须保证建筑物的结构安全和主要使用功能。当涉及主体和承重结构改动或增加荷载时，必须由原结构设计单位或具备相应资质的设计单位核查有关原始资料，对既有建筑结构的安全性进行核验、确认。

（2）地面装饰的一般构造

地面装饰一般分为：整体地面、块料地面、卷材地面、涂料地面。整体地面如水泥混凝土地面、水泥砂浆地面、水磨石地面等。块料地面如陶瓷类板块地面、石材地面、木地面、塑料地面等。卷材地面如地毯、塑胶地面等。涂料地面如丙烯酸、环氧、聚氨酯等树脂型涂料地面。

1）水泥砂浆地面：水泥砂浆面层的厚度应符合设计要求，且不应小于 20mm。水泥宜采用硅酸盐水泥、普通硅酸盐水泥，不同品种、不同强度等级的水泥严禁混用；砂应为中粗砂，当采用石屑时，其粒径应为 1~5mm，且含泥量不应大于 3%；防水水泥砂浆采用的砂或石屑，其含泥量不应大于 1%。一般先用 15~20mm 厚 1:3 水泥砂浆打底并找平，再用 5~10mm 厚 1:2 或 1:2.5 的水泥砂浆抹面，用抹子拍出净浆，最后洒上干水泥粉揉光，抹平。它既可以作为完成面使用，也可以作为其他面层的基层。具有造价低、施工方便、适应性好的优点，但观感差、易结露和起灰、耐磨度一般。

2）水磨石地面：水磨石面层采用水泥与石粒拌合料铺设，有防静电要求时，其拌合料内应按设计要求掺入导电材料。面层厚度除有特殊要求外，宜为 12~18mm，且按石粒粒径确定。水磨石面层的结合层的水泥砂浆体积比宜为 1:3，相应的强度等级不应小于 M10，水泥砂浆稠度（以标准圆锥体沉入度计）宜为 30~35mm。一般先用 10~15mm 厚 1:3 水泥砂浆打底并找平，然后按设计要求固定分格条，分隔条可以用玻璃条、铜条或铝条等，最后用 1:2~1:2.5 水泥石屑浆抹面。浇水养护后用磨光机磨光，再用草酸清洗，并打蜡保护。装饰性能好、耐磨性好、表面光洁、不易起灰，但施工要求较高。

3）陶瓷板块地面：常用的材料有陶瓷锦砖、缸砖、陶瓷地砖和水泥花砖等，铺贴方式一般先用 1:3 水泥砂浆作粘结层，按事先设计好的顺序铺贴面层材料，最后用干水泥粉或填缝剂嵌缝，勾缝和压缝应采用同品种、同强度等级、同颜色的水泥，并做养护和保护。大面积铺设陶瓷地砖、缸砖地面时，室内最高温度大于 30℃、最低温度小于 5℃时，板块紧密镶贴的面积宜控制在 1.5m×1.5m；板块留缝镶贴的勾缝材料宜采用弹性勾缝料，勾缝后应压缝，缝深应不大于板块厚度的 1/3。这种地面具有表面致密光洁、耐磨、耐腐蚀、吸水率低、不变色的特点，但造价偏高。

4）石板地面：石板地面包括天然石材地面和人造石材地面两种材料。天然石材主要是大理石和花岗石，人造石材主要有预制水磨石板、人造大理石板等。铺贴时的工艺要求较高，一般需预先试铺，合适后再正式粘贴。通常是在垫层或结构层上先用 20～30mm 厚 1:3～1:4 干硬性水泥砂浆找平，再用 5～10mm 厚 1:1 水泥砂浆铺贴，并用干水泥粉或水泥浆擦缝。在首层地面也可以采用泼浆的铺法。

5）木地板：木地板主要分为实木、复合及实木复合三种。木地板按构造方式有空铺式和实铺式两种，空铺木地面耗费木料多、占用空间大，目前已经基本不用。实铺木地面铺设方法较多，目前多采用铺钉式和直铺式做法。实木、实木集成、竹地板面层采用的材质、铺设时的木（竹）材含水率、胶粘剂等应符合设计要求和国家现行产品标准的规定。

6）塑料地板：塑料板面层应采用塑料板块材、塑料板焊接、塑料卷材以胶粘剂在水泥类基层上采用实铺或空铺法铺设。水泥类基层表面应平整、坚硬、干燥、密实、洁净、无油脂及其他杂质，不得有麻面、起砂、裂缝等缺陷。胶粘剂应按基层材料和面层材料使用的相容性要求，通过试验确定，其质量应符合国家现行产品标准的规定。防静电塑料板配套的胶粘剂、焊条等应具有防静电性能。具有脚感舒适、防滑、易清洁、美观的优点，但由于板材较薄，对基层的平整度要求极高。

（3）墙面装饰的一般构造

墙面装饰分为外墙饰面和内墙饰面，可以起到装饰和保护墙体的作用。按材料及施工方式，常见的墙面装饰可以分为抹灰类、贴面类、涂料类、裱糊类和铺钉类。

1）抹灰类。抹灰是指在墙面上抹水泥砂浆、混合砂浆等作为面层的装修做法。抹灰施工的材料来源广、造价低廉，但是耐久性差。一般抹灰按照质量要求分为普通抹灰、中级抹灰和高级抹灰。普通抹灰一般由底层和面层组成，中高级抹灰一般在面层和底层之间加一层或多层中间层。对于易被碰撞的内墙阳角，宜做高度不小于 2m 的护角。外墙面因抹灰面积较大，由于材料干缩和温度变化，容易产生裂缝，常在抹灰面层做分格，称为引条线。

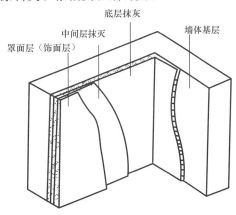

图 6-23　墙面抹灰分层

2）贴面类。贴面是指通过粘贴、绑扎、悬挂等多种工艺，将陶瓷锦砖、花岗石板、大理石板、水磨石等板材固定在墙面的装饰做法。贴面类装饰耐久性好、装饰性强且施工方便，是目前采用较多的一种墙面装饰做法。

① 面砖：是目前室内外墙面装修普遍采用的饰面材料，一般分挂釉和不挂釉两种，表面的色彩与质感也多种多样。

② 陶瓷锦砖：又名马赛克，是用优质陶土烧制而成的小块瓷砖，并在出厂时拼接粘贴在一张背纸上，有挂釉和不挂釉两种。

③石板墙面装修：石板墙面根据施工工艺的不同分为湿挂法和干挂法两种。

3）涂料类。涂料类是指利用各种涂料敷于基层表面，形成完整牢固的膜层，起到保护墙面和装饰作用的做法。涂料按其成膜物的不同可分为无机涂料和有机涂料两大类。涂料装饰施工简便、造价低、装饰性好、工期短，具有良好的发展前景。其中，外墙涂料应具有良好的耐久、抗冻、耐污染性能，内墙涂料应具有耐水、耐高温和防霉性。当外墙施涂的涂料面积过大时，可以设置外墙的分格缝或把墙的阴角处及落水管等处设为分界线，较少涂料色差的影响。

　　4）裱糊类。裱糊类工艺是将各种装饰性的壁纸、壁布等卷材类的装饰材料裱糊在墙面上的装饰做法。其中，常用的壁纸有 PVC 塑料壁纸、纺织物面壁纸、金属面壁纸、天然木纹面壁纸，常用的壁布有人造纤维装饰壁布、锦缎类壁布。裱糊类面层主要在抹灰的基层上进行，也可在其他基层上粘贴壁纸和壁布。

　　5）钉挂类。钉挂类工艺是以附加的金属或者木骨架固定或吊挂表层板材的装饰做法。钉挂类面层的骨架用材主要是铝合金、木材和型钢，有时也可以用单个的金属连接件代替条状的骨架。面材主要有天然和复合木板、纸面石膏板、硅钙板、塑铝板等，表层也可以采用天然或人造皮革以及各类纺织品软包。

　　（4）顶棚装饰的一般构造

　　顶棚是位于楼盖和屋盖下的装饰构造。按照构造方式不同，可分为直接顶棚和悬吊顶棚。

　　1）直接顶棚。直接顶棚是在结构层底面进行喷浆、抹灰、粘贴壁纸、粘贴面砖、粘贴或钉接石膏板条或其他板材等饰面材料。该种顶棚构造简单，构造层厚度小，可充分利用空间，装饰效果多样，用材少，施工方便，造价较低。但不能隐藏管线等设备。常用于普通建筑及室内空间高度受到限制的场所。

　　2）悬吊顶棚。悬吊顶棚简称吊顶，可埋设各种管线，镶嵌灯具，高度调节灵活，可丰富顶棚空间层次和形式。吊顶骨架多用木骨架和金属骨架。

3. 排架结构单层厂房的基本构造

　　单层厂房的结构支承方式分为承重墙支承与骨架支承两类。当厂房跨度、高度、吊车荷载较小时采用承重墙承重，较大时多用骨架支承结构。骨架结构由柱子、屋架或屋面梁等承重构件组成，其结构体系可分为刚架、排架及空间结构，而以排架最为常见。

　　（1）排架厂房结构体系类型

　　1）砌体结构：这种结构由砖石等砌块砌筑成柱子，屋架采用钢筋混凝土屋架或钢屋架。

　　2）混凝土结构：这种结构建设周期短、坚固耐久，与钢结构相比节省钢材，造价较低，故应用广泛。但自重大、抗震性能比钢结构差。

　　3）钢结构：这种结构主要承重构件全部采用钢材，自重轻、抗震性能好、施工速度快，主要用于跨度大、空间高、荷载重、有高温和振动荷载的厂房。但钢结构易腐蚀、保护和维修费用高、耐久及防火性差。

　　（2）排架结构单层厂房的基本构造

　　1）基础：承受柱和基础梁传来的全部荷载，并将荷载传给地基。

　　2）排架柱：是厂房结构的主要承重构件，承受屋架、吊车梁、支撑、连系梁和外墙传来的荷载，并把它传给基础。

3）屋架（屋面梁）：是屋盖结构的主要承重构件，承受屋盖上的全部荷载，并将荷载传给柱子。

4）吊车梁：承受吊车和起重的重量及运行中所有的荷载（包括吊车启动或刹车产生的横向、纵向刹车力）并将其传给框架柱。

5）基础梁：承受上部墙体重量，并把它传给基础。

6）连系梁：是厂房纵向柱列的水平连系构件，用以增加厂房的纵向刚度，承受风荷载和上部墙体的荷载，并将荷载传给纵向柱列。

7）支撑系统构件：加强厂房的空间整体刚度和稳定性，它主要传递水平荷载和吊车产生的水平刹车力。

8）屋面板：直接承受板上的各类荷载，包括屋面板自重，屋面覆盖材料，雪、积灰及施工检修等荷载，并将荷载传给屋架。

9）天窗架：承受天窗上的所有荷载并把它传给屋架。

10）抗风柱：同山墙一起承受风荷载，并把荷载中的一部分传到厂房纵向柱列上去，另一部分直接传给基础。

11）外墙：厂房的大部分荷载由排架结构承担，因此，外墙是自承重构件，主要起着防风、防雨、保温、隔热、遮阳、防火等作用。

12）窗与门：供采光、通风、日照和交通运输用。

13）地面：满足生产使用及运输要求等。

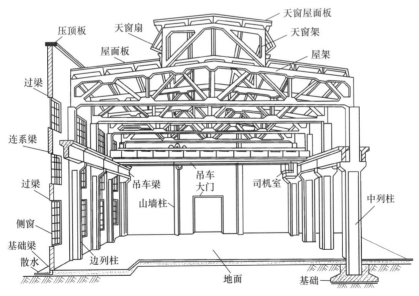

图 6-24　单层厂房的组成

（二）建筑结构

建筑结构是指在建（构）筑物中，由建筑材料做成用来承受各种荷载或者作用，以起骨架作用的空间受力体系。建筑结构因所用的建筑材料不同，可分为混凝土结构、砌体结构、钢结构、木结构和组合结构等。

1. 基础

（1）地基基础的基本概念

基础是将结构所承受的各种作用传递到地基上的下部承重结构，是结构的组成部分。地基是支承基础的土体或岩体。

（2）常见的基础结构形式

基础按使用的材料分为：灰土基础、砖基础、毛石基础、混凝土基础、钢筋混凝土基础等。基础按埋置深度可分为：浅基础、深基础。浅基础是埋置深度小于5m或小于基础宽度4倍的基础，深基础是埋深大于等于5m或大于等于基础宽度4倍的基础。基础按受力特点可分为：无筋扩展基础和扩展基础。基础按构造形式可分为独立基础、条形基础、十字交叉基础、筏形基础、箱形基础和桩基础。

1）无筋扩展基础

无筋扩展基础是指由砖、毛石、混凝土或毛石混凝土、灰土和三合土等材料组成的，且不需配置钢筋的墙下条形基础或柱下独立基础。

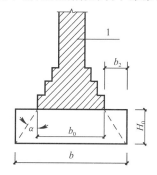

图 6-25 无筋扩展基础构造示意
1—承重墙；α—刚性角

无筋扩展基础俗称刚性基础（图 6-25），由刚性材料制作，有较好的抗压性能，但抗拉、抗剪强度低。基础设计时，通过限制基础外伸宽度与高度的比值，保证拉应力和剪应力不超过基础材料强度的设计值。刚性基础中压力分布角，称为刚性角，不同的材料刚性角不同，在设计中应尽力使基础大放脚与基础材料的刚性角一致以确保基础底面不产生拉力，最大限度地节约基础材料。

2）扩展基础

扩展基础是为扩散上部结构传来的荷载，使作用在基底的压应力满足地基承载力的设计要求，且基础内部的应力满足材料强度的设计要求，通过向侧边扩展一定底面积的基础。该种基础不受刚性角限制，抗弯和抗剪性能良好，一般为柱下钢筋混凝土独立基础和墙下钢筋混凝土条形基础。

扩展基础的构造，应符合下列规定：

① 锥形基础的边缘高度不宜小于200mm，且两个方向的坡度不宜大于1∶3；阶梯形基础的每阶高度，宜为300~500mm。

② 垫层的厚度不宜小于70mm，垫层混凝土强度等级不宜低于C10。

③ 扩展基础受力钢筋最小配筋率不应小于0.15%，底板受力钢筋的最小直径不应小于10mm，间距不应大于200mm，也不应小于100mm。墙下钢筋混凝土条形基础纵向分布钢筋的直径不应小于8mm；间距不应大于300mm；每延米分布钢筋的面积应不小于受力钢筋面积的15%。当有垫层时钢筋保护层的厚度不应小于40mm；无垫层时不应小于70mm。

④ 混凝土强度等级不应低于C20。

⑤ 当柱下钢筋混凝土独立基础的边长和墙下钢筋混凝土条形基础的宽度大于或等于

2.5m 时，底板受力钢筋的长度可取边长或宽度的 0.9 倍，并宜交错布置（图 6-26）。

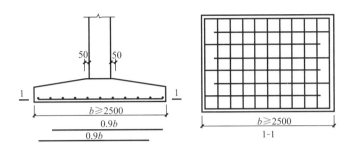

图 6-26 柱下独立基础底板受力钢筋布置

⑥ 钢筋混凝土条形基础底板在 T 形及十字形交接处，底板横向受力钢筋仅沿一个主要受力方向通长布置，另一方向的横向受力钢筋可布置到主要受力方向底板宽度 1/4 处（图 6-27）。在拐角处底板横向受力钢筋应沿两个方向布置。

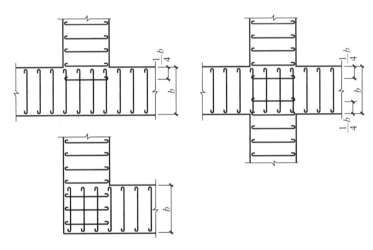

图 6-27 墙下条形基础纵横交叉处底板受力钢筋布置

3）桩基础

桩基础是由设置于岩土中的桩和与桩顶连接的承台共同组成的基础或由柱与桩直接连接的单桩基础。桩基础根据材料可分为木桩、钢筋混凝土桩和钢桩等；根据荷载传递方式可分为端承桩和摩擦桩（图 6-28），摩擦型桩的桩顶竖向荷载主要由桩侧阻力承受，端承型桩的桩顶竖向荷载主要由桩端阻力承受。根据断面形式可分为圆形桩、方形桩、环形桩、六角形桩和工字形桩等；根据施工方法可分为预制桩和灌注桩。

桩和桩基的构造，应符合下列规定：

① 摩擦型桩的中心距不宜小于桩身直径的 3 倍；扩底灌注桩的中心距不宜小于扩底直径的 1.5 倍，当扩底直径大于 2m 时，桩端净距不宜小于 1m。在确定桩距时尚应考虑施工工艺中挤土等效应对邻近桩的影响。

② 扩底灌注桩的扩底直径，不应大于桩身直径的 3 倍。

③ 桩底进入持力层的深度，宜为桩身直径的 1～3 倍。在确定桩底进入持力层深度时，尚应考虑特殊土、岩溶以及震陷液化等影响。嵌岩灌注桩周边嵌入完整和较完整的未

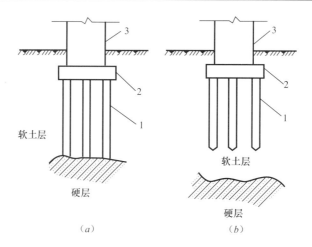

图 6-28　端承桩与摩擦桩

(a) 端承桩；(b) 摩擦桩

1—桩；2—承台；3—上部结构

风化、微风化、中风化硬质岩体的最小深度，不宜小于 0.5m。

④ 布置桩位时宜使桩基承载力合力点与竖向永久荷载合力作用点重合。

⑤ 设计使用年限不少于 50 年时，非腐蚀环境中预制桩的混凝土强度等级不应低于 C30，预应力桩不应低于 C40，灌注桩的混凝土强度等级不应低于 C25；二 b 类环境及三类及四类、五类微腐蚀环境中不应低于 C30；在腐蚀环境中的桩，桩身混凝土的强度等级应符合现行国家标准《混凝土结构设计规范》GB50010 的有关规定。设计使用年限不少于 100 年的桩，桩身混凝土的强度等级宜适当提高。水下灌注混凝土的桩身混凝土强度等级不宜高于 C40。

⑥ 桩身混凝土的材料、最小水泥用量、水灰比、抗渗等级等应符合现行国家标准《混凝土结构设计规范》GB50010、《工业建筑防腐蚀设计规范》GB50046 及《混凝土结构耐久性设计规范》GB /T 50476 的有关规定。

⑦ 桩的主筋配置应经计算确定。预制桩的最小配筋率不宜小于 0.8％（锤击沉桩）、0.6％（静压沉桩），预应力桩不宜小于 0.5％；灌注桩最小配筋率不宜小于 0.2％～0.65％（小直径桩取大值）。桩顶以下 3～5 倍桩身直径范围内，箍筋宜适当加强加密。

⑧ 桩身纵向钢筋配筋长度应符合下列规定：

A. 受水平荷载和弯矩较大的桩，配筋长度应通过计算确定；

B. 桩基承台下存在淤泥、淤泥质土或液化土层时，配筋长度应穿过淤泥、淤泥质土层或液化土层；

C. 坡地岸边的桩、8 度及 8 度以上地震区的桩、抗拔桩、嵌岩端承桩应通长配筋；

D. 钻孔灌注桩构造钢筋的长度不宜小于桩长的 2/3；桩施工在基坑开挖前完成时，其钢筋长度不宜小于基坑深度的 1.5 倍。

⑨ 桩身配筋可根据计算结果及施工工艺要求，可沿桩身纵向不均匀配筋。腐蚀环境中的灌注桩主筋直径不宜小于 16mm，非腐蚀性环境中灌注桩主筋直径不应小于 12mm。

⑩ 桩顶嵌入承台内的长度不应小于 50mm。

⑪灌注桩主筋混凝土保护层厚度不应小于 50mm；预制桩不应小于 45mm，预应力管桩不应小于 35mm；腐蚀环境中的灌注桩不应小于 55mm。

4）独立基础

独立基础也称单独基础，用作柱下独立基础和墙下独立基础，常采用方形、圆柱形和多边形等形式，独立基础分三种：阶形基础、锥形基础、杯形基础（图 6-29）。

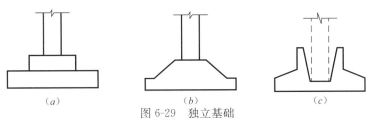

图 6-29　独立基础
(a) 阶形基础；(b) 坡形基础；(c) 杯形基础

5）条形基础

条形基础是指基础长度远远大于宽度的一种基础形式。按上部结构分为墙下条形基础和柱下条形基础（图 6-30）。

6）十字交叉基础

柱下条形基础在柱网的双向布置，相交于柱位处形成十字交叉条形基础（图 6-31）。当地基软弱，建筑荷载较大，柱网的柱荷载不均匀，需要基础具有空间刚度以调整不均匀沉降时多采用此类型基础。

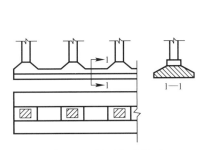

图 6-30　柱下条形基础

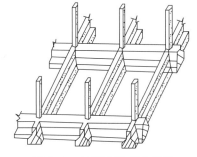

图 6-31　柱下十字交叉基础

7）筏形基础

筏形基础是柱下或墙下连续的平板式或梁板式钢筋混凝土基础（图 6-32）。

8）箱形基础

箱形基础是由底板、顶板、侧墙及一定数量内隔墙构成的整体刚度较好的单层或多层钢筋混凝土基础（图 6-33）。

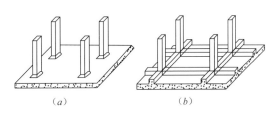

图 6-32　筏形基础
(a) 平板式筏形基础；(b) 梁板式筏形基础

2. 钢筋混凝土结构的基本知识

（1）混凝土结构的一般概念

混凝土结构是以混凝土为主制成的结构，并根据需要配置钢筋、钢管等，包括素混凝

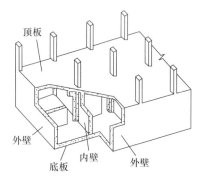

顶板

外壁

底板 内壁 外壁

图 6-33 箱形基础

土结构、钢筋混凝土结构和预应力混凝土结构等。常见的混凝土结构如下：

① 素混凝土结构：无筋或不配置受力钢筋的混凝土结构；

② 钢筋混凝土结构：配置受力的普通钢筋、钢筋网或钢筋骨架的混凝土结构；

③ 预应力混凝土结构：配置受力的预应力筋，通过张拉或其他方法建立预加应力的混凝土结构；

④ 装配式混凝土结构：由预制混凝土构件或部件装配、连接而成的混凝土结构；

⑤ 装配整体式混凝土结构：由预制混凝土构件或部件通过钢筋、连接件或施加预应力加以连接，并现场浇筑混凝土而形成整体受力的混凝土结构。

（2）混凝土结构设计

1）混凝土结构设计应包括下列内容：

① 结构方案设计，包括结构选型、传力途径和构件布置；

② 作用及作用效应分析；

③ 结构构件截面配筋计算或验算；

④ 结构及构件的构造、连接措施；

⑤ 对耐久性及施工的要求；

⑥ 满足特殊要求结构的专门性能设计。

2）目前，我国混凝土结构设计采用以概率理论为基础的极限状态设计方法，以可靠指标度量结构构件的可靠度，采用分项系数的设计表达式进行设计。

3）混凝土结构的极限状态设计应包括：承载能力极限状态，结构或结构构件达到最大承载力、出现疲劳破坏或不适于继续承载的变形，或结构的连续倒塌；正常使用极限状态，结构或结构构件达到正常使用或耐久性能的某项规定限值。

（3）混凝土结构的计算

1）承载能力极限状态计算包括：正截面承载力计算、斜截面承载力计算、扭曲截面承载力计算、受冲切承载力计算、局部受压承载力计算、疲劳验算。

2）正常使用极限状态验算包括：裂缝控制验算、受弯构件挠度验算。

（4）混凝土结构构件

1）板

钢筋混凝土板，常用作屋盖、楼盖、平台、墙、挡土墙、基础、地坪、路面、水池等。钢筋混凝土板按平面形状分为方板、圆板和异形板。按结构的受力作用方式分为单向板和双向板。最常见的有单向板、四边支承双向板和由柱支承的无梁平板。板的厚度应满足承载力和刚度的要求。

现浇混凝土板应符合以下规定：

① 板的跨厚比：钢筋混凝土单向板不大于 30，双向板不大于 40；无梁支承的有柱帽板不大于 35，无梁支承的无柱帽板不大于 30。预应力板可适当增加；当板的荷载、跨度

较大时宜适当减小。

② 现浇钢筋混凝土板的厚度不应小于表 6-4 规定的数值。

现浇钢筋混凝土板的最小厚度（mm）　　　　　　　　　表 6-4

板 的 类 别		最小厚度
单向板	屋面板	60
	民用建筑楼板	60
	工业建筑楼板	70
	行车道下的楼板	80
双向板		80
密肋楼盖	面板	50
	肋高	250
悬臂板（固定端）	悬臂长度不大于 500mm	60
	悬臂长度 1200mm	100
无梁楼板		150
现浇空心楼盖		200

注：当采取有效措施时，预制板面板的最小厚度可取 40mm。

2）梁

钢筋混凝土梁形式多种多样，是房屋建筑、桥梁建筑等工程结构中最基本的承重构件，应用范围极广。钢筋混凝土梁按其截面形式，可分为矩形梁、T 形梁、工字梁、槽形梁和箱形梁。按其施工方法，可分为现浇梁、预制梁和预制现浇叠合梁。按其配筋类型，可分为钢筋混凝土梁和预应力混凝土梁。按其结构简图，可分为简支梁、连续梁、悬臂梁、主梁和次梁等。

3）柱

钢筋混凝土柱是房屋、桥梁、水工等各种工程结构中最基本的承重构件，常用作楼盖的支柱、桥墩、基础柱、塔架和桁架的压杆。钢筋混凝土柱承载力大，具有良好的塑性和抗震性能，与钢柱相比，经济效益显著。

当墩柱中间或柱顶上设置支撑梁部的结构时，往往要设计成柱牛腿（图 6-34）。

4）墙

现行国家标准《混凝土结构设计规范》GB50010-2010 规定，竖向构件截面长边、短边（厚度）比值大于 4 时，宜按墙的要求进行设计。墙的厚度不宜小于 140mm；对剪力墙结构尚不宜小于层高的 1/25，对框架-剪力墙结构尚不宜小于层高的 1/20。

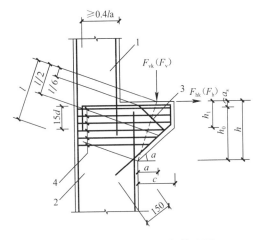

图 6-34　牛腿的外形及钢筋配置

1—上柱；2—下柱；3—弯起钢筋；4—水平箍筋

高层建筑混凝土结构中常用到剪力墙，剪力墙除承受结构自重外，还承受风荷载或地震作用引起的水平荷载及竖向荷载，主要是为防止结构剪切破坏。短肢剪力墙结构是指墙肢的长度为厚度的 4～8 倍剪力墙结构。

5）叠合构件

叠合构件由预制混凝土构件（或既有混凝土结构构件）和后浇混凝土组成，两阶段成型的整体受力结构构件。

（5）混凝土结构构造规定

1）伸缩缝

伸缩缝是指为防止建筑物构件由于气候温度变化（热胀、冷缩），使结构产生裂缝或破坏而沿建筑物或者构筑物施工缝方向的适当部位设置的一条构造缝。钢筋混凝土结构伸缩缝的最大间距可按表 6-5 确定。

钢筋混凝土结构伸缩缝最大间距（m）　　　　　　表 6-5

结构类别		室内或土中	露天
排架结构	装 配 式	100	70
框架结构	装 配 式	75	50
	现 浇 式	55	35
剪力墙结构	装 配 式	65	40
	现 浇 式	45	30
挡土墙、地下室墙壁等类结构	装 配 式	40	30
	现 浇 式	30	20

注：1. 装配整体式结构的伸缩缝间距，可根据结构的具体情况取表中装配式结构与现浇式结构之间的数值；
　　2. 框架-剪力墙结构或框架-核心筒结构房屋的伸缩缝间距，可根据结构的具体情况取表中框架结构与剪力墙结构之间的数值；
　　3. 当屋面无保温或隔热措施时，框架结构、剪力墙结构的伸缩缝间距宜按表中露天栏的数值取用；
　　4. 现浇挑檐、雨罩等外露结构的局部伸缩缝间距不宜大于 12m。

2）混凝土保护层

构件中普通钢筋及预应力筋的混凝土保护层厚度应满足下列要求：

① 构件中受力钢筋的保护层厚度不应小于钢筋的直径 d。

② 设计使用年限为 50 年的混凝土结构，最外层钢筋的保护层厚度应符合表 6-6 的规定；设计使用年限为 100 年的混凝土结构，最外层钢筋的保护层厚度不应小于表 6-6 中数值的 1.4 倍。

混凝土保护层的最小厚度 c（mm）　　　　　　表 6-6

环境等级	板 墙 壳	梁 柱
一	15	20
二 a	20	25
二 b	25	35
三 a	30	40
三 b	40	50

注：1. 混凝土强度等级不大于 C25 时，表中保护层厚度数值应增加 5mm；
　　2. 钢筋混凝土基础宜设置混凝土垫层，其受力钢筋的混凝土保护层厚度应从垫层顶面算起，且不应小于 40mm。

3）钢筋的锚固

基本锚固长度应按下列公式计算：

普通钢筋

$$l_{ab} = \alpha \frac{f_y}{f_t} d \qquad (6\text{-}1)$$

预应力筋

$$l_{ab} = \alpha \frac{f_{py}}{f_t} d \qquad (6\text{-}2)$$

式中　l_{ab}——受拉钢筋的基本锚固长度；

　f_y、f_{py}——普通钢筋、预应力筋的抗拉强度设计值；

　　f_t——混凝土轴心抗拉强度设计值，当混凝土强度等级高于 C60 时，按 C60 取值；

　　d——锚固钢筋的直径；

　　α——锚固钢筋的外形系数，按表 6-7 取用。

锚固钢筋的外形系数 α　　　　　　　　　表 6-7

钢筋类型	光面钢筋	带肋钢筋	螺旋肋钢丝	三股钢绞线	七股钢绞线
α	0.16	0.14	0.13	0.16	0.17

注：光面钢筋末端应做 180°弯钩，弯后平直段长度不应小于 $3d$，但作受压钢筋时可不做弯钩。

　4）钢筋的连接

　钢筋连接可采用绑扎搭接、机械连接或焊接。机械连接接头及焊接接头的类型及质量应符合国家现行有关标准的规定。混凝土结构中受力钢筋的连接接头宜设置在受力较小处。在同一根受力钢筋上宜少设接头。在结构的重要构件和关键传力部位，纵向受力钢筋不宜设置连接接头。

3. 钢结构的基本知识

　（1）钢结构的一般概念

　钢结构是以钢板、钢管、圆钢、热轧型钢或冷加工成型的型钢通过焊接、铆钉或螺栓连接而成的结构。常见的钢结构用途如下：

　①空间结构：按一定规律布置的杆件、构件通过节点连接而构成的空间结构，包括网架、曲面型网壳以及立体桁架等；

　②工业厂房：对于吊车起重量较大或者工作繁重的车间，主要承重骨架多采用钢结构；

　③受动力荷载作用和抗震要求高的结构：因为钢材具有较好的强度和冲击韧性，可承受动力荷载作用；

　④高耸结构：包括塔架和桅杆结构，如高压输电线路的塔架、广播、通信和电视发射用的塔架和桅杆、火箭（卫星）发射塔架等；

　⑤钢和混凝土的组合结构：型钢与混凝土或钢筋混凝土组合而成的结构，如钢管混凝土结构等。

　（2）钢结构设计

　1）钢结构设计应包括下列内容：

　①结构方案设计，包括结构选型、构件布置；

　②材料选用；

③ 作用及作用效应分析；

④ 结构的极限状态验算；

⑤ 结构、构件及连接的构造；

⑥ 制作、运输、安装、防腐和防火等要求；

⑦ 满足特殊要求结构的专门性能设计。

2）除疲劳计算外，钢结构采用以概率理论为基础的极限状态设计方法，用分项系数设计表达式进行计算。

3）钢结构承载能力极限状态包括：构件或连接的强度破坏、脆性断裂，因过度变形而不适用于继续承载，结构或构件丧失稳定，结构转变为机动体系和结构倾覆；正常使用极限状态包括：影响结构、构件或非结构构件正常使用或外观的变形，影响正常使用的振动，影响正常使用或耐久性能的局部损坏。

（3）钢结构计算

建筑结构的内力和变形可按结构静力学方法进行弹性或弹塑性分析。钢结构构件一般要进行受弯、拉弯、压弯、疲劳、连接计算。

（4）钢结构连接

钢结构连接包括焊缝连接、铆钉连接和螺栓连接三种（图 6-35）。钢结构构件的连接应根据作用力的性质和施工环境条件选择合理的连接方法。工厂加工构件的连接宜采用焊接，可选用角焊缝及焊透或非熔透的对接焊缝连接；现场连接宜采用螺栓连接，主要承重构件的现场连接或拼接应采用高强度螺栓连接或同一接头中高强螺栓与焊接用于不同部位的栓焊共同连接。同一连接接头中不得采用普通螺栓与焊接共用的连接；在改、扩建工程中作为加固补强措施，可采用高强螺栓与焊接承受同一作用力的栓焊并用连接。

1）焊缝连接：不宜采用于直接承受动力荷载的结构。包括：对接焊缝、角接焊缝、塞焊焊缝、槽焊、熔透焊缝、部分熔透焊缝等。

2）铆钉连接：构造复杂，用钢量大，已很少采用。

3）螺栓连接：在桥梁及空间结构中广泛采用，分为普通螺栓连接和高强螺栓连接。

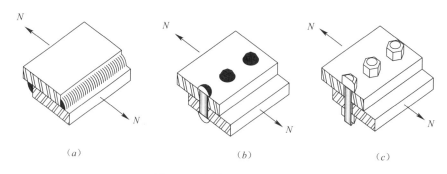

（a）   （b）   （c）

图 6-35　钢结构的连接方式
（a）焊接；（b）铆钉连接；（c）螺栓连接

（5）钢结构构件

1）材料选用

结构钢材的选用应遵循技术可靠、经济合理的原则，综合考虑结构的重要性、荷载特征、结构形式、应力状态、连接方法、工作环境、钢材厚度和价格等因素，选用合适的钢材牌号和材性保证项目。建筑行业中常见的钢材型号有 Q235 钢、Q345 钢和 Q390 钢。

2）钢结构焊接材料和紧固材料应符合国家现行有关标准的规定。

4. 砌体结构的基本知识

（1）砌体结构的一般概念

由砖砌体、石砌体或砌块砌体建造的结构称为砌体结构。由于砌体的抗压强度较高而抗拉强度很低，因此，砌体结构构件主要承受轴心或小偏心压力，而很少受拉或受弯，一般民用和工业建筑的墙、柱和基础都可采用砌体结构。大多数民用房屋建筑结构的墙体是砌体材料建造的，而屋盖和楼板则用钢筋混凝土建造，这种由两种材料作为主要承重结构的房屋称为混合结构房屋。一般中、小型工业厂房也可以采用混合结构。

砌体结构常用砌体材料有：砖砌体，包括烧结普通砖、烧结多孔砖、蒸压灰砂普通砖、蒸压粉煤灰普通砖、混凝土普通砖、混凝土多孔砖的无筋和配筋砌体；砌块砌体，包括混凝土砌块、轻集料混凝土砌块的无筋和配筋砌体；石砌体，包括各种料石和毛石砌体。

（2）砌体结构设计

在我国砌体结构采用以概率理论为基础的极限状态设计方法，以可靠指标度量结构构件的可靠度采用分项系数的设计表达式进行计算。砌体结构应按承载能力极限状态设计并满足正常使用极限状态的要求。砌体结构和结构构件在设计使用年限内及正常维护条件下必须保持满足使用要求而不需大修或加固。设计使用年限可按现行国家标准《建筑结构可靠度设计统一标准》GB 50068 的有关规定确定。

（3）砌体结构计算

砌体结构计算时要进行房屋的静力计算，房屋的静力计算方案是根据房屋的空间工作性能确定的结构静力计算简图，包括刚性方案、弹性方案和刚弹性方案。无筋砌体结构构件一般要进行受压、局部受压、轴心受拉、受弯、受剪计算。配筋砌块砌体构件要进行正截面受压承载力计算、斜截面受拉承载力计算。

（4）砌体结构构件

1）网状配筋砖砌体构件：在砌体中配置钢筋以增强其承载力和变形能力，通常在砌体的水平灰缝中配置钢筋网（图 6-36）。

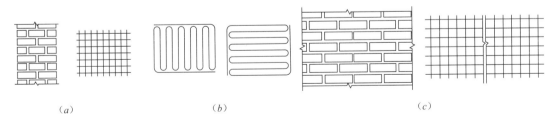

(a)　　　　　　　　　　(b)　　　　　　　　　　(c)

图 6-36　网状配筋砌体
(a) 用方格网配筋的砖柱；(b) 连弯钢筋网；(c) 用方格网配筋的砖墙

2）组合砖砌体构件：在砌体内配置纵向钢筋或设置部分钢筋混凝土或钢筋砂浆以共同承受承载力的构件。

3）钢筋砌块砌体构件：利用混凝土小型空心砌块的竖向空洞，配置竖向钢筋和水平钢筋，再灌注芯柱混凝土形成配筋砌块剪力墙。

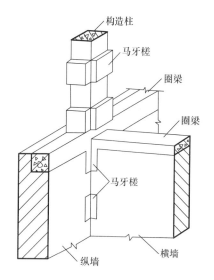

图 6-37　圈梁示意图

4）过梁：为了承受门窗洞口上部墙体的重量和楼盖传来的荷载，在门窗洞口上沿设置的梁。

5）圈梁：沿建筑物外墙四周及纵横墙设置的连接封闭梁，可以加强房屋的整体刚度和墙体的稳定性（图 6-37）。

6）托梁和墙梁：为了使建筑底层具备较大空间，设置钢筋混凝土大梁以承托上面各层横墙以及由横墙传来的楼盖荷载，这种承托墙体的大梁称为托梁，由托梁和上部计算高度范围内的墙体组成的组合结构称为墙梁。

7）挑梁：嵌固在砌体中的钢筋混凝土悬挑梁。

（5）砌体结构的构造措施

1）无筋砌体的基本构造措施

砌体结构的构造是确保房屋结构整体性和结构安全的可靠措施。墙体的构造措施主要包括三个方面，即伸缩缝、沉降缝和圈梁。刚弹性和弹性方案房屋，圈梁应与屋架、大梁等构件可靠连接。钢筋混凝土圈梁的宽度宜与墙厚相同，当墙厚 $h \geqslant 240mm$ 时，其宽度不宜小于 $2h/3$。圈梁高度不应小于 120mm。纵向钢筋不应少于 $4\phi 10$，绑扎接头的搭接长度按受拉钢筋考虑，箍筋间距不应大于 300mm。

2）配筋砌体构造

①网状配筋砌体

为了使网状配筋砌体安全可靠地工作，除满足承载力要求外，还应满足以下构造要求：

A. 网状配筋砌体体积配筋率不宜小于 0.1%，且不应大于 1%。钢筋网的间距不应大于 5 皮砖，不应大于 400mm。配筋率过小，强度提高不明显；配筋率过大，破坏时，钢筋不能充分利用。

B. 钢筋的直径 3～4mm（连弯网式钢筋的直径不应大于 8mm）。钢筋直径过细，由于锈蚀降低承载力；钢筋过粗，增大灰缝厚度，对砌体受力不利。

C. 网内钢筋间距不应大于 120mm 且不应小于 30mm。钢筋间距过小，灰缝中的砂浆难以密实均匀；间距过大，钢筋的砌体横向约束作用不明显。为保证钢筋与砂浆有足够的粘结力，网内砂浆强度不应低于 M7.5，灰缝厚度应保证钢筋上下各有 2mm 砂浆层。

②组合砌体

组合砌体由砌体和面层混凝土（或面层砂浆）两种材料组成，故应保证它们之间有良好的整体性和工作性能。具体要求如下：

A. 面层水泥砂浆强度等级不宜低于 M10，面层厚度 30～45mm。竖向钢筋宜采用 HPB235，受压钢筋一侧的配筋率不宜小于 0.1%。

B. 面层混凝土强度等级宜采用 C20，面层厚度大于 45mm，受压钢筋一侧的配筋率不应小于 0.2%，竖向钢筋宜采用 HPB235 级钢筋，也可用 HRB335 级钢筋。

C. 砌筑砂浆强度等级不宜低于 M7.5。竖向钢筋直径不应小于 8mm，净间距不应小于 30mm，受拉钢筋配筋率不应小于 0.1％。箍筋直径不宜小于 4mm 及大于等于 0.2 倍的受压钢筋的直径，并不宜大于 6mm，箍筋的间距不应小于 120mm，也不应大于 500mm 及 20d。

D. 当组合砌体一侧受力钢筋多于 4 根时，应设置附加箍筋和拉结筋。对于截面长短边相差较大的构件（如墙体等），应采用穿通构件或墙体的拉结筋作为箍筋，同时设置水平分布钢筋，以形成封闭的箍筋体系。水平分布钢筋的竖向间距及拉结筋的水平间距均不应大于 500mm。

（三）建筑设备

建筑设备就是在建筑物内为满足用户的工作、学习和生活的需要而提供整套服务的各种设备和设施的总称，具体包括给水排水、供热、通风、空调、燃气、电力、照明、通信、安全、智能等设备系统。

1. 建筑给水排水工程的基本知识

（1）建筑给水系统

1）建筑室内给水系统的分类

建筑给水也称建筑室内给水，分为生活给水系统、生产给水系统、消防给水系统等。

2）建筑室内给水系统的组成

建筑室内给水系统一般由引入管、计量仪表、建筑给水管网、给水附件、给水设备、配水设备等组成，如图 6-38 所示。

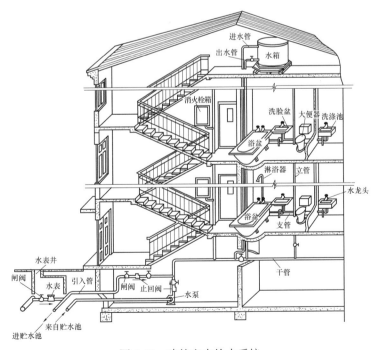

图 6-38　建筑室内给水系统

① 引入管。引入管也称进户管，是自室外给水管网的接管点将水引入建筑内部给水管网的管段，是室外给水管网与室内给水管网之间的联络管。

② 计量仪表。计量仪表包括用来计测水量、水压、温度、水位的仪表，如水表、流量表、压力表、真空计、温度计、水位计等。

③ 建筑给水管网。建筑给水管网也称室内给水管网，是由干管、立管、支管等组成的管道系统，用于水的输送和分配。干管是将引入管送来的水输送到各个立管中的水平管段。立管是将干管送来的水输送到各个楼层的竖直管段。支管是将立管送来的水输送到各个配水装置或用水装置的管段。

④ 给水附件。给水附件是指给水管道上为了调节水量、水压，控制水流方向和启闭水流而在系统中设置的水龙头和阀门等管路附件的总称。按照用途不同可分为配水附件和控制附件。

⑤ 给水设备。给水设备是指当室外给水管网的水量、水压不能满足建筑用水要求时，在系统中设置的水泵、水箱、水池、气压给水设备等升压或储水设备。

⑥ 配水设备。配水设备是指生活、生产和消防给水系统的终端用水设施。生活给水系统中主要指卫生器具的给水配件，生产给水系统主要指用水设备，消防给水系统主要指室内消火栓、各种喷头等。

（2）建筑排水系统

1）建筑排水系统的分类

建筑排水又称建筑室内排水，分为生活污水排水系统、生产污（废）水排放系统和雨（雪）水排放系统等。

2）建筑排水系统的组成

一般建筑物内部排水系统由污（废）水收集器、排水管道、通气管、清通装置和提升设备的组成，如图 6-39 所示。

① 污（废）水收集器：用来收集污（废）水器具，如室内卫生器具等。

② 排水横支管：将各卫生器具排水管流来的污水排至立管。

③ 排水立管：承接各楼层支管流入的污水，然后排入排出管。

④ 排出管：是室内排水立管与室外排水检查井之间的连接管段，它接受一根或几根立管流来的污水并排入室外排水管网。

⑤ 通气管：使建筑内部排水管系统与大气相同，保持压力平衡；保证在正压力状态下排放污（废）水；排出管道中的有害气体。

⑥ 清通设备：检查口和清扫口属于清通设备，为方便排水管道疏通堵塞，一般在排水立管和横支管上相应部位设置清通设备。

⑦ 污水抽升设备：建筑地下部分的污（废）水不能自流排至室外检查井，需设污水抽升设备，如污水泵等。

⑧ 污水局部处理设施：当室外污水未经处理不允许直接排入城市排水管道或污染水体时，必须予以局部处理。民用建筑常用的污水局部处理设施有化粪池、隔油池、沉淀池和中和池等。

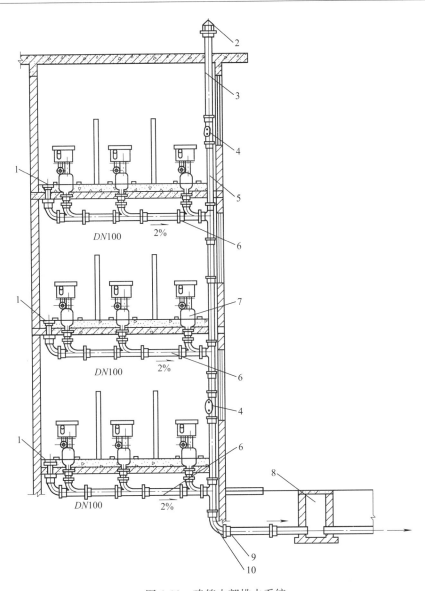

图 6-39　建筑内部排水系统

1—清扫口；2—风帽；3—通气管；4—检查口；5—排水立管；6—排水横支管；7—大便器；

8—检查井；9—排出管；10—出户大弯管

（3）建筑给水排水常用管材

1）建筑给水常用管材

① 金属管

A. 焊接钢管。焊接钢管俗称水煤气管，又称为低压流体输送管或有缝钢管。按其表面是否镀锌可分为镀锌钢管（又称白铁管）和非镀锌钢管（又称黑铁管）。按钢管壁厚不同又分为普通钢管、加厚管和薄壁管三种。按管端是否带有螺纹还可分为带螺纹和不带螺纹两种。焊接钢管的直径规格用公称直径"DN"表示，单位为 mm（如 $DN25$）。普通焊接钢管用于输送流体工作压力小于或等于 1.0MPa 的管路，如室内给水系统管道，加厚焊接钢管用于输送工作压力小于或等于 1.6MPa 的管路。

B. 无缝钢管。用于输送流体的无缝钢管用 10 号、20 号、Q295、Q345 牌号的钢材制造而成。

按制造方法可分为热轧和冷轧两种。热轧管外径有 32～630mm 的各种规格，每根管的长度为 3～12m；冷轧管外径有 5～220mm 的各种规格，每根管的长度为 1.5～9m。无缝钢管的直径规格用管外径×壁厚表示，符号为 $D×\delta$，单位为 mm（如 159×4.5）。无缝钢管用作输送流体时，适用于城镇、工矿企业给水排水、氧气、乙炔。一般直径小于 50mm 时，选用冷拔钢管，直径大于 50mm 时，选用热轧钢管。

C. 铜管。常用铜管有紫铜管（纯铜管）和黄铜管（铜合金管）。紫铜管主要用 T2、T3、T4、Tup（脱氧铜）制造而成。铜管常用于高纯水制备、输送饮用水、热水和民用天然气、煤气、氧气及对铜无腐蚀作用的介质。

D. 铸铁管。铸铁管分为给水铸铁管和排水铸铁管两种。给水铸铁管常用球墨铸铁浇铸而成，出厂前内外表面已用防锈沥青漆防腐。按接口形式分为承插式和法兰式两种。按压力分为高压、中压和低压给水铸铁管。直径规格均用公称直径表示。

E. 铝塑管。铝塑管是以焊接铝管为中间层，内外层均为聚乙烯塑料，采用专用热熔胶，通过挤压成型的方法复合成一体的管材。可分为冷、热水用铝塑管和燃气用复合管。铝塑管常用外径等级为 D14、16、20、25、32、40、50、63、75、90、110 共 11 个等级。

② 非金属管

A. 塑料给水管。塑料管是以合成树脂为主要成分，加入适量的添加剂，在一定的温度和压力下塑制成型的有机高分子材料管道。分为给水硬聚氯乙烯管（PVC-U）和给水高密度聚乙烯管（HDPE）两种。用于室内外（埋地或架空）输送水温不超过 45℃ 的冷热水。

B. 其他非金属管材。给水工程中除使用给水塑料管外，还经常在室外给水工程中使用自应力和预应力钢筋混凝土管给水管。

2）建筑排水常用管材

① 塑料管：包括 PVC-U（硬聚氯乙烯）管、UPVC 隔声空壁管、UPVC 芯层发泡管、ABS 管等多种管材，适用于建筑高度不大于 100m、连续排放温度不大于 40℃、瞬时排放温度不大于 80℃ 的生活污水系统、雨水系统，也可用作生产排水管。

② 排水铸铁管：管壁较给水铸铁管薄，不能承受高压，常用于建筑生活污水管、雨水管等，也可用作生产排水管。排水铸铁管连接方式多为承插式，常用的接口材料有普通水泥接口、石棉水泥接口、膨胀水泥接口等。

③ 钢管：用作卫生器具排水支管及生产设备振动较大的地点、非腐蚀性排水支管上，管径小于或等于 50mm 的管道，可采用焊接或配件连接。

（4）常见的给水排水系统

1）常见的给水系统

① 直接给水方式：室外给水管网的水量、水压在一天的任何时间内均能满足建筑物内最不利配水点用水要求时，不设任何调节和增压设施的给水方式称为直接给水方式。

② 单设水箱给水方式：建筑物内部设有管道系统和屋顶水箱，当室外管网压力能够满足室内用水要求时，则由室外管网直接向室内管网供水，并向水箱充水；在用水高峰时，室外管网压力不足，则由水箱向室内系统补充供水。

③ 设水泵给水方式：当室外管网水压经常不足时，可利用建筑物内给水管道系统设置的加压水泵向室内给水系统供水。

④ 设水池、水泵和水箱的联合给水方式：当允许水泵直接从室外管网抽水时，且室外给水管网的水压低于或周期性低于建筑物内部给水管网所需水压，且建筑物内部用水量很不均匀时，宜采用水箱和水泵联合给水方式。

2）常见的排水系统

① 分流制：指粪便污水和生活废水，生产污水与生产废水在建筑物内部分别排至建筑物外，即上述各种污（废）水系统，分别设置管道各自独立排至建筑物外。

② 合流制：指粪便污水和生活废水，生产污水与生产废水在建筑物内合流后排至建筑物外，即上述各种污（废）水系统，合二为一或合三为一设置管道合流排出建筑物外。

2. 供热工程的基本知识

供热就是用人工方法向室内供给热量，保持一定的室内温度，以创造适宜的生活条件或工作条件的技术。供热系统主要由热源、供热管网和热用户三部分组成。

供热系统的热媒分为热水、蒸汽和热风。以热水和蒸汽作为热媒的集中供暖系统，由热源、输热设备和散热设备组成，具有供热量大、节约燃料、污染较轻、费用低等优点，在工业与民用建筑中应用广泛。

（1）局部供热系统和集中供热系统

① 局部供热系统：将热源和散热设备合并为一体，分散设置在各个房间。

② 集中供热系统：由远离供热房间的热源、输热管道和散热设备等三部分组成。

（2）热水和蒸汽供热系统

① 热水供热系统：按照热媒参数，分为低温热水供热系统和高温热水供热系统；按照系统循环动力，分为自然（重力）循环和机械循环系统（图 6-40、图 6-41）；按照立管数量，分为单管和双管系统；按照管道敷设方式，分为垂直式和水平式。机械循环热水供

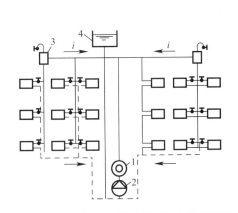

图 6-40　机械循环上供下回式热水供暖系统
1—热水锅炉；2—循环水泵；3—集气罐；
4—膨胀水箱

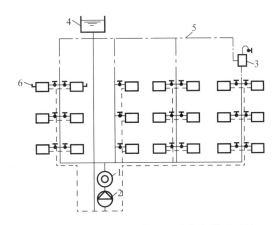

图 6-41　机械循环下供下回式热水供暖系统
1—热水锅炉；2—循环水泵；3—集气罐；
4—膨胀水箱；5—空气管；6—放气阀

暖系统常用的形式为：双管系统、垂直单管系统、水平式系统、同程式和异程式系统。

② 蒸汽供热系统：按照系统中蒸汽相对压力大小，分为低压蒸汽供暖系统和高压蒸汽供暖系统。

③ 低温热水地板辐射供暖系统：以温度不高于 60℃ 的热水为热媒，在加热管内循环流动，加热地板，通过地面以辐射和对流的传热方式向室内供热的供暖系统。

3. 建筑通风与空调工程的基本知识

（1）通风与空调概念

1）建筑通风

建筑通风是将室内被污染的空气直接或经净化后排出室外，再将新鲜空气补充进来，从而保证室内的空气环境符合卫生标准并满足生产工艺的要求。通风系统一般不循环使用回风，而是对送入室内的新鲜空气不作处理或仅作简单处理，并根据需要对排风进行除尘、净化处理后排出或是直接排出室外。

2）空气调节

空气调节是采用技术把某种特定内部的空气控制在一定状态下，使其满足人体舒适和生产工艺的要求。空调系统一般对室内空气循环使用，把新风与回风混合后进行热湿处理，然后送入被调房间。

（2）通风系统分类

1）自然通风：借助风压和热压作用使室内外的空气进行交换。

2）机械通风：借助通风机产生的吸力或压力，通过通风管道进行室内外空气交换（图 6-42）。

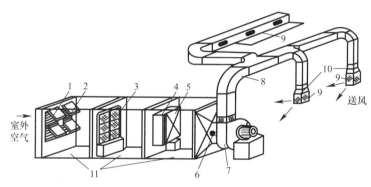

图 6-42 机械通风系统示意图

1—百叶窗；2—保温阀；3—过滤器；4—旁通阀；5—空气加热器；6—启动阀；

7—通风机；8—通风管网；9—出风口；10—调节阀；11—送风室

3）全面通风：对整个房间进行通风换气。

4）局部通风：利用局部气流，改善局部区域的空气环境。

（3）空调系统的分类

1）按空气处理设备设置情况分类

① 集中式空气调节系统：过滤器、冷却器、加热器、加湿器等空气处理设备设置在空调机房内，空气经过集中处理后经风道送入各个房间。

② 半集中式空气调节系统：除了设置集中的空调机房外，还设有分散在空调房间内的二次处理装置（诱导系统和风机盘管系统）。主要是在空气进入房间前，对来自集中处理设备的空气进一步补充处理。

③ 全分散空气调节系统：将冷（热）源设备、空气处理设备和空气输送装置都集中在一个空调机组内。

2）按空气来源分类（图 6-43）

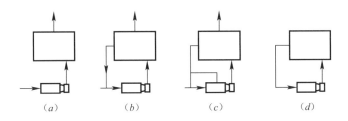

图 6-43　各类集中式空调系统
(a) 直流式；(b) 一次回风式；(c) 二次回风式；(d) 封闭式

① 封闭式系统：系统送风全部来自空调房间，全部使用室内再循环空气，不补充新鲜空气。

② 直流式系统：系统送风全部来自室外，不利用室内回风。

③ 回风式系统：系统送风中部分空气来自室外，还利用一部分室内回风。

3）按所用介质分类

① 全空气系统：完全由空气作为承载空调负荷的介质。

② 全水空调系统：完全由水作为承载空调负荷的介质。

③ 空气-水空调系统：由空气承担部分空调负荷，再由水承担其余部分负荷。

④ 直接蒸发空调系统：由制冷剂作为承载空调负荷的介质。

4. 建筑供电与照明工程的基本知识

（1）供配电系统

1）电力系统的构成

电力是现代社会的主要动力，电力系统由发电厂、电力网和电力用户组成（图 6-44）。

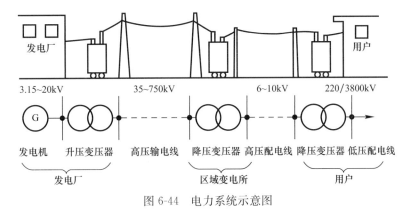

图 6-44　电力系统示意图

2）电力负荷的分级与供电要求

在电力系统上的用电设备所消耗的功率称为用电负荷或电力负荷。根据电力负荷对供电可靠性的要求及中断供电在政治、经济上所造成的损失或影响的程度，分为三级。不同等级负荷对电源的要求不同。

① 一级负荷对电源的要求

一级负荷分为普通一级负荷和一级负荷中特别重要的负荷。普通一级负荷应由两个电源供电，且当其中一个电源发生故障时，另一个电源不应同时受到损坏。一级负荷中特别重要的负荷，除由满足上述条件的两个电源供电外，尚应增设应急电源专门对此类负荷供电。应急电源不能与电网电源并列运行，并严禁将其他负荷接入该应急供电系统。应急电源可以是独立于正常电源的发电机组、供电网络中独立于正常电源的专用馈电线路、蓄电池、干电池等。

② 二级负荷对电源的要求

二级负荷的供电系统应做到当发生变压器故障或线路常见故障时不致中断供电（或中断供电后能迅速恢复供电）。二级负荷宜由两条回线路供电，当电源来自于同一区域变电站的不同变压器时，即可认为满足要求。在负荷较小或地区供电条件困难时，可由一回 6kV 及以上专用的架空线路或电缆线路供电。当采用架空线时，可为一回架空线供电；当采用电缆线路时，应采用两根电缆组成的线路供电，且每根电缆应能承受 100％的二级负荷。

③ 三级负荷对电源的要求

三级负荷对供电电源无要求，一般单电源供电即可，但在可能的情况下，也应提高其供电的可靠性。

3）建筑供电系统的组成

建筑供电系统由高压电源、变配电所和输配电线路组成。建筑低压配电系统的功能是将电能合理分配给低压用电设备，一般由配电装置（配电柜或配电箱）和配电线路（干线及分支线）组成。常用的低压配电方式有：放射式、树干式、混合式。配电线路的作用是输送和分配电能，分为室外和室内配电线路。

4）建筑低压配电系统

低压配电系统是由配电装置（配电柜或屏）和配电线路（干线及分支线）组成。低压配电系统又分为动力配电系统和照明配电系统。低压配电方式有放射式、树干式及混合式三种。

（2）施工现场临时用电

1）安全用电规范依据

①《施工现场临时用电安全技术规范》JGJ46-2005；

②《建筑施工安全检查标准》JGJ59-2011；

③《建筑工程施工质量验收规范》；

④《公路工程施工安全技术规程》JTJ 076-1995。

2）施工现场临时用电组织设计

施工现场临时用电组织设计应包括：现场勘测；确定电源进线、变电所或配电室、配电装置、用电设备位置及线路走向；进行负荷计算；选择变压器；设计配电系统；设计防雷装置；确定防护措施；制定安全用电措施和电气防火措施。

3）建立安全技术档案

施工现场临时用电必须建立安全技术档案。安全技术档案应由主管该现场的电气技术人员负责建立与管理。其中"电工安装、巡检、维修、拆除工作记录"可指定电工代管，每周由项目经理审核认可，并应在临时用电工程拆除后统一归档。

安全技术档案包括：用电组织设计的全部资料；修改用电组织设计的资料；用电技术交底资料；用电工程检查验收表；电气设备的试、检验凭单和调试记录；接地电阻、绝缘电阻和漏电保护器漏电动作参数测定记录表；定期检（复）查表；电工安装、巡检、维修、拆除工作记录。

4）临时用电供配电方式

建筑施工现场供电方式采用电源中性点直接接地的380/220V三相五线制供电。施工现场内不允许架设高压电线，特殊情况下，应按规范要求，使高压线线路与在建工程脚手架、大型机电设备间保持必要的安全距离。施工现场低压配电线路应装设短路保护、过载保护、接地故障保护等相关保护措施，用于切断供电电源或报警信号。建筑施工现场的配电线路，其主干线一般采用架空敷设方式，特殊情况下可采用电缆敷设。

建筑施工现场用电采取分级配电制度，配电箱一般为三级设置：总配电箱、分配电箱和开关箱。总配电箱应尽可能设置在负荷中心，靠近电源的地方；分配电箱应装设在用电设备相对集中的地方，分配电箱与开关箱的距离不超过30m；开关箱应由末级分配电箱配电。每台机械都应有专用的开关箱，即：一机、一闸、一漏、一箱。开关箱与它控制的固定电气相距不得超过3m。配电箱要装设在干燥、通风、常温、无气体侵害、无振动的场所，露天配电箱应有防雨、防尘措施。配电箱和开关箱不得用易燃材料制作，箱内的连接线应采用绝缘导线，不应有外露带电部分。配电箱的电器安装板上必须分设N线端子板和PE线端子板，N线端子板必须与金属电器安装板绝缘，PE线端子板必须与金属电器安装板做电气连接。不同用途的配电箱应用颜色区分：红色为消防箱，浅驼色为照明箱或普通低压配电屏，灰色为动力箱。

5）施工机械和电动工具的用电要求

起重机应按要求进行重复接地和防雷接地。塔身高于30m的塔式起重机，应在塔顶和臂架端部设红色信号灯。起重机附近有强电磁场时，应在吊钩与机体之间采取隔离措施，以防感应放电。

电焊机一次侧电源应采用橡套缆线，其长度不得大于5m；电焊机二次侧线宜采用橡胶护套铜芯多股软电缆，其长度不得大于50m。移动式设备及手持电动工具应装设漏电保护装置，并要定期检查，其电源线必须使用三芯（单相）或三相四芯橡套缆线。电缆不得有接头，不能随意加长或随意调换。露天使用的电气设备及元件，应选用防水型或采取防水措施，浸湿或受潮的电气设备要进行必要的干燥处理，绝缘电阻符合要求后才能使用。经常在环境潮湿使用的施工机械，应注意维护保养，所装设的漏电保护器要经常检查，使之安全可靠运行。

6）防雷与接地

雷电是雷云之间或雷云对地面放电的一种自然现象。雷电具有极大的破坏性，容易对建筑物、电气设施造成破坏，甚至对人、畜造成伤亡。根据雷电的危害方式不同，可分为：直击雷、雷电感应、雷电波侵入、球状雷电。根据建筑物的重要性、使用性质、发生雷击事故的可能性和后果，建筑物防雷分为三类。一般根据建筑物的防雷等级确定其防雷措施。

为了保证人身安全和满电气系统、电气设备的正常工作需要，一般采用保护接地和保护接零。根据电气设备接地不同的作用，可将接地和接零类型分为：工作接地、保护接地、工作接零、保护接零、重复接地、防雷接地、屏蔽接地、专用电子设备的接地、接地模块。

（3）建筑电气照明

1）照明的概念和分类

照明分为天然照明和人工照明两大类。

照明方式是指照明设备按照其安装部位或使用功能而构成的基本制式，一般分为：一般照明、分区一般照明、局部照明和混合照明。

照明按照使用性质分为：正常照明、应急照明、值班照明、警卫照明、障碍照明等。

照明按照目的和处理手法分为：明视照明、气氛照明。

2）常用照明电光源和灯具

可将电能转换为光能的设备称为电光源。电光源根据发光原理可分为热辐射光源和气体放电光源两大类。热辐射光源是利用电流的热效应将灯丝加热到白炽程度而发光的光源，如钨丝白炽灯、卤钨灯等。气体放电光源是利用气体或蒸气放电而发光的光源，如金属卤化物灯、氙灯、霓虹灯等。

照明灯具是能透光、分配和改变光源光分布的器具，包括除光源外所有用于固定和保护光源所需的全部零、部件，以及与电源连接所必需的线路附件。按灯具光通量在空间中的分配特性可分为：直射型灯具、半直射型灯具、漫射型灯具、半间接型灯具、间接型灯具（图 6-45）。按灯具的结构特点可分为：开启型灯具、闭合型灯具、封闭型灯具、密闭型灯具、防尘型灯具、防水灯具、防爆型灯具、隔爆型灯具、增安型灯具、防振型灯具（图 6-46）按灯具的安装方式可分为：悬吊式灯具、吸顶灯具、嵌入式灯具、壁灯、落地灯、可移式灯具。

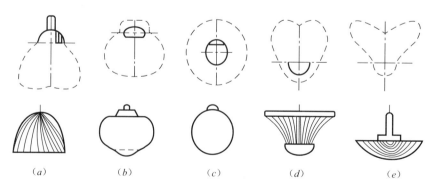

(a)　(b)　(c)　(d)　(e)

图 6-45　按光通量在空间的分布情况分类的灯型

(a) 直射型；(b) 半直射型；(c) 漫射型；(d) 半间接型；(e) 间接型

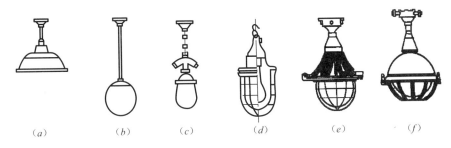

图 6-46　按灯具结构特点分类的灯型

（a）开启型；（b）闭合型；（c）密闭型；（d）防爆型；（e）隔爆型；（f）安全型

选择照明灯具用应考虑经济型、技术性、装饰性、环境和安装条件等要求。

（4）建筑供配电及照明节能

1）照明光源、灯具及其附属装置进场验收时应对灯具的效率、镇流器的能效、设备谐波含量等技术性能进行核查，并经监理工程师（建设单位代表）检查认可，形成相应的验收核查记录。质量证明文件和相关技术资料应齐全，并符合国家现行有关标准和规定。

2）低压配电系统选择的电缆、电线截面不得低于设计值，进场时应对其截面和每芯导体电阻进行见证取样送检。每芯导体电阻值应符合国家现行有关标准和规定。

3）工程安装完成后应对低压配电系统进行调试，调试合格后应对低压配电电源质量进行检测。在通电试运行中，应测试并记录照明系统的照度和功率密度值。

4）母线与母线或母线与电器接线端子，当采用螺栓搭接连接时，应采用力矩扳手拧紧，制作应符合《建筑电气工程施工质量验收规范》GB50303 标准中的有关规定。

5）交流单芯电缆分相后的每相电缆宜品字形（三叶形）敷设，且不得形成闭合铁磁回路。

6）三相照明配电干线的各相符合宜分配平衡，其最大相负荷不宜超过三相负荷平均值的 115%，最小相负荷不宜小于三相负荷平均值的 85%。

7）输配电系统应确定合适的电压等级，选择节电设备，提高系统整体节约电能的效果。提高输配电系统的功率因数。

8）照明系统应采用多种方式，以保证节能的有效控制。优先选择高效照明光源、高效灯具及开启式直接照明灯具，限制白炽灯的使用量。

（四）市 政 工 程

市政工程是指市政设施建设工程。市政设施是指在城市区、镇（乡）规划建设范围内设置、基于政府责任和义务为居民提供有偿或无偿公共产品和服务的各种建筑物、构筑物、设备等。市政工程一般是属于国家的基础建设，是指城市建设中的各种公共交通设施、给水排水、燃气、城市防洪、环境卫生及照明等基础设施建设，是城市生存和发展必不可少的物质基础。是提高人民生活水平和对外开放的基本条件。

1. 城镇道路的基本知识

交通运输是国民经济的重要产业之一，它把国民经济各领域和各个地区联系起来，在社会物质财富的生产和分配过程中，在广大人民生活中起着极为重要的作用，道路运输是交通运输的重要组成部分。

（1）道路的分类与组成

道路按照道路所在位置、交通性质及其使用特点，可分为公路、城市道路、林区道路、厂矿道路和乡村道路等。公路是连接城市、农村、厂矿基地和林区的道路，城市道路是城市内道路，林区道路是林区内道路，厂矿道路是厂矿区内道路。

1）道路的分类

城市道路一般较公路宽阔，为适应复杂的交通工具，多划分机动车道、公共汽车优先车道、非机动车道等。根据道路在城市道路系统中的地位和交通功能，分为：快速路、主干路、次干路、支路。

① 快速路。快速路是为流畅地处理城市大量交通而建设的道路。快速路应中央分隔、全部控制出入、控制出入口间距及形式，应实现交通连续通行，单向设置不应少于两条车道，与交通量大的干路相交时应采用立体交叉，与交通量小的支路相交时可采用平面交叉，但要有控制交通的措施。快速路两侧不应设置吸引大量车流、人流的公共建筑物的出入口。

② 主干路。主干路是连接城市各主要部分的交通干路，是城市道路的骨架，主要功能是交通运输。主干路上的交通要保证一定的行车速度，故应根据交通量的大小设置相应宽度的车行道，以供车辆通畅地行驶。交通量超过平面交叉口的通行能力时，可根据规划采用立体交叉，机动车道与非机动车道应用隔离带分开。主干路两侧应有适当宽度的人行道，应严格控制行人横穿主干路。主干路两侧不宜建筑吸引大量人流、车流的公共建筑物如剧院、体育馆、大商场等。

③ 次干路。次干路是一个区域内的主要道路，是一般交通道路兼有服务功能，配合主干路共同组成干路网，起广泛联系城市各部分与集散交通的作用，一般情况下快慢车混合行驶。道路两侧应设人行道，并可设置吸引人流的公共建筑物，但相邻出入口的间距不宜小于80m，且该出入口位置应设置在临近交叉口的功能区之外。

④ 支路。次干路是与居住区的联络线，为地区交通服务，也起集散交通的作用。支路宜与次干路和居住区、工业区、交通设施等内部道路相连接，两旁可有人行道，也可有商业性建筑，出入口宜设置在临近交叉口的功能区之外。

2）道路的组成

道路是一条三维空间的实体。它是由路基、路面、桥梁、涵洞、隧道和沿线设施所组成的线形构造物。道路主要由线形和结构两部分组成。

① 线形组成

道路线形指的是道路中线的空间结合形状和尺寸，就是道路的平面图、纵断面图和横断面图。城市道路横断面可分为单幅路、两幅路、三幅路、四幅路及特殊形式的断面。城市道路由机动车道、非机动车道、人行道、分车带、设施带、绿化带等组成，特殊断面还可包括应急车道、路肩和排水沟等，如图6-47所示。

② 结构组成

道路在结构上主要由路基和路面组成。路基和路面是相辅相成、不可分割的整体，路

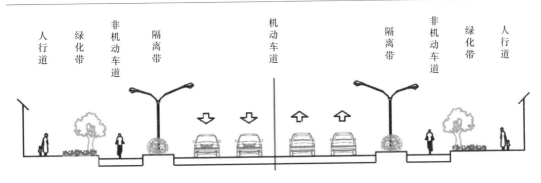

图 6-47　城市道路横断面

基是路面的基础，具有良好强度和稳定性的路基可以保证路面能够承受长期车辆荷载的作用，而优良的路面结构又可以保护路基，使之避免受到车辆荷载和自然因素造成的直接破坏，延长其使用寿命。

（2）路基

路基是道路的基础，是在天然地表上按照道路几何设计的要求开挖或堆填而成的岩石结构物；路基贯穿道路全线，连通全线的桥梁、隧道、涵洞，是道路质量的关键；路面损坏往往与路基排水不畅、压实度不够、温度低等因素有关。

高于原地面的填方路基称为路堤，按照路堤的填土高度不同，划分为矮路堤、高路堤和一般路堤。低于原地面的挖方路基称为路堑，有全挖路基、台口式路基及半山洞路基。当天然地面横坡大，且路基较宽，需要一侧开挖而另一侧填筑时，为填挖结合路基，也称半挖半填路基（图 6-48）。

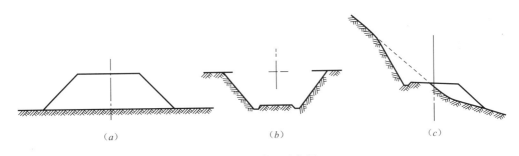

图 6-48　路基示意图

（a）路堤；（b）路堑；（c）半挖半填路基

工程中对路基的要求包括：结构尺寸的要求，对正体结构（包括周围底层）的要求，足够的强度和抗变形能力，足够的整体水稳定性。

（3）路面

路面是由各种混合料分层铺筑在路基顶面上供车辆行驶的结构物；路面结构暴露在自然环境之中，不但受到大气和水温条件的影响，还要常年经受各种行车荷载的作用，且结构材料复杂，因此，路面工程变异性大，不确定性因素多。

工程中对路面的要求包括：强度和刚度、稳定性、耐久性、表面平整、抗滑性和环保型。

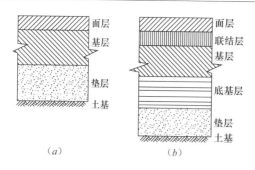

图 6-49　路面结构图

(a) 低、中级路面；(b) 高级路面

路面结构按照各个层次的功能不同由面层和基层组成，必要时可在二者之间设置垫层作为温度和湿度的过渡层，高级道路路面还会增加联结层和底基层（图 6-49）。路面各结构层次可选用的组成材料如表 6-8 所示。

（4）道路主要公用设施

为满足道路使用者的需要，需要在道路上设置相应的公用设施，主要包括交通安全管理设施和服务设施等。

各类路面结构层可选用的组成材料　　　　　　表 6-8

结构层次	路面类型		
	沥青路面	水泥混凝土路面	砌块路面
面层	沥青混合料 沥青表面处治 沥青贯入碎石	普通混凝土 钢筋混凝土 钢纤维混凝土 连续配筋混凝土	普通型预制路面砖 连锁型预制路面砖 天然石材
基层	贫混凝土、碾压混凝土 水泥、石灰、石灰-粉煤灰稳定碎石或土 沥青碎石、沥青贯入碎石 多孔隙水泥或沥青稳定碎石 级配碎石或砾石		水泥、石灰、石灰-粉煤灰稳定碎石或土 级配碎石或砾石
垫层	碎石、砂或砂砾 水泥、石灰或石灰-粉煤灰稳定土		

1）交通基础设施，如交通广场、停车场、加油站等。停车场宜设置在其主要服务对象的同侧，以便使客流上下、货物集散时不穿越主要道路，减少对动态交通的干扰。

2）公共交通站点，如公共汽车停靠站台、出租车上下客站。公共交通站点应结合常规公交规划、沿线交通需求及城市轨道交通等其他交通站点设置。

3）道路照明，根据道路使用功能，城市道路照明可分为主要供机动车使用的机动车交通道路照明和主要供非机动车与行人使用的人行道路照明，另外还有交会区照明。机动车交通道路照明应以路面平均亮度（或路面平均照度）、路面亮度总均匀度和纵向均匀度（或路面照度均匀度）、眩光限制、环境比和诱导性为评价指标。人行道路照明应以路面平均照度、路面最小照度和垂直照度为评价指标。交会区照明应以路面平均照度、路面照度均匀度和眩光限制为评价指标。

4）人行天桥和人行地道。城市交通除了解决机动车辆的安全快速行驶外，还要解决过街人流、自行车与机动车流相互干扰问题，修建人行天桥和地道是人车分离、保证车流畅通、保护过街行人的重要设施。

5）交通管理设施，主要包括交通标志、标线和信号灯。城市道路交通标志和标线是向城市道路使用者提供有关道路交通的规则、警告、指引等信息的重要的交通安全设施，也是交通管理部门正确行使管理职能的重要依据，其基本出发点是促进城市道路交通的安全与顺畅，更好地满足道路使用者的安全出行需求。

2. 城市桥梁的基本知识

（1）桥梁的分类与组成

1）桥梁的分类

桥梁按照结构形式，可分为有梁式桥、拱式桥、刚架桥、悬索桥、组合体系桥五种基本类型。梁式桥可分为简支梁桥、连续梁桥（图 6-50）和悬臂梁桥；拱式桥可分为简单体系拱桥和组合体系拱桥；刚架桥可分为铰支承刚架桥和固定端刚架桥；常见的组合体系桥有梁与拱组合式桥（系杆拱、桁架拱、多跨拱梁结构等）、悬索结构与梁式结构的组合式桥（斜拉桥）。

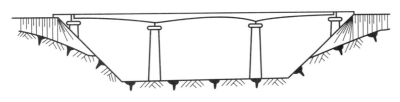

图 6-50　连续梁桥

城市桥梁也可按照多孔跨径总长度或单孔跨径的长度分为特大桥、大桥、中桥和小桥，如表 6-9 所示。

城市桥梁按总长或跨径分类　　　　　　　　　　　表 6-9

桥梁分类	多孔跨径总长 L（m）	单孔跨径 L_0（m）
特大桥	$L>1000$	$L_0>150$
大桥	$1000 \geqslant L \geqslant 100$	$150 \geqslant L_0 \geqslant 40$
中桥	$100>L>30$	$40>L_0 \geqslant 20$
小桥	$30 \geqslant L \geqslant 8$	$20>L_0 \geqslant 5$

注：1. 单孔跨径系指标准跨径。
　　　梁式桥、板式桥以两桥墩中线之间桥中心线长度或桥墩中心与桥台台背首缘线之间桥中心线长度内标准跨径；拱式桥以净跨径为标准跨径。
　　2. 梁式桥、板式桥的多孔跨径总长为多孔标准跨径的总长；拱式桥为两岸桥台起拱线间的距离；其他形式的桥梁为桥面系的行车长度。

2）桥梁的组成

桥梁一般由上部结构、下部结构和附属构造物组成（图 6-51），上部结构主要指桥跨结构和支座系统；下部结构包括桥台、桥墩和基础；附属构造物则指桥头搭板、锥形护坡、护岸、导流工程等。

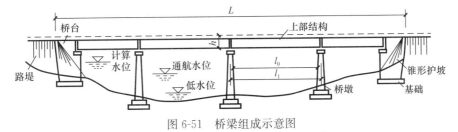

图 6-51　桥梁组成示意图

（2）桥梁上部结构

1）概述

① 梁式桥。梁式桥结构在垂直荷载作用下支座仅产生垂直反力，无水平推力。

② 拱式桥。拱式桥在垂直荷载作用下，支承处不仅产生竖向反力，还产生水平推力。由于存在水平推力，拱的弯矩比同跨径的梁的弯矩小得多，并使整个拱承受压力（图 6-52）。

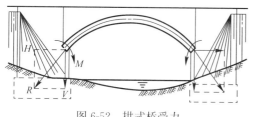

图 6-52　拱式桥受力

③ 斜拉桥。斜拉桥中桥面体系受压，支承体系受拉。主梁、拉索、索塔、锚固体系、支承体系是构成斜拉桥的五大要素。

④ 悬索桥。悬索桥也称吊桥，主要由主缆、锚碇、索塔、加劲梁、吊索组成（图 6-53），细部构造还有主索鞍、散索鞍、索夹等。

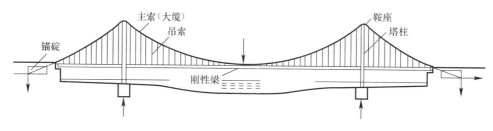

图 6-53　悬索桥

2）桥面系

① 桥面铺装

桥面铺装的结构形式宜与所衔接的道路路面相协调，可采用沥青混凝土或水泥混凝土材料。当为快速路、主干路桥梁和次干路上的特大桥、大桥时，桥面铺装宜采用沥青混凝土材料，铺装层厚度不宜小于 80mm，粒料宜与桥头引道上的沥青面层一致。水泥混凝土整平层强度等级不应低于 C30，厚度宜为 70～100mm，并应配有钢筋网或焊接钢筋网。当为次干路、支路时，桥梁沥青混凝土铺装层和水泥混凝土整平层的厚度均不宜小于60mm。

水泥混凝土铺装层的面层厚度不应小于 80mm，混凝土强度等级不应低于 C40，铺装层内应配有钢筋网或焊接钢筋网，钢筋直径不应小于 10mm，间距不宜大于 100mm，必要时可采用纤维混凝土。

② 桥面防水与排水

桥面铺装应设置防水层。沥青混凝土铺装底面在水泥混凝土整平层或之上设置柔性防水卷材或涂料，防水材料应具有耐热、冷柔、防渗、耐腐、粘结、抗碾压等性能。材料性能技术要求和设计应符合相关标准的规定。水泥混凝土铺装可采用刚性防水材料，或底层采用不影响水泥混凝土铺装受力性能的防水涂料等。圬工桥台台身背墙、拱桥拱圈顶面及侧墙背面都应设置防水层。下穿地道箱涵等封闭式结构顶板顶面应设置排水横坡，坡度宜为 0.5%～1%，箱体防水应采用自防水，也可在顶板顶面、侧墙外侧设置防水层。

桥面排水设施的设置应符合下列要求：

A. 桥面排水设施应适应桥梁结构的变形，细部构造布置应保证桥梁结构的任何部分不受排水设施及泄漏水流的侵蚀。

B. 应在行车道较低处设排水口，并可通过排水管将桥面水泄入地面排水系统中。

C. 排水管道应采用坚固的、抗腐蚀性能良好的材料制成，管道直径不宜小于 150mm。

D. 排水管道的间距可根据桥梁汇水面积和桥面纵坡大小确定；当纵坡大于 2% 时，桥面设置排水管的截面积不宜小于 $60mm^2/m^2$。当纵坡小于 1% 时，桥面设置排水管的截面积不宜小于 $100mm^2/m^2$。南方潮湿地区和西北干燥地区可根据暴雨强度适当调整。

E. 当中桥、小桥的桥面有不小于 3% 纵坡时，桥上可不设排水口，但应在桥头引道上两侧设置雨水口。

F. 排水管宜在墩台处接入地面，排水管布置应方便养护，少设连接弯头，且宜采用有清除孔的连接弯头。排水管底部应作散水处理，在除冰盐影响地区应在墩台受水影响区域涂混凝土保护剂。

G. 沥青混凝土铺装在桥跨伸缩缝上坡侧现浇带与沥青混凝土相接处应设置渗水管。

H. 高架桥桥面应设置横坡及不小于 0.3% 的纵坡，当纵断面为凹形竖曲线时，宜在凹形竖曲线最低点及其前后 3～5m 处分别设置排水口。当条件受到限制，桥面为平坡时，应沿主梁纵向设置排水管，排水管纵坡不应小于 3%。

③ 桥面伸缩装置

伸缩装置可满足桥面变形的要求。桥面伸缩装置，应满足梁端自由伸缩、转角变形及使车辆平稳通过的要求。伸缩装置应根据桥梁长度、结构形式采用经久耐用、防渗、防滑等性能良好且易于清洁、检修、更换的材料和构造形式。对变形量较大的桥面伸缩缝，宜采用梳板式或模数式伸缩装置。伸缩装置应与梁端牢固锚固。城市快速路、主干路桥梁不得采用浅埋的伸缩装置。

④ 人行道、栏杆与灯杆

人行道设在桥承重结构的顶面，而且高出行车道 25～35cm，有就地浇筑式、预制装配式。

栏杆是桥梁上的防护设备，桥梁栏杆及防撞护栏的设计除应满足受力要求以外，其栏杆造型、色调应与周围环境协调。人行道或安全带外侧的栏杆高度不应小于 1.10m。当设置竖条栏杆时，竖条净距不宜大于 140mm。栏杆结构设计必须安全可靠，栏杆底座应设置锚筋。当桥梁跨越快速路、城市轨道交通、高速公路、铁路干线等重要交通通道时，桥面人行道栏杆上应加设护网，护网高度不应小于 2m，护网长度宜为下穿道路的宽度并各向路外延长 10m。

桥上应设置照明灯杆。根据人行道宽度及桥面照度要求，灯杆宜设置在人行道外侧栏杆处，当人行道较宽时，灯杆可设置在人行道内侧或分隔带中，杆座边缘距车行道路面的净距不应小于 0.25m。当采用金属杆的照明灯杆时，应有可靠接地装置。照明灯杆灯座的设计选用应与环境、桥型、栏杆协调一致。

3）支座

桥梁支座可按其跨径、结构形式、反力力值、支承处的位移及转角变形值选取不同的支座。桥梁可选用板式橡胶支座或四氟滑板橡胶支座、盆式橡胶支座和球型钢支座，不宜采用带球冠的板式橡胶支座或坡形板式橡胶支座。大中跨径的钢桥、弯桥和坡桥等连续体系桥梁应根据需要设置固定支座或采用墩梁固结，不宜全桥采用活动支座或等厚度的板式橡胶支座。对中小跨径连续梁桥，梁端宜采用四氟滑板橡胶支座或小型盆式纵向活动支座。

（3）桥梁的下部结构

1）桥墩

桥墩指多跨桥梁的中间支承结构物，它将相邻两孔的桥跨结构连接起来。

桥墩分为实体桥墩、空心桥墩、柱式桥墩、柔性墩和框架墩。实体桥墩由墩帽、墩身和基础组成（图6-54）。空心桥墩分为实重力式桥墩和钢筋混凝土薄壁桥墩。柱式桥墩一般由基础之上的承台、柱式墩身和盖梁组成。典型的柔性墩为柔性排架墩，分为单排架墩和双排架墩。框架墩采用压挠和挠曲构件，组成平面框架代替墩身。

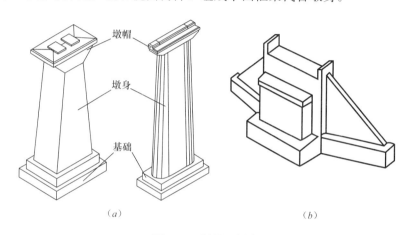

（a）　　　　　　　　　　　　　（b）

图6-54　桥墩和桥台

（a）桥墩；（b）桥台

2）桥台

桥台是将桥梁与路堤衔接的构筑物（图6-54），它除了承受上部结构的荷载外，还承受桥头填土的水平土压力及直接作用在桥台上的车辆荷载等。桥台可以分为重力式桥台、轻型桥台、框架桥台和组合式桥台。

3）墩台基础

常用的桥涵墩台基础形式有扩大基础、桩与管柱基础、沉井基础。

3. 市政管道的基本知识

市政管道工程是市政工程的重要组成部分，是城市重要的基础工程设施，担负着输送能量和传送信息的任务。按照功能主要分为：给水管道、排水管道、燃气管道、热力管道、电力电缆和通信电缆六大类。

（1）给水管道工程

城镇给水是供给城镇居民家庭生活、生产运营、公共服务和消防等用水的公共供水系统。给水管道主要为城市输送生活用水、生产用水、消防用水、市政绿化及喷洒道路用水，包括输水管道和配水管网两部分。

1）给水管道系统的组成

给水系统是由取水、输水、水质处理和配水等设施以一定的方式组合成的总体，通常由取水构筑物、水处理构筑物、泵站、输水管道、配水管网和调节构筑物组成。其中输水管道和配水管网构成给水管道。输水管道是从水源向给水厂，或从给水厂向配水管网输水的管道。配水管网是用来向用户配水的管道系统，一般由配水干管、连接管、配水支管、分配管、附属构筑物和调节构筑物组成。

2）给水管网的布置

市政给水管网的布置主要受水源地地形、城市地形、城市道路、用户位置及分布情况、水源及调节构筑物的位置、城市障碍物情况等因素的影响。配水管网一般敷设在城市道路下，分为枝状管网和环状管网。

3）给水管材和管件

① 铸铁管：主要用作埋地给水管道，分为承插式和法兰盘式；承插式铸铁管分砂型离心铸铁管、连续铸铁管和球墨铸铁管。

② 钢管：自重轻、强度高、抗应变性能好、接口操作方便、管内水流水力条件好，但耐腐蚀性差、造价较高。分为普通无缝钢管和焊接钢管，大直径钢管采用钢板卷圆焊接。

③ 钢筋混凝土压力管：分为预应力钢筋混凝土管和自应力钢筋混凝土管。

④ 预应力钢筒混凝土管：是由钢板、钢丝和混凝土构成的复合管材，兼具钢管和混凝土管的性能，但节省钢材，可使用 50 年以上，所以发展前景良好。

⑤ 塑料管：常用的有热塑性塑料管和热固性塑料管。

⑥ 给水管件：包括给水管配件和给水管附件。给水管配件可以保证管道设备正确衔接，如三通、四通、弯头、变径管等；给水管附件用来配合管网完成输配水任务，如阀门、止回阀、排气阀、泄水阀、消火栓等。

4）给水管网附属构筑物

为保证给水管网正常工作，满足维护管理的需要，在给水管网上还需要设置一些附属构筑物，常用的有阀门井、泄水阀井、排气阀井、支墩等。

（2）排水管道工程

排水管道用于收集生活污水、工业废水和雨水，其中生活污水和工业废水被送至污水处理厂，而雨水一般不处理也不利用，就近排放。

1）排水管道系统的制度

城市污水和雨水一般都由市政排水管道进行收集和输送，在一个地区内收集和输送城市污水和雨水的方式称为排水制度，有合流制和分流制两种基本形式。合流制是指用同一管渠系统收集和输送城市污水、雨水的排水方式，分为直排式合流制、截流式合流制、完全合流制三种。分流制指用不同管渠分别收集和输送各种城市污水、雨水的排水方式，分为完全分流制和不完全分流制。

2）排水管网的布置

市政排水管道系统的平面布置主要受城市地形、城市规划、污水厂位置、河流位置及水流情况、污水种类和污染程度等因素的影响，其中地形是最关键的因素。按照地形考虑可有以下布置形式：正交式、截流式、平行式、分区式、分散式、环绕式。

3）常用排水管材

① 混凝土管和钢筋混凝土管：适用于排除雨水和污水，分混凝土管、轻型钢筋混凝土管和重型钢筋混凝土管，管口有承插式、平口式和企口式。一般情况下，市政排水管道采用混凝土管和钢筋混凝土管。

② 陶土管：由塑性黏土制成，制作时通常加入一定比例的耐火黏土和石英砂。陶土管一般为圆形截面，有承插口和平口两种形式。

③ 金属管：多为铸铁管和钢管。因为金属管价格昂贵、抗腐蚀性差，排水管道工程中很少采用。

④ 排水渠道：一般有砖砌、石砌、钢筋混凝土渠道，断面形式有圆形、矩形、半椭圆形等。

⑤ 新型管材：在我国，口径在500mm以下的排水管道正日益被UPVC加筋管代替，口径在1000mm以下的排水管道正日益被PVC管代替，口径在900～2600mm的排水管道正在推广使用高密度聚乙烯管（HDPE管），口径在300～1400mm的排水管道正在推广使用玻璃纤维缠绕增强热固性树脂夹砂压力管（玻璃钢夹砂管）。

4）排水管网附属构筑物

排水管网附属构筑物有检查井、跌水井、水封井、换气井、冲洗井、雨水溢流井、潮门井等。

（3）其他市政管道工程

1）燃气管道

燃气管道主要是将燃气分配站中的燃气输送分配到各用户，一般包括分配管道和用户引入管。燃气管道使用的材料种类众多，包括灰口铸铁管、球墨铸铁管、钢管、PE管和镀锌管。

2）热力管道

热力管道是将热源中产生的热水或蒸汽输送分配到各用户，供取暖使用。

3）电力电缆

电力电缆主要为城市输送电能，按其功能分为动力电缆、照明电缆、电车电缆等；按电压的高低分为低压电缆、高压电缆和超高压电缆。

4）通信电缆

通信电缆主要为城市传送信息，包括市话电缆、长话电缆、光纤电缆、广播电缆、电视电缆、军队及铁路专用通信电缆等。

七、工程质量控制与工程检测

（一）工程质量控制的基本知识

建筑工程质量简称工程质量。工程质量是指工程项目满足建设单位需要，符合法律法规、技术标准、设计文件及合同规定的综合特性。

从产品功能或使用价值看，工程项目的质量特性通常体现在可用性、可靠性、经济性、与环境的协调性及建设单位所要求的其他特殊功能等方面，如图 7-1 所示。

工程质量具有以下主要特点：

（1）影响因素多。工程质量受到各种自然因素、技术因素和管理因素的影响，如：地形、地质、水文、气象等条件，规划、决策、设计、施工等程序，材料、机械、施工方法、人员素质、管理制度和措施等因素，这些都直接或间接地影响到工程质量。

（2）波动大。由于工程项目具有单件性，影响因素多，因此，工程项目质量容易产生波动，而且波动比较大。

（3）隐蔽性强。在工程项目施工中，由于工序
交接较多，中间产品、隐蔽工程多，质量存在较强的隐蔽性。如果不进行严格的检查监督，不及时发现不合格项并进行处理，完工后仅从表面进行检查，很难发现内在质量问题。

（4）终检的局限性。由于工程项目建成后不能拆解，因此在终检时无法对隐蔽的内在质量进行检查和检测，工程项目的终检存在一定的局限性。

影响工程质量的因素很多，但归纳起来主要有五个方面，即人（Man）、材料（Material）、机械（Machine）、方法（Method）和环境（Environment），简称为 4M1E 因素。如图 7-2 所示。

（1）人员素质。人是生产经营活动的主体，也是工程项目建设的决策者、管理者、操作者，人员的素质，都将直接和间接地对规划、决策、勘察、设计和施工的质量产生影响。

因此，建筑行业实行经营资质管理和各类专业从业人员持证上岗制度是保证人员素质的重要管理措施。

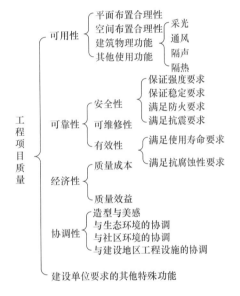

图 7-1　工程项目质量

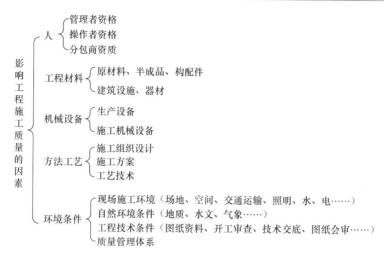

图 7-2　影响工程质量的因素

（2）工程材料。工程材料选用是否合理、产品是否合格、材质是否经过检验、保管使用是否得当等等，都将直接影响建设工程的结构刚度和强度，影响工程外表及观感，影响工程的使用功能，影响工程的使用安全。

（3）机械设备。机械设备可分为两类：一是指组成工程实体及配套的工艺设备和各类机具，它们构成了建筑设备安装工程或工业设备安装工程，形成完整的使用功能。二是指施工过程中使用的各类机具设备，简称施工机具设备，它们是施工生产的手段。机具设备对工程质量也有重要的影响。工程用机具设备其产品质量优劣，直接影响工程使用功能质量。施工机具设备的类型是否符合工程施工特点，性能是否先进稳定，操作是否方便安全等，都将会影响工程项目的质量。

（4）工艺方法。在工程施工中，施工方案是否合理，施工工艺是否先进，施工操作是否正确，都将对工程质量产生重大的影响。大力推进采用新技术、新工艺、新方法，不断提高工艺技术水平，是保证工程质量稳定提高的重要因素。

（5）环境条件。环境条件是指对工程质量特性起重要作用的环境因素，主要包括：工程技术环境、工程作业环境、工程管理环境、周边环境等 4 个条件。环境条件往往对工程质量产生特定的影响。加强环境管理，改进作业条件，把握好技术环境，辅以必要的措施，是控制环境对质量影响的重要保证。

1. 工程质量控制的基本原理

工程质量控制是指为确保工程项目质量特性满足要求而进行的计划、组织、指挥、协调和控制等活动。

工程质量控制的内容是"采取的作业技术和活动"，这些活动包括：确定控制对象、规定控制标准、制定控制方法、明确检验方法和手段、实际进行检验、分析说明差异原因、解决差异问题。通过提高工作质量来提高工程项目质量，使之达到工程合同规定的质量标准。

建设工程项目的质量控制可采用 PDCA 循环原理，PDCA 循环（如图 7-3 所示）是人们在管理实践中形成的基本理论和方法。从实践论的角度看，管理就是确定任务目标，并按照 PDCA 循环原理来实现预期目标，由此可见 PDCA 是目标控制的基本方法。

1）计划 P（Plan）。可以理解为质量计划阶段，明确质量目标并制订实现目标的行动方案。在建设工程项目的实施中，"计划"是指各相关主体根据其任务目标和责任范围，确定质量控制的组织制度、工作程序、技术方法、业务流程、资源配置、检验试验要求、质量记录方式、不合格处理、管理措施等具体内容和做法的文件，"计划"还须对其实现预期目标的可行性、有效性、经济合理性进行分析论证，按照规定的程序与权限审批执行。

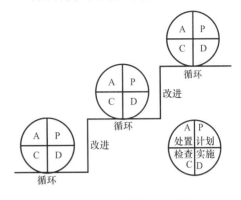

图 7-3　PDCA 循环示意图

2）实施 D（Do）。包含两个环节，即计划行动方案的交底和按计划规定的方法与要求展开工程作业技术活动。计划交底的目的在于使具体的作业者和管理者，明确计划的意图和要求，掌握标准，从而规范行为，全面地执行计划的行动方案，步调一致地去努力实现预期的目标。

3）检查 C（Check）。指对计划实施过程进行各种检查，报告作业者的自检、互检和专职管理者的专检。各类检查都包含两大方面：一是检查是否严格执行了计划的行动方案，实际条件是否发生了变化，不执行计划的原因；二是检查计划执行的结果，即产出的质量是否达到标准的要求，并对此进行确认和评价。

4）处置 A（Action）。对于质量检查所发现的质量问题或质量不合格，及时进行原因分析，采取必要的措施，予以纠正，保持质量形成处于受控状态。处理分纠偏和预防两个步骤。前者是采取应急措施，解决当前的质量问题；后者是信息反馈管理部门，反思问题症结或计划的不周，为今后类似问题的质量预防提供借鉴。

（1）工程质量控制的基本原则

工程质量控制可需遵循下列原则：

1）坚持质量第一。工程项目目标包括质量、造价和进度，在任何情况下，都必须将工程质量放在第一位，工程质量是一切工程项目的生命线，不能用降低质量要求的办法来加快工程进度和降低工程造价。

2）坚持以人为核心。人的工作质量会直接或间接地影响到工程项目质量，因此，应提高人的工作质量来保证工程项目质量。

3）坚持预防为主。工程项目质量是设计、施工出来的，而不是检查出来的，工程项目质量管理应以预防为主，加强事前控制，不能被动地等待质量问题出现后再采取措施加以处理，以免造成不必要的损失。

（2）工程质量管理体系

1）ISO9000 质量管理体系

① ISO9000 质量管理标准

ISO9000 质量管理标准是由 ISO（国际标准化组织）TC176（质量管理体系技术委员

会）制定的质量管理国际标准。该标准包括 4 项核心内容：

A. ISO9000：2008《质量管理体系　基础和术语》；

B. ISO9001：2008《质量管理体系　要求》；

C. ISO9004：2008《质量管理体系　业绩改进指南》；

D. ISO19011：2008《质量和（或）环境管理体系审核指南》。

ISO9000 质量管理体系是指按照 ISO9001：2008《质量管理体系要求》在组织中所建立的一种着重于质量管理方面的管理体系。

ISO9000 质量管理标准的基本思想主要有两条：其一是控制的思想，即对产品形成的全过程——从采购原材料、加工制造到最终产品的销售、售后服务进行控制。只有对产品形成的全过程进行控制并达到过程质量要求，最终产品的质量才能有保证。其二是预防的思想。通过对产品形成的全过程进行控制以及建立并有效运行自我完善机制达到预防不合格，从根本上减少消除不合格产品。

② ISO9000 质量管理原则

为了确保质量目标的实现，ISO9000 标准中明确了以下八项质量管理原则：

A. 以顾客为关注焦点。组织依存于其顾客，组织应理解顾客当前和未来的需求，满足顾客要求并争取超越顾客期望。

B. 领导作用。领导者要想指挥和控制一个组织，必须做好确定方向、策划未来、激励员工、协调活动和营造一个良好内部环境等工作。

C. 全员参与。各级人员是组织之本，只有他们的充分参与，才能使他们的才干为组织带来收益。

D. 过程方法。将活动和相关的资源作为过程进行管理，可以更高效地得到期望的结果。

E. 管理的系统方法。将质量管理体系作为一个大系统，对组成质量管理体系的各个过程加以识别、理解和管理，以实现质量方针和质量目标。

F. 持续改进。进行质量管理的目的就是保持和提高产品质量，没有改进就不可能提高。持续改进是增强满足要求能力的循环活动，通过不断寻求改进机会，采取适当的改进方式，重点改进产品的特性和管理体系的有效性。

G. 基于事实的决策方法。对数据和信息的逻辑分析或直觉判断是有效决策的基础。以事实为依据进行决策，可以防止决策失误。

H. 与供方互利的关系。供方提供的产品将对组织向顾客提供满意的产品产生重要影响，能否处理好与供方的关系，影响到组织能否持续稳定地向顾客提供满意的产品。

③ ISO9000 质量管理体系的建立

建立质量管理体系对于保证工程项目质量具有重要意义。建立质量管理体系，需要经历策划与总体设计、质量管理体系文件编制两个阶段。

A. 质量管理体系的策划与总体设计。组织领导（最高管理者）应确保对质量管理体系进行策划，满足组织确定的质量目标要求及质量管理体系的总体要求，在对质量管理体系的变更进行策划和实施时，应保持管理体系的完整性。通过对质量管理体系的策划，确定建立质量管理体系要采用的过程方法模式，从组织的实际出发进行体系的策划和设计。

　　B. 质量管理体系文件的编制。应在满足标准要求、确保控制质量、提高组织全面管理水平的情况下，建立一套高效、简单、实用的质量管理体系文件。质量管理体系文件包括质量手册、质量管理体系程序文件、质量计划、质量记录等。

　　a. 质量手册。质量手册是组织质量工作的"基本法"，是组织最重要的质量法规性文件。质量手册应阐述组织的质量方针，概述质量管理体系的文件结构并能反映组织质量管理体系的总貌，起到总体规划和加强各职能部门之间协调的作用。

　　b. 质量管理体系程序文件。是质量管理体系的重要组成部分，是质量手册的具体展开和有力支撑。质量管理体系程序文件的范围和详略程度取决于组织的规模、产品类型、过程的复杂程度、方法和相互作用以及人员素质等因素。对每个质量管理程序来说，都应视需要明确何时、何地、何人、做什么、为什么、怎么做（即 5W1H），应保留什么记录。

　　质量管理程序应至少包括 6 个程序，即：文件控制程序、质量记录控制程序、内部质量审核程序、不合格控制程序、纠正措施程序、预防措施程序。

　　c. 质量计划。是对特定的项目、产品、过程或合同，规定由谁及何时应使用哪些程序相关资源的文件。质量手册和质量管理体系程序所规定的是各种产品都适用的通用要求和方法。但各种特定产品都有其特殊性，质量计划是一种工具，将某产品、项目或合同的特定要求与现行的通用的质量管理体系程序相连接。

　　质量计划在组织内部作为一种管理方法，使产品的特殊质量要求能通过有效措施得以满足。在合同情况下，组织使用质量计划向顾客证明其如何满足特定合同的特殊质量要求，并作为顾客实施质量监督的依据。产品（或项目）的质量计划是针对具体产品（或项目）的特殊要求，以及应重点控制的环节所编制的对设计、采购、制造、检验、包装、运输等的质量控制方案。

　　d. 质量记录。是阐明所取得的结果或提供所完成活动的证据文件。质量记录是产品质量水平和组织质量管理体系中各项质量活动结果的客观反映，应如实加以记录，用以证明达到了合同所要求的产品质量，并证明对合同中提出的质量保证要求予以满足的程度。如果出现偏差，质量记录应反映针对不足之处采取了哪些纠正措施。质量记录应字迹清晰、内容完整，并按所记录的产品和项目进行标识，记录应注明日期并经授权人员签字、盖章或作其他审定后方能生效。

　　为保证质量管理体系的有效运行，要做到两个到位：一是认识到位；二是管理考核到位。

　　2）工程建设施工企业质量管理规范 GB/T 50430—2007

　　《工程建设施工企业质量管理规范》GB/T 50430—2007 是建设部为了加强工程建设施工企业的质量管理工作，规范施工企业从工程投标、施工合同的签订、施工现场勘测、施工图纸设计、编制施工相关作业指导书、人机料进场、施工过程管理及施工过程检验、内部竣工验收、竣工交付验收、档案移交人员离场、保修服务等一系列流程而起草的标准，其目的就是进一步强化和落实质量责任，提高企业自律和质量管理水平，促进施工企业质量管理的科学化、规范化和法制化。

　　作为施工企业质量管理的第一个管理性规范，具有先进性、指导性、灵活性等特点，具体表现在以下几方面：

　　① 基本思想与 ISO9000 系列标准保持一致，在内容上全面涵盖了 ISO9001 标准的要求。

　　② 在条文结构安排上充分体现了施工企业管理活动特点，突出了过程方法和 PDCA 思想。

　　③ 结合施工行业管理特点，在 ISO9001 标准基础上又提出了诸多进一步要求。

　　④ 本土化、行业化特点突出，语言简洁明了，便于企业贯彻实施。

　　⑤ 与我国施工行业现行管理模式保持一致，施工企业在贯彻时不仅不会增加负担，反而因减少了由于企业对 ISO9000 标准的误解产生的形式化操作，而减轻负担。

　　⑥ 紧密结合当前我国已发布的建设管理各项法律法规的要求，以便通过该规范的实施推动工程建设管理法制化的进程。

　　⑦ 标准的编制从与工程质量有关的所有质量行为的角度即"大质量"的概念出发，全面覆盖企业所有质量管理活动。

　　⑧ 是对施工企业质量管理的基本要求，并不是企业质量管理的最高水平。鼓励企业根据自身发展的需要进行管理创新，如实施卓越绩效模式等，提升企业的竞争能力。

2. 工程质量控制的基本方法

　　(1) 工程质量控制的主体与阶段

　　1) 工程质量控制的主体

　　工程质量按其实施主体不同，分为自控主体和监控主体。前者是指直接从事质量职能的活动者，后者是指对他人质量能力和效果的监控者，主要包括以下 4 个方面：

　　① 政府的工程质量控制。政府属于监控主体，它主要是以法律法规为依据，通过抓工程报建、施工图设计文件审查、施工许可、材料和设备准用、工程质量监督、重大工程竣工验收备案等主要环节进行的。

　　② 工程监理单位的质量控制。工程监理单位属于监控主体，它主要是受建设单位的委托，代表建设单位对工程建设全过程进行的质量监督和控制，包括勘察设计阶段质量控制、施工阶段质量控制，以满足建设单位对工程质量的要求。

　　③ 勘察设计单位的质量控制。勘察设计单位属于自控主体，它是以法律、法规及合同为依据，对勘察设计的整个过程进行控制，包括工作程序、工作进度、费用及成果文件所包含的功能和使用价值，以满足建设单位对勘察设计质量的要求。

　　④ 施工单位的质量控制。施工单位属于自控主体，它是以工程合同、设计图纸和技术规范为依据，对施工准备阶段、施工阶段、竣工验收交付阶段等施工全过程的工作质量和工程质量进行的控制，以达到合同文件规定的质量要求。

　　2) 工程质量控制的阶段

　　从工程项目的质量形成过程来看，要控制工程项目质量，就要按照建设过程的顺序依法控制各阶段的质量。

　　① 项目决策阶段的质量控制。选择合理的建设场地，使项目的质量要求和标准符合投资者的意图，并与投资目标相协调；使建设项目与所在的地区环境相协调，为项目的长期使用创造良好的运行环境和条件。

② 项目勘察设计阶段的质量控制。勘察设计是将项目策划决策阶段所确定的质量目标和水平具体化的过程，会直接影响整个工程项目造价和进度目标的实现。在工程勘察设计工作中，勘察是工程设计的重要前提和基础，勘察资料不准确，会导致采用不适当的地基处理或基础设计，不仅会造成工程造价的增加，还会使基础存在隐患。工程设计是整个工程项目的灵魂，是工程施工的依据，工程设计中的技术是否可行、工艺是否先进、经济是否合理、结构是否安全可靠等，决定了工程项目的适用性、安全性、可靠性、经济性和对环境的影响。由此可见，工程勘察设计质量管理，是实现建设工程项目目标的有力保障。

③ 工程施工阶段的质量控制。工程施工阶段是工程实体最终形成的阶段，也是最终形成工程产品质量和工程项目使用价值的阶段。因此，施工阶段质量管理是工程项目质量管理的重点。

（2）工程施工阶段质量控制

1）工程施工阶段质量控制的系统过程

工程施工阶段质量管理根据施工阶段工程实体质量形成的时间段可划分为施工准备控制（事前控制）、施工过程控制（事中控制）、竣工验收控制（事后控制）。

施工准备质量控制是指在各工程对象正式施工活动开始前，对各项准备工作及影响质量的各因素和有关方面进行的质量管理。施工过程质量控制是指对施工过程中进行的所有与施工过程有关各方面的质量管理，也包括对施工过程中的中间产品（工序或分部工程、分项工程）的质量管理。竣工验收控制是指对通过施工过程所完成的具有独立功能和使用价值的最终产品（单位工程、单项工程或整个工程项目）及其有关方面（如工程文件等）的质量管理。如图 7-4 所示。

2）工程施工阶段质量控制流程

工程施工阶段质量控制分为两个阶段：施工准备阶段和施工阶段。

施工准备阶段的质量控制主要包括：图纸会审和技术交底、施工组织设计（质量计划）的审查、施工生产要素配置质量审查和开工申请审查。

施工阶段的质量控制主要包括：作业技术交底，施工过程质量控制，中间产品质量控制，分部分项、隐蔽工程质量检查和工程变更审查。

综上，工程施工质量控制流程如图 7-5 所示。

施工现场质量管理应有相应的施工技术标准、健全的质量管理体系、施工质量检验制度和综合施工质量水平考核制度。建筑工程施工单位应建立必要的质量责任制度，建筑工程的质量控制应为全过程的控制。

建筑工程应按下列规定进行施工质量控制：

① 建筑工程采用的主要材料、建筑构配件、器具和设备应进场验收。凡涉及安全、功能、节能的重要材料、产品，应按各专业工程施工规范、质量验收规范和设计要求的规定进行复检，并应经监理工程师或建设单位专业技术负责人检查认可。

② 各施工工序应按施工技术标准进行质量控制，每道施工工序完成后，应进行检验。未经监理工程师或建设单位专业技术负责人检查认可，不得进行下道工序施工。

③ 各专业工种之间的相关工序应进行交接检验，并形成记录。

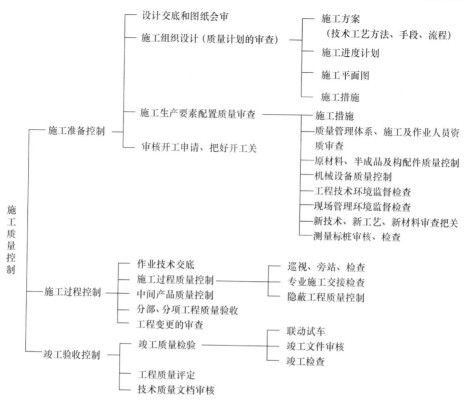

图 7-4　工程施工质量控制的系统过程

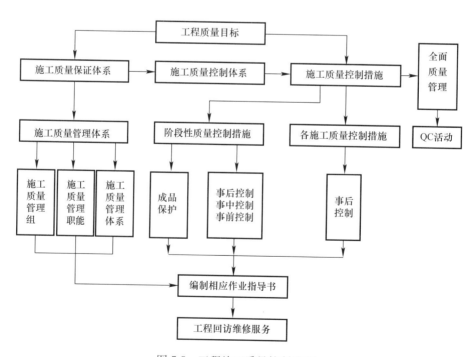

图 7-5　工程施工质量控制流程

（3）工程质量控制的依据

工程质量控制的依据有工程合同文件，设计文件，国家及政府有关部门颁布的有关质量管理方面的法律、法规性文件以及专门技术法规。

（4）施工过程质量控制的方法

1）施工质量控制的技术活动

施工质量控制的技术活动包括：确定控制对象、规定控制标准、制定控制方法、明确检验方法和手段、实际进行检验、分析说明差异原因、解决差异问题。

2）施工现场质量检查方法

施工现场质量检查的方法主要有目测法、实测法和试验法等。

① 目测法。凭借感官进行检查，也称观感质量检验。其手段可概括为"看、摸、敲、照"。看，就是根据质量标准要求进行外观检查，例如，清水墙面是否洁净，喷涂的密实度和颜色是否良好、均匀，工人的操作是否正常，混凝土外观是否符合要求等；摸，就是通过触摸手感进行检查、鉴别。例如油漆的光滑度等；敲，就是运用敲击工具进行音感检查，例如，对地面工程、装饰工程中的水磨石、面砖、石材饰面等，均应进行敲击检查；照，就是通过人工光源或反射光照射，检查难以看到或光线较暗的部位，例如，管道井、电梯井等内的管线、设备安装质量，装饰吊顶内连接及设备安装质量等。

② 实测法。就是通过实测数据与施工规范、质量标准的要求及允许偏差值进行对照，以此判断质量是否符合要求。其手段可概括为"靠、量、吊、套"。靠，就是用直尺、塞尺检查诸如墙面、地面等的平整度；量，就是指用测量工具和计量仪表等检查断面尺寸、轴线、标高、湿度、温度等的偏差，例如，大理石板拼缝尺寸与超差数量，混凝土坍落度的检测等；吊，就是利用托线板以及线锤吊线检查垂直度，例如，砌体垂直度检查、门窗的安装等；套，是以方尺套方，辅以塞尺检查，例如，对阴阳角的方正、踢脚线的垂直度、预制构件的方正、门窗口及构件的对角线检查等。

③ 试验法。指通过进行现场试验或试验室试验等理化试验手段，取得数据，分析判断质量情况。包括：力学性能试验，如各种力学指标的测定（测定抗拉强度、抗压强度、抗弯强度、抗折强度、冲击韧性、硬度、承载力等）；物理性能试验，如测定比重、密度、含水量、凝结时间、安定性、抗渗性、耐磨性、耐热性、隔音等；化学性能试验，如材料的化学成分、耐酸性、耐碱性、抗腐蚀等；无损测试，探测结构物或材料、设备内部组织结构或损伤状态。如超声检测、回弹强度检测、电磁检测、射线检测等。它们一般可以在不损伤被探测物的情况下了解被探测物的质量情况。

此外，必要时还可在现场通过诸如对桩或地基的现场静载试验或打试桩，确定其承载力；对混凝土现场取样，通过试验室的抗压强度试验，确定混凝土达到的强度等级；以及通过管道压力试验判断其耐压及渗漏情况等。

（5）施工过程质量控制点的确定

质量控制点是指为了保证作业过程质量而确定的重点控制对象、关键部位或薄弱环节。设置质量控制点是保证达到施工质量要求的必要前提，在拟定质量控制工作计划时，应予以详细地考虑，并以制度来保证落实。对于质量控制点，一般要事先分析可能造成质量问题的原因，再针对原因制定对策和措施进行预控。

1）选择质量控制点的一般原则

是否设置为质量控制点，主要是视其对质量特性影响的大小、危害程度以及其质量保证的难度大小而定。应当选择那些保证质量难度大、对质量影响大或者发生质量问题时危害大的对象作为质量控制点：

① 施工过程中的关键工序或环节以及隐蔽工程；

② 施工中的薄弱环节，或质量不稳定的工序、部位或对象；

③ 对后续工程施工或对后续工序质量或安全有重大影响的工序、部位或对象；

④ 使用新技术、新工艺、新材料的部位或环节；

⑤ 施工上无足够把握的、施工条件困难的或技术难度大的工序或环节；

质量控制点的选择要准确、有效。为此，一方面需要有经验的工程技术人员来进行选择，另一方面也要集思广益，集中群体智慧由有关人员充分讨论，在此基础上进行选择。选择时要根据对重要的质量特性进行重点控制的要求，选择质量控制的重点部位、重点工序和重点的质量因素作为质量控制点，进行重点控制和预控，这是进行质量控制的有效方法。

2）建筑工程质量控制点的位置

根据质量控制点选择的原则，建筑工程质量控制点的位置可以参考表 7-1。

质量控制点的设置位置

表 7-1

分项工程	质量控制点
工程测量定位	标准轴线桩、水平桩、龙门板、定位轴线、标高
地基、基础 （含设备基础）	基坑尺寸、标高、土质、地基承载力、基础垫层标高、基础位置、尺寸、标高，预埋件、预留孔洞的位置、标高、规格、数量，基础杯口弹线
砌体	砌体轴线，皮数杆，砂浆配合比，预留孔洞，预埋件的位置、数量，砌块排列
模板	位置、标高、尺寸、预留孔洞位置、尺寸，预埋件的位置，模板的强度、刚度和稳定性，模板内部清理及湿润情况
钢筋混凝土	水泥品种、强度等级，砂石质量，混凝土配合比，外加剂比例，混凝土振捣，钢筋品种、规格、尺寸、搭接长度，钢筋焊接、机械连接，预留孔洞及预埋件规格、位置、尺寸、数量，预制构件吊装或出厂（脱模）强度，吊装位置，标高、支撑长度、焊缝长度
吊装	吊装设备的起重能力、吊具、索具、地锚
钢结构	翻样图、放大样
焊接	焊接条件、焊接工艺
装修	视具体情况而定

3）重点控制的对象

质量控制点的选择要准确、有效，要根据对重要质量特性进行重点控制的要求，可作为质量控制点中重点控制的对象主要包括以下几个方面：

① 人的行为

对某些作业或操作，应以人为重点进行控制，例如高空作业等，对人的身体素质或心理应有相应的要求；技术难度大或精度要求高的作业，如复杂模板放样、复杂的设备安装等对人的技术水平均有相应的较高要求。

② 物的质量与性能

施工设备和材料是直接影响工程质量和安全的主要因素，常作为控制的重点。例如作业设备的质量、计量仪器的质量都是直接影响主要因素；又如钢结构工程中使用的高强螺栓、某些特殊焊接使用的焊条，都应作为重点控制其材质与性能；还有水泥的质量是直接影响混凝土工程质量的关键因素，施工中应对进场的水泥质量进行重点控制，必须检查核对其出厂合格证，并按要求进行强度和安定性的复试等。

③ 关键的操作与施工方法

某些直接影响工程质量的关键操作应作为控制的重点，如预应力钢筋的张拉工艺操作过程及张拉力的控制，是可靠地建立预应力值和保证预应力构件质量的关键过程。同时，那些易对工程质量产生重大影响的施工方法，也应列为控制的重点，如大模板施工中模板的稳定和组装问题、液压滑模施工时支承杆稳定问题、升板法施工中提升差的控制等。

④ 施工技术参数

例如混凝土的外加剂掺量、水灰比，回填土的含水量，砌体的砂浆饱满度，防水混凝土的抗渗等级，冬季施工混凝土受冻临界强度等技术参数是质量控制的重要指标。

⑤ 施工顺序

某些工作必须严格作业之间的顺序，例如对于屋架固定一般应采取对角同时施焊，以免焊接应力使已校正的屋架发生变位，再如对冷拉的钢筋应当先焊接后冷拉，否则会失去冷强等。

⑥ 技术间歇

有些作业之间需要有必要的技术间歇时间，例如混凝土浇筑后至拆模之间也应保持一定的间歇时间；砌筑与抹灰之间，应在墙体砌筑后留 6～10d 时间，让墙体充分沉陷、稳定、干燥，再抹灰，抹灰层干燥后，才能喷白、刷浆等。

⑦ 易发生或常见的质量通病

例如：混凝土工程的蜂窝、麻面、空洞，墙、地面、屋面防水工程渗水、漏水、空鼓、起砂、裂缝等，都与工序操作有关，均应事先研究对策，提出预防措施。

⑧ 新工艺、新技术、新材料的应用

由于缺乏经验，施工时可做为重点进行严格控制。

⑨ 易发生质量通病的工序

产品质量不稳定、不合格率较高及易发生质量通病的工序应列为重点，仔细分析、严格控制。

⑩ 特殊地基或特种结构

如大孔性湿陷性黄土、膨胀土等特殊土地基的处理、大跨度和超高结构等难度大的施工环节和重要部位等都应予特别重视。

(6) 工程质量问题及事故处理

凡是工程质量不合格，必须进行返修、加固或报废处理，由此造成直接经济损失低于 5000 元的称为工程质量问题；直接经济损失在 5000 元及以上的称为工程质量事故。

1) 工程质量问题的处理

在工程施工过程中，项目监理机构如发现工程项目存在不合格项或质量问题，应根据其性质和严重程度按如下方式处理：当施工而引起的质量问题在萌芽状态时应及时制止，并要求施工单位立即更换不合格材料、设备或不称职人员，或要求施工单位立即改变不正确的施工方法和操作工艺；当因施工而引起的质量问题已出现时，应立即要求施工单位对质量问题进行补救处理，并采取足以保证施工质量的有效措施后，报告项目监理机构；当某道工序或分项工程完工以后出现不合格项时，应要求施工单位及时采取补救措施予以整改。项目监理机构应对其补救方案进行确认，跟踪处理过程，对处理结果进行验收，否则，不允许进行下道工序或分项工程的施工。

工程质量问题的处理程序如图 7-6 所示。

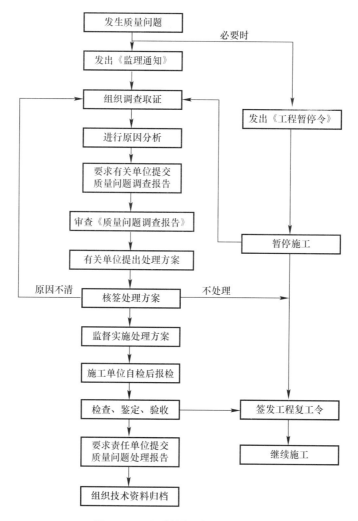

图 7-6   工程质量问题的处理程序

2）工程质量事故

工程质量事故的分为一般质量事故、严重质量事故、重大质量事故和特别重大质量事故。

一般质量事故。凡具备下列条件之一者为一般质量事故：①直接经济损失在 5000 元（含 5000 元）以上，不满 5 万元的；②影响使用功能和工程结构安全，造成永久质量缺陷的。

严重质量事故。凡具备下列条件之一者为严重质量事故：①直接经济损失在 5 万元（含 5 万元）以上，不满 10 万元的；②严重影响使用功能或工程结构安全，存在重大质量隐患的；③事故性质恶劣或造成 2 人以下重伤的。

重大质量事故。凡具备下列条件之一者为重大质量事故：①工程倒塌或报废；②由于质量事故，造成人员死亡或重伤 3 人以上；③直接经济损失 10 万元以上。

特别重大事故。一次死亡 30 人及其以上，或直接经济损失达 500 万元及其以上，或其他性质特别严重的，均属特别重大事故。

工程质量事故处理程序如图 7-7 所示。

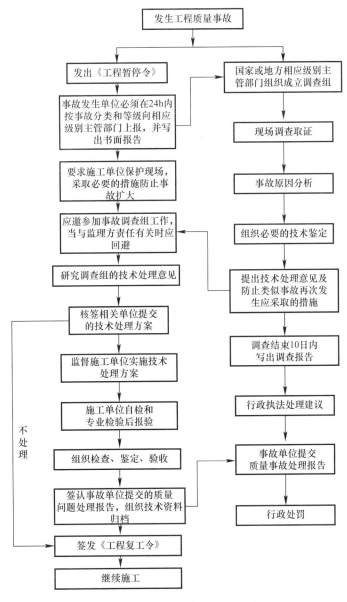

图 7-7　工程质量事故处理程序

（7）工程质量验收

1）工程质量验收的层次及内容

建筑工程质量验收应划分为单位（子单位）工程、分部（子分部）工程、分项工程和检验批。

单位（子单位）工程的划分应按下列原则确定：

① 具备独立施工条件并能形成独立使用功能的建筑物及构筑物为一个单位工程。

② 建筑规模较大的单位工程，可将其能形成独立使用功能的部分为一个子单位工程。

分部工程是单位工程的组成部分，应按下列原则划分：

① 分部工程的划分可按专业性质、工程部位或特点、功能、工程量确定。

② 当分部工程较大或较复杂时，可按材料种类、工艺特点、施工程序、专业系统及类别等将分部工程划分为若干子分部工程。

分项工程是分部工程的组成部分，由一个或若干个检验批组成，按主要工种、材料、施工工艺、设备类别等进行划分。

检验批可根据施工、质量控制和专业验收的需要，按楼层、施工段、变形缝等进行划分。

施工单位应会同监理单位（建设单位）根据《建筑工程施工质量验收统一标准》GB 50300-2013 的要求划分分部工程、分项工程和检验批。

建筑工程施工质量应按下列要求进行验收：

① 检验批的质量应按主控项目和一般项目验收。

② 工程质量的验收均应在施工单位自检合格的基础上进行。

③ 隐蔽工程在隐蔽前应由施工单位通知监理工程师或建设单位专业技术负责人进行验收，并应形成验收文件，验收合格后方可继续施工。

④ 参加工程施工质量验收的各方人员应具备规定的资格。单位工程的验收人员应具备工程建设相关专业的中级以上技术职称并具有 5 年以上从事工程建设相关专业的工作经历，参加单位工程验收的签字人员应为各方项目负责人。

⑤ 涉及结构安全的试块、试件以及有关材料，应按规定进行见证取样检测。对涉及结构安全、使用功能、节能、环境保护等重要分部工程应进行抽样检测。

⑥ 承担见证取样检测及有关结构安全、使用功能等项目的检测单位应具备相应资质。

⑦ 工程的观感质量应由验收人员现场检查，并应共同确认。

建筑工程施工质量验收合格应符合下列要求：

① 符合《建筑工程施工质量验收统一标准》GB 50300-2013 和相关专业验收规范的规定。

② 符合工程勘察、设计文件的要求。

③ 符合合同约定。

2）工程质量验收规范体系

建筑工程施工质量验规范体系由《建筑工程施工质量验收统一标准》GB 50300-2013 等规范组成，在使用过程中它们必须配套使用。各专业验收规范有：

《建筑地基基础工程施工质量验收规范》GB 50202

《砌体结构工程施工质量验收规范》GB 50203

《混凝土结构工程施工质量验收规范》GB 50204

《钢结构工程施工质量验收规范》GB 50205

《木结构工程施工质量验收规范》GB 50206

《屋面工程质量验收规范》GB 50207

《地下防水工程质量验收规范》GB 50208

《建筑地面工程施工质量验收规范》GB 50209

《建筑装饰装修工程质量验收规范》GB 502010

《建筑给水排水及采暖工程施工质量验收规范》GB 52242

《通风与空调工程施工质量验收规范》GB 50243

《建筑电气工程施工质量验收规范》GB 50303

《电梯工程施工质量验收规范》GB 50310

《智能建筑工程质量验收规范》GB 50339

（二）工程检测

1. 抽样检验的基本理论

（1）总体与个体

总体也称母体，是所研究对象的全体；个体，是组成总体的基本元素。总体分为有限总体和无限总体。总体中可含有多个个体，其数目通常用 N 表示。当对一批产品质量进行检验时，该批产品是总体，其中的每件产品是个体，这时 N 是有限的数值，则称之为有限总体。当对生产过程进行检测时，应该把整个生产过程的过去、现在以及将来的产品视为总体，随着生产的进行 N 是无限的，称之为无限总体。实际进行质量统计中一般把从每件产品检测得到的某一质量数据（如强度、几何尺寸、重量等质量特性值）视为个体，产品的全部质量数据的集合则称为总体。

（2）样本

样本也称子样，是从总体中随机抽取出来，并能根据对其研究结果推断出总体质量特征的那部分个体。被抽中的个体称为样品，样品的数目称样本容量，用 n 表示。

（3）全数检验

全数检验是对总体中的全部个体逐一观察、测量、计数、登记，从而获得对总体质量水平评价结论的方法。采取全数检验的方法，对总体质量水平评价结论一般比较可靠，能提供大量的质量信息，但要消耗很多人力、物力、财力和时间，特别是不能用于具有破坏性的检验和过程的质量统计数据的收集，应用上具有局限性；在有限总体中，对重要的检测项目，当可采用简易快速的不破损检验方法时，可选用全数检验方案。

（4）随机抽样检验

随机抽样检验是按照随机抽样的原则，从总体中抽取部分个体组成样本，根据对样品进行检测的结果，推断总体质量水平的方法。随机抽样检验抽取样品应不受检验人员主观意愿的支配，每一个体被抽中的概率都相同，从而保证样本在总体中的分布比较均匀，有充分的代表性。抽样的具体方法有：

1）简单随机抽样

简单随机抽样又称纯随机抽样、完全随机抽样，是对总体不进行任何加工，直接在全体个体中进行随机抽样获取样本的方法。其方法是对全部个体编号，然后采用抽签、摇号、随机数字表等方法确定中选号码，对应的个体即为样品。这种方法常用于总体差异不大或对总体了解甚少的情况。

2）分层抽样

分层抽样又称分类或分组抽样，是将总体按与研究目的有关的某一特性分为若干组，然后在每组内随机抽取样品组成样本的方法。这种方法由于对每组都要抽取样品，样品在总体中分布均匀，更具代表性，特别适用于总体比较复杂的情况。如研究混凝土浇筑质量时，可以按生产班组分组，或按浇筑时间（白天、黑夜或季节）分组或按原材料供应商分组后，再在每组内随机抽取个体。

3）等距抽样

等距抽样又称机械抽样、系统抽样，是将个体按某一特性排队编号后均分为 n 组，这时每组有 $K = N/n$ 个个体，然后在第一组内随机抽取第一件样品，以后每隔一定距离（K 值）抽选出其余样品组成样本的方法。如在流水作业线上每生产 100 件产品抽出一件产品做样品，直到抽出 n 件产品组成样本。

进行等距抽样时要注意所采用的距离（K 值）不要与总体质量特性值的变动周期一致。如对于连续生产的产品按时间距离抽样时，间隔的时间不要是每班作业时间 8h 的约数或倍数，以避免产生系统偏差。

4）整群抽样

整群抽样一般是将总体按自然存在的状态分为若干群，并从中抽取样品群组成样本，然后在中选群内进行全数检验的方法。如对原材料质量进行检测，可按原包装的箱、盒为群随机抽取，对中选的箱、盒做全数检验；每隔一定时间抽出一批样本进行全数检验等。

由于随机性表现在群间，样品集中，分布不均匀，代表性差，产生的抽样误差也大，同时在有周期性变动时，应注意避免系统偏差。

5）多阶段抽样

多阶段抽样又称多级抽样。前述抽样方法的共同特点是整个过程中只有一次随机抽样，因而统称为单阶段抽样。但是当总体很大时，很难一次抽样完成预定的目标。多阶段抽样是将各种单阶段抽样方法结合使用，通过多次随机抽样来实现的抽样方法。如检验钢材、水泥等质量时，可以对总体按不同批次分为 R 群，从中随机抽取 r 群，而后在中选的 r 群中的 M 个个体中随机抽取 m 个个体，这就是整群抽样与分层抽样相结合的二阶段抽样，它的随机性表现在群间和群内有两次。

（5）质量统计推断

质量统计推断工作是运用质量统计方法在一批产品中或生产过程中，随机抽取样本，通过对样品进行检测和整理加工，从中获得样本质量数据信息，并以此为依据，以概率论为理论基础，对总体的质量状况作出分析和判断。

（6）质量数据的特征值

样本数据特征值是由样本数据计算的描述样本质量数据波动规律的指标。统计推断就是根据这些样本数据特征值来分析、判断总体的质量状况。常用的有描述数据分布集中趋势的算术平均数、中位数和描述数据分布离中趋势的极差、标准偏差、变异系数等。

（7）抽样检验方案

抽样检验方案是根据检验项目特性而确定的抽样数量、接受标准和方法。如在简单的计数值抽样检验方案中，主要是确定样本容量 n 和合格判定数，即允许不合格品件数 c，记为方案（n，c）。

《建筑工程施工质量验收统一标准》GB 50300-2013 规定检验批的质量验收应采用随机抽样的方法，抽样应满足分布均匀、具有代表性的要求，抽样数量不应低于有关专业验收规范及表 7-2 的规定。明显不合格的样本不纳入检验批，但必须进行处理，使其满足有关专业验收规范的规定，并对处理情况予以记录。

检验批的质量检验，应根据检验项目的特点在下列抽样方案中进行选择：

1）计量、计数或计量-计数等抽样方案；

2）一次、二次或多次抽样方案。

3）根据生产连续性和生产控制稳定性情况，尚可采用调整型抽样方案。

4）对重要的检验项目当可采用简易快速的检验方法时，应选用全数检验方案。

5）经实践检验有效的抽样方案。

对于计数抽样方案，一般项目正常检验一次、二次抽样可按《建筑工程施工质量验收统一标准》GB 50300-2013 附录 B 判定。

对于计量抽样方案，α（生产方风险或错判概率）和 β（使用方风险或漏判概率）可按下列规定采取：

1）主控项目：对应于合格质量水平的 α 和 β 均不宜超过 5%。

2）一般项目：对应于合格质量水平的 α 不宜超过 5%，β 不宜超过 10%。

检验批的最小抽样数量表　　　　　　　　　　表 7-2

检验批的容量	最小抽样数量	检验批的容量	最小抽样数量
2～8	2	501～1200	32
9～15	2	1201～3200	50
16～25	3	3201～10000	80
26～50	5	10001～35000	125
51～90	5	35001～150000	200
91～150	8	150001～500000	315
151～280	13	>500000	500
281～500	20	——	——

2. 工程检测的基本方法

（1）工程检测的程序

建筑施工检测工作包括制订检测计划、取样（含制样）、现场检测、台账登记、委托检测及检测资料管理等。建筑施工检测工作应符合下列规定：

1）法律、法规、标准及设计要求或合同约定应由具备相应资质的检测机构检测的项目，应委托检测机构进行检测；

2）第1款规定之外的检测项目，当施工单位具备检测能力时可自行检测，也可委托检测机构检测；

3）参建各方对工程物资质量、施工质量或实体质量有疑义时，应委托检测机构检测。

施工单位负责施工现场检测工作的组织管理和实施。总包单位应负责施工现场检测工作的整体组织管理和实施，分包单位负责其合同范围内施工现场检测工作的实施。

施工单位除应建立施工现场检测管理制度。工程施工前，施工单位应编制检测计划，经监理（建设）单位审批后组织实施。

施工单位应对试件的代表性、真实性负责，按照规范和标准规定的取样标准进行取样，能够确保试件真实反映工程质量。需要委托检测的项目，施工单位负责办理委托检测并及时获取检测报告；自行检测的项目，施工单位应对检测结果进行评定。施工单位应及时通知见证人员对见证试件的取样（含制样）、送检过程进行见证，会同相关单位对不合格的检测项目，查找原因，依据有关规定进行处置。

（2）施工现场检测项目

1）工程物资检测

进场工程物资的检测项目，应依据相关标准的规定及设计要求确定。进场工程物资检测主要包括进场材料复验和设备性能测试。不能现场制取试件或实施进场检测的物资、设备等，可由监理（建设）单位和施工单位协商进行非现场检测或检验。工程物资检测项目可按照相关规范确定。

2）施工过程质量检测

施工过程质量检测内容主要包括：施工工艺参数确定、土工、桩基承载力、钢筋连接性能、混凝土性能、砂浆性能、锚栓（植筋）拉拔、钢结构焊缝探伤、闭水试验等各专业施工过程中的检验。施工过程质量检测项目除应符合相关标准及设计要求外，尚应根据施工质量控制的需要确定。土建工程施工过程质量检测项目可按照表7-3确定。

3）工程实体检测

工程实体检测内容主要包括：桩基工程载荷检测、桩身完整性检测、钢筋保护层检测、结构实体检验用同条件养护试件检测、结构混凝土检测、建筑节能检测、饰面砖粘结强度检测、各专业结构实体（系统）检测、室内空气检测等。工程实体检测的项目应依据相关标准、设计及施工质量控制的需要确定。土建施工实体检测项目可按照表7-4确定。

土建工程施工过程质量检测项目及相关标准一览表

表 7-3

序号	分类	施工过程名称	试验项目	取样标准	试验标准	评定标准
1	土方回填	压实回填	含水率*	《建筑地基基础设计规范》GB 50007 《建筑地基基础施工质量验收规范》GB 50202	《土工试验方法标准》GB/T 50123	《建筑地基基础施工质量验收规范》GB 50202 《土工试验方法标准》GB/T 50123
			密实度*			
2	基坑工程	锚杆（索）	抗拔	《岩土锚杆（索）技术规程》CECS 22	《岩土锚杆（索）技术规程》CECS 22 《建筑基坑支护技术规程》JGJ 120	《岩土锚杆（索）技术规程》CECS 22 《建筑地基基础施工质量验收规范》GB 50202
			蠕变试验	《建筑基坑支护技术规程》JGJ 120	《建筑地基基础施工质量验收规范》GB 50202	
		土钉	极限抗拔力	《建筑基坑支护技术规程》JGJ 120 《基坑土钉支护技术规程》CECS 96	《基坑土钉支护技术规程》CECS 96	《建筑基坑支护技术规程》JGJ 120 《基坑土钉支护技术规程》CECS 96
3	地基工程 地基处理	垫层法（施工中）	密实度*	《建筑地基处理技术规范》JGJ 79	《土工试验方法标准》GB/T 50123 《岩土工程勘察规范》GB 50021 《建筑地基处理技术规范》JGJ 79	《建筑地基基础施工质量验收规范》GB 50202 《岩土工程勘察规范》GB 50021 《土工试验方法标准》GB/T 50123 《建筑地基处理技术规范》JGJ 79
			原位测试			
		预压法（施工中）	塑料排水带性能指标测试	《建筑地基处理技术规范》JGJ 79	《土工试验方法标准》GB/T 50123 《岩土工程勘察规范》GB 50021 《建筑地基处理技术规范》JGJ 79	《建筑地基基础施工质量验收规范》GB 50202 《岩土工程勘察规范》GB 50021 《土工试验方法标准》GB/T 50123 《建筑地基处理技术规范》JGJ 79
			砂料颗粒分析*			
			砂料颗粒渗透试验			
			十字板剪切试验			
			室内工工试验			

续表

序号	分类	施工过程名称	试验项目	取样标准	试验标准	评定标准
4	钢筋连接	锥螺纹连接	抗拉强度	《钢筋机械连接通用技术规程》JGJ 107	《钢筋焊接接头试验方法标准》JGJ/T 27	《钢筋机械连接通用技术规程》JGJ 107
		套筒挤压接头				
		镦粗直螺纹钢筋接头				
		电阻点焊	抗剪强度	《钢筋焊接及验收规程》JGJ 18	《钢筋焊接接头试验方法标准》JGJ/T 27《复合钢板焊接接头力学性能试验方法》GB/T 16957《焊接接头拉伸试验方法》GB 2651《焊缝及熔敷金属拉伸试验方法》GB 2652《焊接接头弯曲及压扁试验方法》GB 263	《钢筋焊接及验收规程》JGJ 18
		电弧焊接头	抗拉强度 弯曲			
		闪光对焊	抗拉强度 弯曲			
		电渣压力焊接头	抗拉强度			
		气压焊接头	抗拉强度 弯曲（梁、板的水平筋连接）			
		预埋件钢筋T型接头	抗拉强度			
5	钢结构工程	紧固件连接 高强度大六角头螺栓连接副	扭矩*	《钢结构工程施工质量验收规范》GB 50205	《钢结构工程施工质量验收规范》GB 50205	《钢结构工程施工质量验收规范》GB 50205
		高强度螺栓连接接触面的	抗滑移系数	《钢结构工程施工质量验收规范》GB 50205《钢结构高强度螺栓连接的设计、施工及验收规程》JGJ 82	《钢结构工程施工质量验收规范》GB 50205《钢结构高强度螺栓连接规程》JGJ 82	《钢结构工程施工质量验收规范》GB 50205《钢结构高强度螺栓连接的设计、施工及验收规程》JGJ 82
		焊接工程 焊缝 焊接工艺评定	抗拉、弯曲、冲击* 外观质量检测*	《钢结构工程施工质量验收规范》GB 50205《建筑钢结构焊接技术规程》JGJ 81	《钢结构工程施工质量验收规范》GB 50205《建筑钢结构焊接技术规程》JGJ 81	《钢结构工程施工质量验收规范》GB 50205《建筑钢结构焊接技术规程》JGJ 81

序号	分类	施工过程名称	试验项目	取样标准	试验标准	评定标准
5	钢结构工程	焊接工程	焊缝	内部质量检测	《钢结构工程施工质量验收规范》GB 50205《建筑钢结构焊接技术规程》JGJ 81	《钢焊缝手工超声波探伤方法和探伤结果分级》GB 11345《钢熔化焊对接接头射线照相和质量分级》GB 3323《焊接球节点钢网架焊缝超声波探伤及质量分级方法》JG/T 3034.1《螺栓球节点钢网架焊缝超声波探伤及质量分级法》JG/T 3034.2《建筑钢结构焊接技术规程》JGJ 81	《钢结构工程施工质量验收规范》GB 50205《建筑钢结构焊接技术规程》JGJ 81
			焊钉（栓钉）	弯曲*	《建筑钢结构焊接技术规程》JGJ 81《钢结构工程施工质量验收规范》GB 50205	《建筑钢结构焊接技术规程》JGJ 81《钢结构工程施工质量验收规范》GB 50205	《建筑钢结构焊接技术规程》JGJ 81《钢结构工程施工质量验收规范》GB 50205
		网架安装	节点承载力		《钢结构工程施工质量验收规范》GB 50205	《钢结构工程施工质量验收规范》GB 50205	《钢结构工程施工质量验收规范》GB 50205
		防腐涂装	表面除锈	等级检测*	《钢结构工程施工质量验收规范》GB 50205	《钢结构工程施工质量验收规范》GB 50205《涂装前钢材表面锈蚀等级和除锈等级》GB 8923	《钢结构工程施工质量验收规范》GB 50205
			涂层	干膜厚度*	《钢结构工程施工质量验收规范》GB 50205	《钢结构工程施工质量验收规范》GB 50205	《钢结构工程施工质量验收规范》GB 50205
			涂层	附着力*	《钢结构工程施工质量验收规范》GB 50205	《漆膜附着力测定方法》GB 1720《色漆和清漆漆膜的划格试验》GB 9286	《钢结构工程施工质量验收规范》GB 50205

续表

序号	分类	施工过程名称	试验项目	取样标准	试验标准	评定标准
5	钢结构工程	防火涂装	表面检测*	《钢结构工程施工质量验收规范》GB 50205	《钢结构工程施工质量验收规范》GB 50205 《涂装前钢材表面锈蚀等级和除锈等级》GB 8923	《钢结构工程施工质量验收规范》GB 50205
		涂层	厚度*	—	《钢结构防火涂料应用技术规程》CECS24 《钢结构工程施工质量验收规范》GB 50205	《钢结构工程施工质量验收规范》GB 50205
			表面裂纹宽度*	《钢结构工程施工质量验收规范》GB 50205	《钢结构工程施工质量验收规范》GB 50205	《钢结构工程施工质量验收规范》GB 50205

土建施工实体检测项目及相关标准一览表

表 7-4

序号	分类	实体名称	试验项目	取样标准	试验标准	评定标准
1	土方回填	压实填土（回填结束后）	压实系数 低应变动测法检测	《建筑地基基础设计规范》GB 50007 《建筑地基基础工程施工质量验收规范》GB 50202	《土工试验方法标准》GB/T 50123	《建筑地基基础工程施工质量验收规范》GB 50202 《土工试验方法标准》GB/T 50123
2	基坑工程	混凝土灌注桩桩身质量检测	钻芯法检测	《建筑基坑支护技术规程》JGJ 120	《建筑基桩检测技术规范》JGJ 106 《桩基低应变动力检测规程》JGJ/T 93	《建筑基桩检测技术规范》JGJ 106 《岩土工程勘察规范》GB 50021 《建筑地基基础工程施工质量验收规范》GB 50202

续表

序号	分类	实体名称	试验项目	取样标准	试验标准	评定标准
2	基坑工程	地下连续墙质量检测	钻孔抽芯检测	《建筑基坑支护技术规程》JGJ 120 《建筑地基基础设计规范》GB 50007	《建筑基桩检测技术规范》JGJ 106	《建筑基桩检测技术规范》JGJ 106 《岩土工程勘察规范》GB 50021 《建筑地基基础工程施工质量验收规范》GB 50202
			声波透射法检测	《建筑基坑支护技术规程》JGJ 120 《建筑地基基础设计规范》GB 50007	《建筑基桩检测技术规范》JGJ 106	《建筑基桩检测技术规范》JGJ 106 《岩土工程勘察规范》GB 50021 《建筑地基基础工程施工质量验收规范》GB 50202
		钢支撑构件焊接质量检测	超声探伤法检测	《建筑基坑支护技术规程》JGJ 120	《铸钢件超声探伤及质量评级方法》GB/T7233	《建筑地基基础工程质量验收规范》GB 50202
		锚杆（索）抗拔力验收试验	锚杆（索）抗拔力	《岩土锚杆（索）技术规程》CECS 22	《岩土锚杆（索）技术规程》CECS 22 《建筑基坑支护技术规程》JGJ 120 《建筑地基基础工程施工质量验收规范》GB 50202	《岩土锚杆（索）技术规程》CECS 22 《建筑地基基础工程施工质量验收规范》GB 50202
		水泥土墙质量检测	钻孔取芯检测 试块单轴抗压强度	《建筑基坑支护技术规程》JGJ 120	《建筑基桩检测技术规范》JGJ 106 《土工试验方法标准》GB/T 50123	《土工试验方法标准》GB/T 50123 《建筑地基基础工程施工质量验收规范》GB 50202 《岩土工程勘察规范》GB 50021
		逆作拱墙质量检测	钻孔取芯检测	《建筑基坑支护技术规程》JGJ 120	《建筑基桩检测技术规范》JGJ 106	《土工试验方法标准》GB/T 50123 《建筑地基基础工程施工质量验收规范》GB 50202 《岩土工程勘察规范》GB 50021
		土钉墙质量验收检测	土钉抗拔力 钻孔检测混凝土面层厚度	《建筑基坑支护技术规程》JGJ 120 《基坑土钉支护技术规程》CECS 96	《基坑土钉支护技术规程》CECS 96	《建筑基坑支护技术规程》JGJ 120 《基坑土钉支护技术规程》CECS 96

续表

序号	分类	实体名称	试验项目	取样标准	试验标准	评定标准
3	地基工程	天然地基持力层检验	原位轻型动力触探试验*	《建筑地基基础工程施工质量验收规范》GB 50202	《岩土工程勘察规范》GB 50021	《建筑地基基础工程施工质量验收规范》GB 50202 《本场地的岩土勘察报告》《岩土工程勘察规范》GB 50021
		垫层法地基验收试验	原位载荷试验	《建筑地基处理技术规范》JGJ 79	《土工试验方法标准》GB/T 50123 《岩土工程勘察规范》GB 50021 《建筑地基处理技术规范》JGJ 79	《建筑地基基础工程施工质量验收规范》GB 50202 《岩土工程勘察规范》GB 50021 《土工试验方法标准》GB/T 50123 《建筑地基处理技术规范》JGJ 79
		预压法地基验收试验	原位十字板剪切试验 室内土工试验 载荷试验	《建筑地基处理技术规范》JGJ 79	《土工试验方法标准》GB/T 50123 《岩土工程勘察规范》GB 50021 《建筑地基处理技术规范》JGJ 79	《建筑地基基础工程施工质量验收规范》GB 50202 《岩土工程勘察规范》GB 50021 《土工试验方法标准》GB/T 50123 《建筑地基处理技术规范》JGJ 79
		强夯法地基验收试验	室内土工试验 原位测试试验 原位载荷试验	《建筑地基处理技术规范》JGJ 79	《土工试验方法标准》GB/T 50123 《岩土工程勘察规范》GB 50021 《建筑地基处理技术规范》JGJ 79	《建筑地基基础工程施工质量验收规范》GB 50202 《岩土工程勘察规范》GB 50021 《土工试验方法标准》GB/T 50123 《建筑地基处理技术规范》JGJ 79
		振冲桩复合地基验收试验	原位测试试验 原位复合地基载荷试验	《建筑地基处理技术规范》JGJ 79	《岩土工程勘察规范》GB 50021 《建筑地基处理技术规范》JGJ 79	《建筑地基基础工程施工质量验收规范》GB 50202 《岩土工程勘察规范》GB 50021 《建筑地基处理技术规范》JGJ 79

续表

序号	分类	实体名称	试验项目	取样标准	试验标准	评定标准
3	地基工程	砂石桩复合地基验收试验	单桩载荷试验 / 原位测试试验 原位复合地基载荷试验	《建筑地基处理技术规范》JGJ 79	《岩土工程勘察规范》GB 50021 《建筑地基处理技术规范》JGJ 79	《建筑地基基础工程施工质量验收规范》GB 50202 《岩土工程勘察规范》GB 50021 《建筑地基处理技术规范》JGJ 79
		CFG桩复合地基验收试验	低应变动力测试 复合地基载荷试验	《建筑地基处理技术规范》JGJ 79	《建筑基桩检测技术规范》JGJ 106 《建筑地基处理技术规范》JGJ 79	《建筑地基基础工程施工质量验收规范》GB 50202 《岩土工程勘察规范》GB 50021 《建筑基桩检测技术规范》JGJ 106 《建筑地基处理技术规范》JGJ 79
		夯实水泥土桩复合地基验收试验	桩身干密度测定 桩身原位轻型动力触探试验* 原位复合地基载荷试验	《建筑地基处理技术规范》JGJ 79	《土工试验方法标准》GB/T 50123 《岩土工程勘察规范》GB 50021 《建筑地基处理技术规范》JGJ 79	《建筑地基基础工程施工质量验收规范》GB 50202 《岩土工程勘察规范》GB 50021 《土工试验方法标准》GB/T 50123 《建筑地基处理技术规范》JGJ 79
		水泥土搅拌桩复合地基验收试验	桩身原位轻型动力触探试验* 原位复合地基和单桩载荷试验 桩身芯样的抗压强度试验	《建筑地基处理技术规范》JGJ 79	《土工试验方法标准》GB/T 50123 《岩土工程勘察规范》GB 50021 《建筑地基处理技术规范》JGJ 79	《建筑地基基础工程施工质量验收规范》GB 50202 《岩土工程勘察规范》GB 50021 《土工试验方法标准》GB/T 50123 《建筑地基处理技术规范》JGJ 79

续表

序号	分类	实体名称	试验项目	取样标准	试验标准	评定标准
3	地基工程	高压旋喷桩复合地基验收试验	桩身原位标准贯入试验 桩身取芯试验	《建筑地基处理技术规范》 JGJ 7	《岩土工程勘察规范》 GB 50021 《建筑地基处理技术规范》 JGJ 79	《建筑地基基础工程施工质量验收规范》 GB 50202 《岩土工程勘察规范》 GB 50021 《建筑地基处理技术规范》 JGJ 79
			桩身围井注水试验			
			原位复合地基和单桩载荷试验			
		石灰桩复合地基验收试验	桩身及桩间土原位测试试验	《建筑地基处理技术规范》 JGJ 7	《岩土工程勘察规范》 GB 50021 《建筑地基处理技术规范》 JGJ 79	《建筑地基基础工程施工质量验收规范》 GB 50202 《岩土工程勘察规范》 GB 50021 《建筑地基处理技术规范》 JGJ 79
			原位复合地基载荷试验			
		土（灰土）挤密桩复合地基验收试验	桩身及桩间土干密度测定	《建筑地基处理技术规范》 JGJ 7	《土工试验方法标准》 GB/T 50123 《建筑地基处理技术规范》 JGJ 79	《土工试验方法标准》 GB/T 50123 《建筑地基处理技术规范》 JGJ 79 《岩土工程勘察规范》 GB 50021
			原位复合地基载荷试验			
			桩间土的室内土工试验			
		柱锤冲扩桩复合地基验收试验	桩身及桩间土的原位重型动力触探试验	《建筑地基处理技术规范》 JGJ 79	《岩土工程勘察规范》 GB 50021 《建筑地基处理技术规范》 JGJ 79	《建筑地基处理技术规范》 JGJ 79 《岩土工程勘察规范》 GB 50021
			原位复合地基载荷试验			
		单液硅化和碱液法地基验收试验	原位测试试验	《建筑地基处理技术规范》 JGJ 79	《土工试验方法标准》 GB/T 50123 《岩土工程勘察规范》 GB 50021	《土工试验方法标准》 GB/T 50123 《建筑地基处理技术规范》 JGJ 79 《岩土工程勘察规范》 GB 50021
			试样无侧限抗压强度试验			
			试样水稳性试验			

续表

序号	分类	实体名称	试验项目		取样标准	试验标准	评定标准
3	地基工程	注浆法地基验收试验	原位测试试验		《既有建筑地基基础加固技术规范》JGJ 123	《岩土工程勘察规范》GB 50021 《建筑地基处理技术规范》JGJ 79	《建筑地基处理技术规范》JGJ 79 《岩土工程勘察规范》GB 50021
			原位地基载荷试验				
		树根桩验收试验	原位动测法试验		《既有建筑地基基础加固技术规范》JGJ 123	《建筑基桩检测技术规范》JGJ 106	《建筑基桩检测技术规范》JGJ 106
			单桩竖向原位载荷试验				
4	桩基工程	灌注桩验收试验	单桩竖向原位载荷试验		《建筑桩基技术规范》JGJ 94 《建筑基桩检测技术规范》JGJ 106	《建筑基桩检测技术规范》JGJ 106	《建筑基桩检测技术规范》JGJ 106
			原位动测法试验				
			钻芯法检测				
			声波透射法检测				
5	结构工程	混凝土结构锚固	承载力		《混凝土结构后锚固技术规程》JGJ 145 《建筑装饰装修工程质量验收规范》GB 50210	《混凝土结构后锚固技术规程》JGJ 145	《混凝土结构后锚固技术规程》JGJ 145
		砌体工程	砌体强度		《砌体工程现场检测技术标准》GB/T 50315	《砌体工程现场检测技术标准》GB/T 50315	《砌体工程现场检测技术标准》GB/T 50315
			砂浆强度				
		外墙饰面砖	粘结强度		《建筑工程饰面砖粘结强度检验标准》JGJ 110 《外墙饰面砖工程施工及验收规程》JGJ 126	《建筑工程饰面砖粘结强度检验标准》JGJ 110	《建筑工程饰面砖粘结强度检验标准》JGJ 110 《建筑装饰装修工程质量验收规范》GB 50210
		混凝土	强度	回弹法	《回弹法检测混凝土抗压强度》JGJ/T23	《回弹法检测混凝土抗压强度》JGJ/T 23	《回弹法检测混凝土抗压强度》JGJ/T23
				钻芯法	《钻芯法检测混凝土强度技术规程》CECS 03	《钻芯法检测混凝土强度技术规程》CECS03	《钻芯法检测混凝土强度技术规程》CECS 03
			结构实体钢筋保护层厚度		《混凝土结构工程施工质量验收规范》GB 50204	《电磁感应法检测钢筋保护层厚度和钢筋直径技术规程》	《混凝土结构工程施工质量验收规范》GB 50204

续表

序号	分类	实体名称	试验项目	取样标准	试验标准	评定标准
5	结构工程	混凝土	结构实体检验用同条件养护试件强度	《混凝土结构工程施工质量验收规范》GB 50204《普通混凝土力学性能试验方法标准》GB 50081	《普通混凝土力学性能试验方法标准》GB 50081	《混凝土结构工程施工质量验收规范》GB 50204《混凝土强度检验评定标准》GBJ 107
		双组份硅酮结构胶	混匀性、拉断	《建筑装饰装修工程质量验收规范》GB 50210	《建筑用硅酮结构密封胶》GB 16776	《建筑用硅酮结构密封胶》GB 16776
6	室内环境	室内空气质量	氡	《环境空气中氡的标准测量方法》GB/T 14582	《环境空气中氡的标准测量方法》GB/T 14582	《民用建筑工程室内环境污染控制规范》GB 50325
			甲醛	《公共场所空气中甲醛测定方法》GB/T 18204.26	《公共场所空气中甲醛测定方法》GB/T 18204.26	
			苯	《居住区大气中苯、甲苯和二甲苯卫生检验标准方法 气相色谱法》GB/T 11737	《居住区大气中苯、甲苯和二甲苯卫生检验标准方法 气相色谱法》GB/T 11737	
			氨	《公共场所空气中氨测定方法》GB/T 18204.25	《公共场所空气中氨的标准测量方法》GB/T 18204.25	
			TVOC	《居住区大气中苯、甲苯和二甲苯卫生检验标准方法 气相色谱法》GB/T 11737	《居住区大气中苯、甲苯和二甲苯卫生检验标准方法 气相色谱法》GB/T 11737	

八、施工组织设计

（一）概　　述

1. 工程项目施工组织的原则

施工组织设计是以施工项目为对象编制的，用以指导施工的技术、经济和管理的综合性文件。施工组织设计是施工企业和施工项目经理部施工管理活动的重要技术经济文件，也是完成国家和地区基本建设计划的重要手段。而组织工程项目施工的目的是为了更好地落实、控制和协调其施工组织设计的实施过程，所以组织工程项目施工是一项非常重要的工作。根据实践经验，结合建筑产品及其生产特点，在组织工程项目施工中应遵守以下几项原则：

1）认真执行工程建设程序；

2）搞好项目排队，保证重点，统筹安排；

3）遵循施工工艺及其技术规律，合理安排施工程序和施工顺序；

4）采用流水施工方法和网络计划技术，组织有节奏、均衡、连续的施工；

5）科学安排冬雨期施工项目，保证全年生产的均衡性和连续性；

6）提高建筑工业化程度；

7）尽量采用国内外先进的施工技术和科学管理方法；

8）尽量减少暂设工程，合理储备物资，减少物资运输量，科学布置施工平面图。

建筑施工程序和施工顺序是随着拟建工程项目的规模、性质、设计要求、施工条件和使用功能的不同而变化的，但仍需处理好下面的关系：

1）施工准备与正式施工的关系。施工准备之所以重要，是因为它是后续生产活动能够按时开始的充分必要条件。

2）全场性工程与单位工程的关系。在正式施工时，应该首先进行全场性工程的施工，然后按照工程排队的顺序，逐个进行单位工程的施工。

3）场内与场外的关系。在安排架设电线、敷设管网、修建铁路和修筑公路的施工程序时，应该先场外后场内；场外由远而近，先主干后分支；排水工程要先下游后上游；这样既能保证工程质量，又能加快施工速度。

4）地下与地上的关系。在处理地下工程与地上工程时，应遵循先地下后地上和先深后浅的原则。对地下工程要加强安全技术措施，保证其安全施工。

5）主体结构与装饰工程的关系。一般情况下，主体结构工程施工在前，装饰工程施工在后。当主体结构工程施工进展到一定程度，为装饰工程的施工提供了工作面时，装饰工程施工可以穿插进行。

6）空间顺序与工种顺序的关系。在安排施工顺序时，既要考虑施工组织要求的空间顺序，又要考虑施工工艺要求的工种顺序。空间顺序要以工种顺序为基础，工种顺序应该尽可能地为空间顺序提供有利的施工条件。研究空间顺序是为了解决施工流向问题，它是由施工组织、缩短工期和保证质量的要求来决定的；研究工种顺序是为了解决工种之间在时间上的搭接问题，它必须在满足施工工艺要求的条件下，尽可能地利用工作面，使相邻的两个工种在时间上合理的和最大限度的搭接起来。

2. 施工组织设计的分类

施工组织设计按编制对象，可分为施工组织总设计、单位工程施工组织设计和施工方案。

施工组织总设计是以若干单位工程组成的群体工程或特大型项目为主要对象编制的施工组织设计，对整个项目的施工过程起统筹规划、重点控制的作用。

单位工程施工组织设计是以单位（子单位）工程为主要对象编制的施工组织设计，对单位（子单位）工程的施工过程起指导和制约作用。

施工方案以分部（分项）工程或专项工程为主要对象编制的施工技术与组织方案，用以具体指导其施工过程。

施工组织总设计、单位工程施工组织设计和施工方案之间有以下关系：施工组织总设计是对整个建设项目的全局性战略部署，其内容和范围比较概况；单位工程施工组织设计是在施工组织总设计的控制下，以施工组织总设计和企业施工计划为依据编制的，针对具体的单位工程，把施工组织设计的内容具体化；施工方案是以施工总设计、单位工程施工组织设计和企业施工计划为依据编制的，针对具体的分部分项工程，把单位工程施工组织设计进一步具体化。

3. 施工组织设计的编制原则

施工组织设计要能正确指导施工，体现施工过程的规律性、组织管理的科学性、技术的先进性。具体而言，要掌握以下原则：

（1）充分利用时间和空间的原则

建设工程是一个体型庞大的空间结构，按照时间的先后顺序，对工程项目各个构成部分的施工要作出计划安排，即在什么时间、用什么料、使用什么机械、在什么部位进行施工，也就是时间和空间的关系。要处理好这种关系，除了要考虑工艺关系外，还要考虑组织关系，利用系统工程理论和运筹理论解决这些关系。

（2）工艺与设备配套优先原则

任何一个工程项目都有一定的工艺过程，可采用多种不同的设备来完成，但却具有不同的效果，即不同的质量、工期和成本。不同的机具设备具有不同的工序能力，因此，必须通过实验取得该种机具设备的工序能力指数。选择工序能力最佳的施工机具或设备实施该工艺过程，既能保证工程质量，又不致造成浪费。

（3）最佳技术经济决策原则

完成某些工程项目存在着不同的施工方法，具有不同的施工技术，使用不同的机具设备，要消耗不同的材料，导致不同的结果（工期、质量、成本）。因此，对于此类工程项目的施工，可以从这些不同的施工方法、施工技术中，通过计算、分析、比较，选择最佳的技术经济方案。

（4）专业化分工和紧密协作相结合的原则

现代施工组织管理既要求专业化分工，又要求紧密协作，特别是流水施工组织原理和网络计划技术的编制。处理好专业分工与协作的关系，就是要减少或防止窝工，提高劳动生产率和机械效率，以达到提高工程质量、降低工程成本和缩短工期的目的。

（5）供应与消耗协调的原则

物资的供应要保证施工现场的消耗。物资的供应既不能过剩又不能不足，它要与施工现场的消耗相协调。

《建筑施工组织设计规范》GB/T 50502-2009 中规定，施工组织设计的编制必须遵循工程建设程序，并应符合下列原则：

1）符合施工合同或招标文件中有关工程进度、质量、安全、环境保护、造价等方面的要求；

2）积极开发、使用新技术和新工艺，推广应用新材料和新设备；

3）坚持科学的施工程序和合理的施工顺序，采用流水施工和网络计划等方法，科学配置资源，合理布置现场，采取季节性施工措施，实现均衡施工，达到合理的经济技术指标；

4）采取技术和管理措施，推广建筑节能和绿色施工；

5）与质量、环境和职业健康安全三个管理体系有效结合。

4. 施工组织设计的编制依据

施工组织设计应以下列内容作为编制依据：

1）与工程建设有关的法律、法规和文件；

2）国家现行有关标准和技术经济指标；

3）工程所在地区行政主管部门的批准文件，建设单位对施工的要求；

4）工程施工合同或招标投标文件；

5）工程设计文件；

6）工程施工范围内的现场条件，工程地质及水文地质、气象等自然条件；

7）与工程有关的资源供应情况；

8）施工企业的生产能力、机具设备状况、技术水平等。

5. 施工组织设计的内容

施工组织设计应包括编制依据、工程概况、施工部署、施工进度计划、施工准备与资源配置计划、主要施工方法、施工现场平面布置及主要施工管理计划等基本内容。

6. 施工组织设计的编制程序

施工组织设计的编制和审批应符合下列规定：

1）施工组织设计应由项目负责人主持编制，可根据需要分阶段编制和审批；

2）施工组织总设计应由总承包单位技术负责人审批；单位工程施工组织设计应由施工单位技术负责人或技术负责人授权的技术人员审批；施工方案应由项目技术负责人审批；重点、难点分部（分项）工程和专项工程施工方案应由施工单位技术部门组织相关专家评审，施工单位技术负责人批准；

3）由专业承包单位施工的分部（分项）工程或专项工程的施工方案，应由专业承包单位技术负责人或技术负责人授权的技术人员审批；有总承包单位时，应由总承包单位项目技术负责人核准备案；

4）规模较大的分部（分项）工程和专项工程的施工方案应按单位工程施工组织设计进行编制和审批。

（1）施工组织总设计的编制程序如图 8-1 所示。

（2）单位工程施工组织总设计的编制程序如图 8-2 所示。

（3）分部（分项）工程施工组织设计的编制程序如图 8-3 所示。

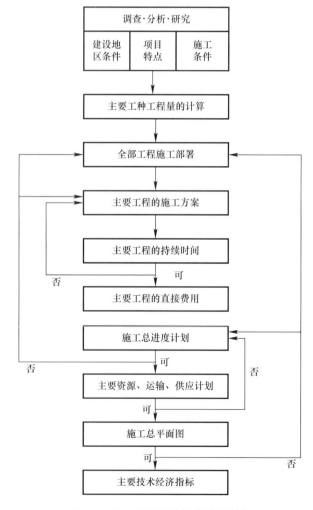

图 8-1　施工组织总设计的编制程序

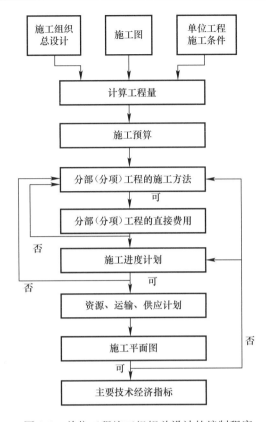

图 8-2　单位工程施工组织总设计的编制程序

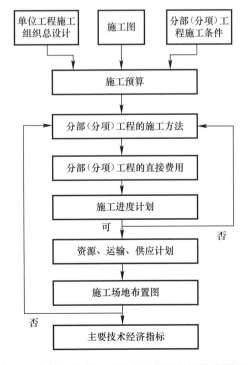

图 8-3　分部（分项）工程施工组织设计的编制程序

项目施工前，应进行施工组织设计逐级交底；项目施工过程中，应对施工组织设计的执行情况进行检查、分析并适时调整。施工组织设计应实行动态管理，项目施工过程中，发生以下情况之一时，施工组织设计应及时进行修改或补充：

1）工程设计有重大修改；

2）有关法律、法规、规范和标准实施、修订和废止时；

3）主要施工方法有重大调整；

4）主要施工资源配置有重大调整；

5）施工环境有重大改变。

经修改或补充的施工组织设计应重新审批后实施。

（二）施工方案

施工方案是以分部（分项）工程或专项工程为主要对象编制的施工技术与组织方案，用以具体指导其施工过程。单位工程应按照《建筑工程施工质量验收统一标准》GB 50300—2013中分部、分项工程的划分原则，对主要分部、分项工程制定施工方案。对脚手架工程、起重吊装工程、临时用水用电工程、季节性施工等专项工程所采用的施工方案应进行必要的验算和说明。

施工方案设计是编制单位施工组织设计的重点，是整个单位工程施工组织设计的核心内容。一个工程的施工方案往往有多种选择，确定施工方案必须从施工项目的特点和施工条件出发，拟定出各种可行的施工方案，进行技术经济比较，选择技术可行、工艺先进、经济合理的施工方案。

施工方案包括下列三种情况：

1）专业承包公司独立承包项目中的分部（分项）工程或专项工程所编制的施工方案。

2）由总承包单位编制的分部（分项）工程或专项工程施工方案。

3）按规范要求单独编制的强制性专项方案。

施工方案主要包括工程概况、施工安排、施工进度计划、施工准备与资源配置计划、施工方法及工艺要求等内容。

1. 工程概况

工程概况应包括工程主要情况、设计简介和工程施工条件等。工程主要情况应包括：分部（分项）工程或专项工程名称，工程参建单位的相关情况，工程的施工范围，施工合同、招标文件或总承包单位对工程施工的重点要求等；设计简介应主要介绍施工范围内的工程设计内容和相关要求；工程施工条件应重点说明与分部（分项）工程或专项工程相关的内容。

2. 施工安排

施工安排中应根据分部（分项）工程或专项工程的规模、特点、复杂程度、目标控制和总承包单位的要求设置项目管理机构，配备各种专业人员，完善项目管理网络，建立健全岗位责任制。明确工程施工目标、确定工程施工顺序及施工流水段，针对工程的重点和难点，进行施工安排并简述主要管理和技术措施。

（1）施工目标

工程施工目标包括进度、质量、安全、环境和成本等目标，各项目标应满足施工合同、招标文件和总承包单位对工程施工的要求。

（2）施工顺序

工程施工顺序应在施工安排中确定。施工顺序是指施工过程之间的先后顺序，合理确定施工顺序是充分利用好空间和时间，做好工序之间的搭接。施工顺序应根据实际的工程施工条件和采用的施工方法来确定，没有一种固定不变的顺序，但这并不是说施工顺序是可以随意改变的，施工顺序有其一般性，也有其特殊性，确定施工顺序应考虑以下因素：

1）符合施工程序和工艺。

2）有利于保证质量和成品保护。

3）与施工方法和施工机械的要求相一致。

4）有利于缩短工期。

（3）工程重点和难点

工程的重点和难点的设置，主要是根据工程的重要程度，即质量特征值对整个工程质量的影响程度来确定。首先对施工对象进行全面分析、比较，以明确工程的重点和难点，然后进一步分析所设置的重点和难点在施工中可能出现的问题或造成质量安全隐患的原因，针对隐患的原因相应的提出对策，加以预防。专项施工方案的技术重点和难点设置应该包括设计、计算、详图、文字说明等。

3. 施工进度计划

分部（分项）工程或专项工程施工进度计划应按照施工安排并结合总承包单位的施工进度计划进行编制。施工进度计划可采用横道图或网络图表示，并附必要说明。

施工进度计划的编制应内容全面、安排合理、科学实用，在进度计划中应反映出各施工区段或各工序之间的搭接关系、施工期限和开始、结束时间。同时，施工进度计划应能体现和落实总体进度计划的目标控制要求；通过编制分部（分项）工程或专项工程进度计划进而体现总进度计划的合理性。

4. 施工准备与资源配置计划

（1）施工准备

施工准备应包括下列内容：

1）技术准备：包括施工所需技术资料的准备、图纸深化和技术交底的要求、试验检验和测试工作计划、样板制作计划以及与相关单位的技术交接计划等；

专项工程技术负责人认真查阅设计交底、图纸会审记录、变更洽商、备忘录、设计工作联系单、甲方工作联系单、监理通知等是否于已施工的项目有出入的地方，发现问题立即处理。

2）现场准备：包括生产、生活等临时设施的准备以及与相关单位进行现场交接的计划等；

　　3）资金准备：编制资金使用计划等。

　　（2）资源配置计划

　　资源配置计划应包括下列内容：

　　1）劳动力配置计划：确定工程用工量并编制专业工种劳动力计划表；

　　2）物资配置计划：包括工程材料和设备配置计划、周转材料和施工机具配置计划以及计量、测量和检验仪器配置计划等。

5. 施工方法及工艺要求

　　（1）施工方法

　　施工方法是工程施工期间所采用的技术方案、工艺流程、组织措施、检验手段等。它直接影响施工进度、质量、安全以及工程成本。施工方法中应进行必要的技术核算，对主要分项工程（工序）明确施工工艺要求。施工方法应比施工组织总设计和单位工程施工组织设计的相关内容更细化。

　　施工方法确定要体现安全性、先进性、适用性、经济性。确定施工方法时，首先应考虑该方法在工程上是否切实可行，是否符合国家相关技术政策，经济上是否合算。其次，必须考虑是否满足工期要求，确保工程按期交付使用。

　　施工方法确定还要具有针对性。选择施工方法时，应重点考察工程量大的、对整个单位工程影响大一级施工技术复杂或采用新技术、新材料的分部分项工程的施工方法。

　　在确定施工方法时，要注意施工的技术质量要求以及相应的安全技术要求，应力求进行方案比较，在满足工期和质量要求的同时，选择较优的方案，力求降低施工成本。

　　施工方法和施工机械是紧密联系的，施工机械的选择是确定施工方法的核心，选择施工机械时应着重考虑以下几点：

　　1）首先选择主导施工机械；

　　2）所选机械的类型及型号必须满足施工要求，此外，未发挥主导施工机械的效率，应同时选择与主机配套的辅助机械的类型、型号和台数；

　　3）尽量选用被单位的现有机械，降低成本；

　　4）为便于管理，选择机械时应尽可能减少机械类型，工程量大而且集中时，选择专业化施工机械，工程量小而分散时，可选择多用途机械。

　　（2）施工重点

　　专项工程施工方法应对易发生质量通病、易出现安全问题、施工难度大、技术含量高的分项工程（工序）等应做出重点说明。

　　（3）新技术应用

　　对开发和使用的新技术、新工艺以及采用的新材料、新设备应通过必要的试验或论证并制定计划。

　　对于工程中推广应用的新技术、新工艺、新材料和新设备，可以采用目前国家和地方推广的，也可以根据工程具体情况由企业创新；对于企业创新的技术和工艺，要制定理论和试验研究实施方案，并组织鉴定评价。

（4）季节性施工措施

对季节性施工应提出具体要求。根据施工地点的实际气候特点，提出具有针对性的施工措施。在施工过程中，还应根据气象部门的预报资料，对具体措施进行细化。

6. 危险性较大工程专项施工方案

《建设工程安全生产管理条例》（国务院第 393 号令）中规定：对达到一定规模的危险性较大的分部（分项）工程编制专项施工方案，并附具安全验算结果，经施工单位技术负责人、总监理工程师签字后实施。专项施工方案一般有：基坑支护与降水工程、土方开挖工程、模板工程、起重吊装工程、脚手架工程、拆除爆破工程、国务院建设行政主管部门或者其他有关部门规定的其他危险性较大的工程等。

（1）危险性较大工程专项施工方案的内容

危险性较大的分部分项工程安全专项施工方案（以下简称"专项方案"），是在编制施工组织设计的基础上，针对危险性较大的分部分项工程单独编制的安全技术措施文件。

专项方案包括以下内容：

1）工程概况：危险性较大的分部分项工程概况、施工平面布置、施工要求和技术保证条件；

2）编制依据：相关法律、法规、规范性文件、标准、规范及图纸（国标图集）、施工组织设计等；

3）施工计划：包括施工进度计划、材料与设备计划；

4）施工工艺技术：技术参数、工艺流程、施工方法、检查验收等；

5）施工安全保证措施：组织保障、技术措施、应急预案、监测监控等；

6）劳动力计划：专职安全生产管理人员、特种作业人员等；

7）计算书及相关图纸。

（2）危险性较大工程专项方案的编制、审核与论证

建设单位在申请领取施工许可证或办理安全监督手续时，应当提供危险性较大的分部分项工程清单和安全管理措施。施工单位、监理单位应当建立危险性较大的分部分项工程安全管理制度。

1）专项施工方案的编制

施工单位应当在危险性较大的分部分项工程施工前编制专项施工方案，其编制步骤和方法与施工方案基本相同，只是编制内容略有区别，主要是更加强调施工安全技术、施工安全保证措施和安全管理人员及特种作业人员等要求。

对于超过一定规模的危险性较大的分部分项工程，施工单位应当组织专家组对其专项方案进行充分论证。

对于实行施工总承包的建筑工程项目，其专项施工方案应当由施工总承包单位组织编制。其中，起重机械安装拆卸工程、深基坑工程、附着式升降脚手架等专业工程实行分包的，其专项方案可由专业承包单位组织编制。

2）专项施工方案的审核

专项方案应当由施工单位技术部门组织本单位施工技术、安全、质量等部门的专业技

术人员进行审核。经审核合格的，由施工单位技术负责人签字。实行施工总承包的，专项方案应当由总承包单位技术负责人及相关专业承包单位技术负责人签字。

不需专家论证的专项方案，经施工单位审核合格后报监理单位，由项目总监理工程师审核签字。

3) 专项施工方案的论证

超过一定规模的危险性较大的分部分项工程专项方案应当由施工单位组织召开专家论证会。实行施工总承包的，由施工总承包单位组织召开专家论证会。

参加专家论证会的人员应包括：由5名及以上符合相关专业要求的专家组成的专家组成员；建设单位项目负责人或技术负责人；监理单位项目总监理工程师及相关人员；施工单位分管安全的负责人、技术负责人、项目负责人、项目技术负责人、专项方案编制人员、项目专职安全生产管理人员；勘察、设计单位项目技术负责人及相关人员。

专家论证的主要内容包括：专项方案内容是否完整、可行；专项方案计算书和验算依据是否符合有关标准规范；安全施工的基本条件是否满足现场实际情况。

专项方案经论证后，专家组应当提交论证报告，对论证的内容提出明确的意见，并在论证报告上签字。该报告作为专项方案修改完善的指导意见。

专项方案经论证后需做重大修改的，施工单位应当按照论证报告修改，并重新组织专家进行论证。

参 考 文 献

1. 刘亚臣，李闫岩. 工程建设法学. 大连：大连理工大学出版社，2009. 04.

2. 刘勇. 建筑法规概论. 北京：中国水利水电出版社，2008. 7.

3. 徐雷. 建设法规. 北京：科学出版社，2009. 05.

4. 全国二级建造师职业资格考试用书编写委员会. 建设工程法规及相关知识. 北京：中国建筑工业出版社，2011. 07.

5. 胡兴福. 建筑结构（第二版）北京：中国建筑工业出版社，2012. 02.

6. 韦清权. 建筑制图与 AutoCAD. 武汉：武汉理工大学出版社，2007. 02.

7. 游普元. 建筑材料与检测. 哈尔滨：哈尔滨工业大学出版社，2012.

8. 何斌，陈锦昌，王枫红. 建筑制图（第六版）. 北京：高等教育出版社，2011. 05.

9. 张伟，徐淳. 建筑施工技术. 上海：同济大学出版社，2010.

10. 洪树生. 建筑施工技术. 北京：科学出版社，2007.

11. 姚谨英. 建筑施工技术管理实训. 北京：中国建筑工业出版社，2006.

12. 双全. 施工员. 北京：机械工业出版社，2006.

13. 潘全祥. 施工员必读. 北京：中国建筑工业出版社，2001.

14. 建筑施工手册（第四版）编写组. 建筑施工手册. 北京：中国建筑工业出版社，2003.

15. 夏友明. 钢筋工. 北京：机械工业出版社，2006.

16. 杨嗣信，余志成，侯君伟. 模板工程现场施工. 北京：人民交通出版社，2005.

17. 梁新焰. 建筑防水工程手册. 太原：山西科学技术出版社，2005.

18. 李星荣，魏才昂. 钢结构连接节点设计手册（第 2 版）. 北京：中国建筑工业出版社，2007.

19. 李帼昌. 钢结构设计问答实录（建设工程问答实录丛书）. 北京：机械工业出版社，2008.

20. 吴欣之. 现代建筑钢结构安装技术. 北京：中国电力出版社，2009.

21. 杜绍堂. 钢结构施工. 北京：高等教育出版社，2005.

22. 夏友明. 钢筋工. 北京：机械工业出版社，2006.

23. 孟小鸣. 施工组织与管理. 北京：中国电力出版社，2008. 07.

24. 韩国平. 施工项目管理. 南京：东南大学出版社，2005. 08.

25. 林立. 建筑工程项目管理. 北京：中国建材工业出版社，2009. 01.

26. 张立群，崔宏环. 施工项目管理. 北京：中国建材工业出版社，2009. 09.

27. 郭汉丁. 工程施工项目管理. 北京：化学工业出版社，2010. 04.

28. 傅水龙. 建筑施工项目经理手册（第 1 版）. 南昌：江西科学技术出版社，2002. 01.

29. 本书编委会. 施工员一本通（第 1 版）. 北京：中国建材工业出版社，2007. 07.

30. 佚名. 工程施工质量管理的措施. 中顾法律网.

31. 全国二级建造师职业资格考试用书编写委员会. 建设工程施工管理. 北京：中国建筑工业出版社，2011. 07.

32. 焦宝祥. 土木工程材料. 北京：高等教育出版社，2009. 01.

33. 魏鸿汉. 建筑材料（第四版）. 北京：中国建筑工业出版社，2012. 10.

34. 危道军. 建筑施工组织（第三版）. 北京：中国建筑工业出版社，2014. 1.

35. 张瑞生. 建筑工程质量与安全管理（第二版）. 北京：中国建筑工业出版社，2013. 4.

36. 刘伊生. 建设工程项目管理理论与实务. 北京：中国建筑工业出版社，2011. 8.

37. 同济大学 等. 房屋建筑学（第四版）. 北京：中国建筑工业出版社，2006. 2.

38. 哈尔滨工业大学 等. 混凝土及砌体结构（上、下册）（第二版）. 北京：中国建筑工业出版社，2014. 8.

39. 刘金生. 建筑设备工程. 北京：中国建筑工业出版社，2006. 8.

40. 王云江. 市政工程概论（第二版）. 北京：中国建筑工业出版社，2011. 7.

41. 中国建筑科学研究院. GB50300-2013 建筑工程施工质量验收规范. 中国建筑工业出版社，2014.

42. 中国建筑科学研究院. GB50010-2010 混凝土结构设计规范. 中国建筑工业出版社，2011.